普通高等教育"十二五"规划教材
全国高等农林院校规划教材

城市生态学

温国胜　主编

中国林业出版社

内 容 简 介

城市生态学是研究城市居民与城市环境之间相互关系的科学。本书参考了国内外城市生态学、园林生态学等领域的最新研究成果，结合我国城市建设中的成功经验，以城市生态系统为中心，试图从理论性和实用性方面积极探索并形成特色。在理论上，把生态学基础知识穿插于各个相关章节，采用"俯视—透视"的方法，内容按生态系统、个体及生态因子、种群、群落的顺序，先从宏观整体上把握，再在具体点上进行剖析，引导读者从宏观整体上认识城市生态学问题；在应用上，运用景观生态学原理，介绍城市生态评价、城市生态规划、城市生态建设与管理，根据城市生态学研究的对象和特点，尽可能反映本学科的层次性和系统性。

本书具有系统性强、针对性强、适用面广的特点，适合生态学、林学、园林、园艺、城乡规划、环境科学、地理学和城市管理等专业学生作专业课或专业选修课教材，也可作为广大科技工作者、环境工作者、管理人员与干部培训的参考用书。

图书在版编目（CIP）数据

城市生态学/温国胜主编. －北京：中国林业出版社，2013.8（2019.1 重印）
普通高等教育"十二五"规划教材. 全国高等农林院校规划教材
ISBN 978-7-5038-7156-6

Ⅰ. ①城… Ⅱ. ①温… Ⅲ. ①城市环境－环境生态学－高等学校－教材 Ⅳ. ①X21

中国版本图书馆 CIP 数据核字（2013）第 189607 号

国家林业局生态文明教材及林业高校教材建设项目

中国林业出版社·教育出版分社
策划编辑：肖基浒　　　　　　　　责任编辑：张东晓　高红岩
电话：（010）83143555　　　　　　传真：（010）83143516

出版发行　中国林业出版社（100009　北京市西城区德内大街刘海胡同 7 号）
　　　　　E-mail：jiaocaipublic@163.com　　电话：（010）83143500
　　　　　http：//lycb.forestry.gov.cn
经　　销　新华书店
印　　刷　三河市华骏印务包装有限公司
版　　次　2013 年 8 月第 1 版
印　　次　2019 年 1 月第 4 次印刷
开　　本　850mm×1168mm　1/16
印　　张　17.5
字　　数　415 千字
定　　价　33.00 元

《城市生态学》编写人员

主　　编：温国胜

副 主 编：郭晓敏　刘美华

编写人员：（按拼音排序）

郭晓敏（江西农业大学）

侯　平（浙江农林大学）

刘美华（浙江农林大学）

李小东（江西农业大学）

屈　宇（河北农业大学）

温国胜（浙江农林大学）

王艳红（浙江农林大学）

伊力塔（浙江农林大学）

武小钢（山西农业大学）

俞　飞（浙江农林大学）

张明如（浙江农林大学）

赵天宏（沈阳农业大学）

前　言

随着工业化的发展和城市化进程的加快，城市环境问题越来越严重；同时，社会的进步，对人居环境的要求则越来越高。现在，许多地方都提出了建设生态城市的目标，这就要求利用生态学原理，规划、建设和管理城市，不断完善城市生态系统，有效防止和减少城市大气污染、水污染、土壤污染、噪声污染和各种废气物污染，实施清洁生产、绿色交通、绿色建筑，促进城市中人与自然的和谐；并根据城市气候特征和居民对生存环境质量要求，在城市生态规划和建设中不断优化绿地布局、植物种选择、群落类型的配置等技术方案。城市生态学正是在这样的经济和社会背景下得到飞速发展，逐渐形成了独特的学科与技术体系。

本书参考国内外城市生态学、园林生态学、景观生态学、植物生态学等领域的研究成果，结合我国城市建设中的成功经验，以城市生态系统为中心，试图从理论性和实用性方面积极探索并形成特色。在理论上，把生态学基础知识穿插于各个相关章节，采用"俯视—透视"的方法，内容按生态系统、个体及生态因子、种群、群落的顺序，先从宏观整体上把握，再在具体点上进行剖析，引导读者从宏观整体上认识城市生态学问题；在应用上，运用景观生态学原理，介绍城市生态评价、城市生态规划、城市生态建设与管理，根据城市生态学研究的对象和特点，尽可能反映本学科的层次性和系统性。考虑到有些院校中的有些专业仅开设城市生态学，在有些章节前面增加了基础生态学的内容，在使用本教材时可酌情选择。本书可以作为高等院校林学类环境科学与工程类及生态学专业教材，也可以作为农林技术人员及环境工程技术人员的参考书，同时也可作为广大科技工作者、管理人员与干部培训的参考书。

本书的编写充分发挥集体的智慧和力量。由温国胜任主编，郭晓敏、刘美华任副主编。编写人员组成编委会，各编委既分工明确，又通力合作。绪论由温国胜编写，第1章由郭晓敏、李小东编写，第2章由屈宇编写，第3章由张明如编写，第4章由侯平、俞飞编写，第5章、第6章由武小钢编写，第7章、第8章由赵天宏编写，第9章由伊力塔编写，第10章、第11章由刘美华编写，第12章由王艳红编写。全书由温国胜、刘美华统编定稿。

本书在编写过程中，参阅与引用了国内外众多学者的文献与研究成果，中国林业出版社教材出版中心对本书的出版给予了大力支持和帮助,在此一并表示衷心的感谢。由于城市生态学是一门发展中的新兴学科,涉及面很广,目前国内对城市生态学的研究仍然处在发展过程中,因作者的水平和掌握的资料有限,缺点和不足之处在所难免,恳请读者批评指正。

编　者

2012 年 11 月于杭州

目 录

前 言

第2篇　城市生态系统的非生物环境

第3篇　城市生态系统的生物环境

第4篇　城市生态规划与管理

0 绪 论

0.1 城市生态学产生的背景

城市是人类集聚生活的一个重要场所，在城市形成发展过程中，人们为了自身的生活及生产发展的需要，对城市中的自然生态系统进行改造，形成了人造为主的城市生态系统，即生态的城市化。针对城市化过程中出现的问题，在一些发达国家和地区，首先提出建设生态化城市。生态化的城市希望能够通过合理的斑块及生态功能结构来缓解城市生态的失衡，并通过园林植物及河流系统把大自然"请"回城市，让城市居民和自然融为一体。因此，城市生态学是生态城市化和城市生态化过程中的产物。

0.1.1 城市化的概念

城市化（urbanization）指人类生产和生活方式由乡村型向城市型转化的历史过程，表现为乡村人口向城市人口的转化以及城市不断发展和完善的过程。城市化有的学者称之为城镇化、都市化，是由农业为主的传统乡村社会向以工业和服务业为主的现代城市社会逐渐转变的历史过程，具体包括人口职业的转变、产业结构的转变、土地及地域空间的变化。不同的学科从不同的角度对之有不同的解释，就目前来说，国内外学者对城市化的概念分别从社会学、人口学、地理学、城市规划学等角度予以阐述。

社会学中对城市化的定义是：农村社区向城市社区转化的过程。它包括城市数量的增加、规模的扩大；城市人口在总人口中比重的增长；公用设施、生活方式、组织体制、价值观念等方面城市特征的形成和发展，以及对周围农村地区的传播和影响。一般以城市人口占总人口中的比重衡量城市化水平。受社会经济发展水平的制约，它与工业化关系密切。

人口学中对城市化的定义是：农业人口向非农业人口转化并在城市集中的过程。表现在城市人口的自然增加、农村人口大量涌入城市、农业工业化、农村日益接受城市的生活方式。

地理学中对城市化的定义是：由于社会生产力的发展而引起的农业人口向城镇人口、农村居民点形式向城镇居民点形式转化的全过程。包括城镇人口比重和城镇数量的增加、城镇用地的扩展以及城镇居民生活状况的实质性改变等。

城市规划学对城市化的定义是：城市化是由第一产业为主的农业人口向第二产业、第三产业为主的城市人口转化，由分散的乡村居住地向城市或集镇集中，以及随之而来的居民生活方式的不断发展变化的客观过程。

但综合来说，现代城市化的概念应有明确的过程和完整的含义：①工业化导致城市人口的增加；②单个城市地域的扩大及城市关系圈的形成和变化；③拥有现代市政服务设施系统；④城市生活方式、组织结构、文化氛围等上层建筑的形成；⑤集聚程度达到称为城镇的居民点数目日益增加。

城市是人类文明的标志，是人们经济、政治和社会生活的中心。城市化的程度是衡量一个国家和地区经济、社会、文化、科技水平的重要标志，也是衡量国家和地区社会组织程度和管理水平的重要标志。

0.1.2　城市化的发展

城市发展的历史，是社会变迁的历史，也是经济和文化科学发展的历史。城市发展是人们逐渐利用科学文化技术手段，根据变化中的社会经济等要求，不断改造自己的居住环境和活动空间，能动地（或被动地）进行城市建设的过程。由于影响城市发展的诸要素在不断地发展变化，所以城市建设活动是永不休止的，城市的形态和外貌景观也是不断变化发展的，从而推进着城市化进程。

0.1.2.1　城市化的发展阶段

从城市化进程来看，城市发展历史可以分为早期城市化（pre - urbanization）、近代城市化（latter - day urbanization）和现代城市化（modern urbanization）3 个阶段。

(1)早期城市化阶段

早期城市化是指工业革命以前的城市化发展阶段。它又可以分为 2 个阶段：第 1 个时期是指从城市的产生到封建时代的开始，称为古代城市。这一时期的城市规模较小，城市结构比较简单，生产力低下，以手工业为主，商品交换量小，经济基础薄弱，城市的职能主要是维护奴隶主统治的政治、军事和宗教中心。早期城市化的第 2 个时期包括整个封建社会时期，称为中古城市或中世纪城市。火药、指南针、印刷术和纸张等的发明，加强了城市的交流，促进了城市生产力的发展，不仅改变了城市的结构，也改变了城市居民的生活方式，城市规模也有了进一步的扩张，城市作为政治、贸易、文化中心的职能得以加强。

早期城市发展很慢，延绵时间很长，持续了几千年。虽然也有像古巴比伦、古罗马以及唐长安那样具有百万人口的大都市，但城市的规模一般较小。例如，公元 5 世纪时，雅典是一个拥有 4 万市民、10 万奴隶和外国人的城市，而根据当时具有代表性的规划思想，认为一个理想城市的居民不要超过 1 万人，这主要与保证城市的卫生条件和供粮、供水有关。13 世纪的欧洲城市居民很少超过 5 万人，大多少于 1 万人，这往往不是规划的结果，而是由于受城防工事体系、供水问题和卫生问题等的局限，说明当时的城市规模受社会经济技术条件的限制。

这一时期，城市人口在世界总人口中所占的比例很小，直到 1800 年，世界城市人口总数为 2 930 万人，仅占全世界总人口的 3%。其中规模在 2 万人以上的城市中的人口占世界总人口的 2.4%，10 万人以上城市中的人口占世界总人口的 1.7%。

（2）近代城市化阶段

1769 年蒸汽机的发明，由齿轮和皮带带动的机器运转，把大量人口和劳动力吸引到城市，人口数量迅速增加，为进一步的劳动社会化分工打下了基础，劳动分工细化，专门化职业增多，社会生产力得到大幅度提高，促进了城市化的迅速发展，同时对资源和环境的消耗也越来越大。19 世纪的工业化城市带来 2 个显著现象：一是工厂群，二是贫民窟。

近代工业生产技术的变革，要求各种生产手段集中在工厂里，结束了居住和生产"在一个屋檐下"的时代。庞大集中的工业，加剧了对环境，特别是大气环境和水体环境的污染。另外，近代的工业生产，把工作人员居住与工作的地方分开，"上下班"作为一种新的城市现象伴之而来。集中的大生产，需要繁重的交通以输送原料和产品，使城市中增加了大量的铁路、街道和运河等，这些交通设施常常勉强地强加在城市原有格局上，致使各种冲突更加激化。大量的农民来到城市就业，增加了城市环境的压力，居住条件恶化，使城市中心区高度拥挤，城市被迫向外延展。

在这一时期，早期发展起来的资本主义国家在完成了本国的工业化之后，为了掠夺资源，便极力向外扩张，经营殖民地的中心城市成为政治、经济、文化渗透和侵略的桥头堡。在这种背景下，非洲、南美洲及南亚和东南亚的一些城市，以及我国的上海、天津、大连、青岛等，城市化也相应有所发展，这些城市逐步向工业化城市过渡。必须指出，这些城市带有浓厚的殖民地色彩。

（3）现代城市化阶段

近代城市化与现代城市化在时间上的划分，目前尚无统一的认定。有人将 20 世纪初作为现代城市化的起始时间，但笔者认为以第二次世界大战结束来划分较为合适。第二次世界大战期间，许多国家的不少城市遭受破坏，第二次世界大战以后即开始世界范围内的城市重建与恢复，并产生了城市规划学，使城市建设和城市发展逐步实现科学化，城市化进程也步入一个空前发展的阶段。

第二次世界大战以后，交通、通信技术上的杰出成就，特别是汽车和计算机技术的广泛应用，使城市人口也进一步增加，城市规模迅速沿水平方向向四周扩展，建筑物高度增加和地下建筑的广泛应用也使城市在垂直方向得以扩展，使城市的结构和功能进一步强化。20 世纪中后期出现了人口和经济活动向郊外扩展的"离心流动"，以及以中心城市为核心连同其他毗邻的内地、腹地形成的大型都市带，使城市的规模达到了空前的水平。现代城市的物质文明水平迅速提高，人均居住面积大幅度增加，水、电供应和交通、通信等的公益设施的建设已经变成一般标准，使城市的人居环境得到改善。但是，某些地区的城市发展过快，市政建设滞后，也带来了人口膨胀、住房紧张、交通拥挤、环境污染等问题。

20 世纪 60 年代末，人们开始认识到工业化和城市化所带来的环境问题，1971 年出版的《只有一个地球》给人类敲响了警钟，迫使人们反思工业文明，从而掀起了20世纪70年代以后的生态热、环保热。1987年，前挪威首相布伦特兰夫人在世界环境与发展大会上，发表了长篇报告《我们共同的未来》，并提出了可持续发展的概念。1992年，联合国在巴西里约热内卢召开的环境与发展大会，通过了以可持续发展思想为核心的《21世纪议程》，使可持续发展成为全球广泛关注的热点。在城市化问题上，针对城市发展过程中出现的诸多城市问题，提出了生态城市建设、城市生态规划等新的理念，使城市的可持续发展成为备受公众关注的重大课题。

0.1.2.2　城市化的未来发展

城市化的未来发展何去何从，尚无准确的描述，也存在着不同的观点，它的总体要求应该是在充分发挥现代城市的优点的基础上，克服城市化所带来的诸多问题，能够实现可持续发展的新兴城市。"生态城市"是一种较普遍的提法。埃歇顿（1992）认为生态城市应该体现4个原则：①对自然状态的最小侵扰；②最大的多样化；③系统尽可能是闭合的；④在人口与资源之间达到最适的平衡。

鉴于经济发达国家的情况及其发展经历，有人也认为世界城市化的趋势将持续下去；但也有人从生态学的观点出发，认为城市化的进程也有其自身的极限性。这是两种代表性的观点，在这一轮的争论以后还会以不同的方式重复出现。但是应当看到，尽管工业革命以后的城市化过程有其消极的一面，尽管以后的城市化过程中人们还会遇到种种问题，但这些并不纯粹是城市化本身的问题和过错，而是因为人们对客观规律的认识不足或缺乏预测所引起的。不管怎样，城市仍将发展，城市化也仍将是未来的社会、经济、文化和科学技术发展的强大推动力之一。

0.1.2.3　我国城市化的发展

我国城市化的发展，总的看来仍处在城市化集中阶段。新中国成立以来，我国城市化进程可以分为以下几个阶段：①1949～1957年，是城市化起步发展时期；②1958～1965年，是城市化的不稳定发展时期；③1966～1978年，是城市化停滞发展时期；④1979年至今，是城市化的稳定快速发展时期。

（1）1949～1957年，城市化起步发展时期

1949年，我国仅有城市132个，城市非农业人口2740万人，城市化水平（以城市非农业人口占总人口的比重计算）为5.1%。在国民经济恢复和"一五"建设时期，随着156项重点工程建设的开展，出现了一批新兴的工矿业城市。与此同时，对一批老城市还进行了扩建和改造，如武汉、成都、太原、西安、洛阳、兰州等老工业城市。加强发展了鞍山、本溪、哈尔滨、齐齐哈尔、长春等大中城市。一大批新建扩建工业项目在全国城市兴建，对土地、劳动力的需求和对城市建设、经济发展以及服务业的兴起，都起到了有力的推动作用。到1957年年末，我国的城市发展到176个，城市非农业人口占总人口的比重上升到8.4%。随着国家政治的稳定和经济建设的稳步发展，1953～1957年，全国工农业总产值平均年增长率为18.3%，城市人口年均增长16%。这说明，"一五"时期的城市发展及城市人口增长与国民经济的发展是基本适应的。

(2)1958～1965 年，城市化的不稳定发展时期

1958～1965 年期间，经历了"大跃进"运动。城市发展呈现出由扩大到紧缩的变化。在 3 年的"大跃进"后，全国城市由 1957 年的 176 个，增加到 1961 年的 208 个；城市人口由 5 412 万人增长到 6 906 万人，增长了 28%；城市非农业人口所占比重由 8.4% 上升到 10.5%。从 1962 年开始，陆续撤销了一大批城市，到 1965 年年底只剩下 168 个，比 1961 年减少了 40 个。这个时期，一部分新设置的市恢复到县级建制，如榆次、侯马、岳阳等；另一部分地级市实行降级，成为县级市，如石家庄、保定等。与此同时，由于城市社会经济出现萎缩，致使城市人口出现负增长，城市化水平也由 1961 年的 10.5% 减少到 1965 年的 9.2%。

(3)1966～1978 年，城市化停滞发展时期

1966～1978 年期间，是城市化发展的低迷徘徊期。整整 13 年间，城市只增加 25 个，城市非农业人口长期停滞在 6 000 万人～7 000 万人，城市化水平在 8.5% 上下徘徊。

(4)1979 年至今，城市化的稳定快速发展时期

1979～1997 年期间，城市化在改革开放中稳步发展，进入了稳定、快速发展的通道。改革开放政策的实施，无论是城市，还是农村，社会经济各项事业有了新的活力。"乡村工业化"和城市工业的空前扩张，对城市化进程起了推动作用。这期间，我国经历了一个城市化的快速发展时期。到 1997 年，我国城市已发展至 668 个，与 1979 年相比，新增城市 452 个，相当于前 30 年增加数 2 倍多。城市人口也迅速增加，城市化水平增长到 18%。毫无疑问，这种快速发展是经济改革，特别是农村经济率先改革所带来的。

0.1.3　城市化带来的生态环境问题

在人类社会初期的渔猎阶段，人们并没有固定的居处，人与其他动物一样生活在自然生态系统之中，过着完全依附于自然的采集植物和渔猎的生活，对自然界的影响力很小。进入农业阶段以后，产生了农牧业的村舍等居住形式，人们过着半自然的生活，对自然界的作用还是很有限的。

在城市发展初期，由于城市人口规模小，生产力水平低下，城市的一些消极面一时不曾暴露，人们认识的只是城市在发展生产、繁荣经济、扩大贸易、提高文化、促进科技、方便生活、防御入侵等方面的积极作用。

"工业革命"以后，人们的生产方式和生活方式都发生了很大的变化，人们征服自然、改造自然的能力大幅度提高，对自然的影响和压力也随之增加。

城市生态系统发展到工业化城市阶段以后，人口的高度集中、燃料结构的改变、工业化大生产的迅速发展等，使城市生态系统内人与自然的矛盾日益尖锐起来，城市化所带来的问题已开始显现。例如，早在 1306 年，英国国王爱德华一世曾颁布诏书，禁止伦敦的工厂在国会开会期用煤，以防止煤烟污染。而且，随着城市化的不断发展，城市化所带来的生态后果也有逐步加重的趋势，从而引起人们的广泛关注。

0.1.3.1　环境污染日益严重

20 世纪 30 年代以来，世界各地相继出现了严重的环境污染事件，其中有世界闻名的八大公害事件。

(1) 马斯河谷事件

1930 年 12 月 1~5 日，发生在比利时的马斯河谷工业区。由于焦厂、炼钢厂、硫酸厂和化肥厂等许多工厂排放出的有害气体，在逆温的条件下大量积累二氧化硫，使 60 多人中毒死亡，几千人患呼吸道疾病，许多家禽死亡。

(2) 多诺拉事件

1948 年 10 月 26~31 日，发生在美国宾夕法尼亚州匹兹堡市南面的多诺拉镇。因地处河谷，工厂林立，大气受反气旋和逆温的控制，持续有雾。大气污染物在近地层积累二氧化硫，4d 内使得 5 911 人患病，死亡 400 人。

(3) 洛杉矶光化学污染事件

20 世纪 50 年代初期，发生在美国洛杉矶。该市三面环山，高速公路纵横交错。由于汽车漏油、汽油不完全燃烧和汽车排放尾气，城市上空聚积近千吨的石油废气、氮氧化物和一氧化碳。这些物质在阳光的照射下，形成了淡蓝色的光化学烟雾。刺激人的眼、鼻、喉，引起眼病、喉炎和头痛。在 1952 年 12 月的一次烟雾事件中，65 岁以上的老人死亡 400 人。

(4) 伦敦烟雾事件

1952 年 12 月 5~9 日，发生在英国伦敦市。由于冬季燃煤引起的煤烟形成烟雾，5d 内死亡 4 000 多人。

(5) 四日市哮喘事件

1961 年，发生在日本四日市。由于石油冶炼和各种燃油产生的废气，使整个城市终年黄烟弥漫。全市工厂粉尘和二氧化碳的年排放量高达 1.3×10^5 t。空气中的重金属微粒与二氧化硫形成的硫酸烟雾，被人吸入肺里以后，使人患气管炎、支气管哮喘和肺气肿等多种呼吸道疾病，统称四日市哮喘病。

(6) 水俣病事件

1956 年，发生在日本熊本县水俣镇。该市含汞的工业废水污染了水体，致使水俣湾的鱼中毒，人食鱼后也中毒发病。1956 年，水俣镇开始出现一些手脚麻木、听觉失灵、运动失调、严重时呈疯癫状态的病人。

(7) 痛痛病事件

1955~1972 年，发生在日本富山县神通川流域。由于冶炼厂排放的含镉废水污染了河水，两岸居民用河水灌溉农田，致使土壤含镉量明显增高。居民食用含镉量高的稻米和饮用含镉量高的河水而中毒，导致肾和胃受损。由于患者经常"哎呦—哎呦"地呼痛，日本人便把这种病称为"哎呦—哎呦"病，也就是"痛痛病"。

(8) 日本米糠油事件

1968 年 3 月，发生在日本北九州市和爱知县一带。在生产米糠油时，使用了多氯联苯作脱臭工艺中的热载体，由于管理不善，多氯联苯混入米糠油中。随着这种有毒的米糠油在各地销售，造成了大批人中毒，患者一开始只是眼皮发肿、手心出汗、全身起红疙瘩，随后全身肌肉疼痛、咳嗽不止，严重时恶心呕吐、肝功能下降，有的医治无效而死亡。这种病来势凶猛，患者很快达到 13 000 人。用这种米糠油中的黑油饲喂家禽，致使几十万只鸡死亡。

值得一提的是，目前城市的"白色污染"是相当严重的，各种塑料、塑料泡沫制品在城市生活中用量很大，而且增长速度很快，在城市生活垃圾中占有较大比重。塑料制品至少需要 10 ~ 20 年才能腐烂，严重地污染了城市环境，也加大了城市垃圾的处理难度。

0.1.3.2 城市灾害频繁

城市生态系统所在的范围是地球表面的一个斑块，该位置所可能发生的自然灾害，城市都会发生。不仅如此，由于人类活动使城市生态系统改变着局部地区的地上、地面及地下一定范围内的物理结构和化学组成，打破了原有自然生态系统长期形成的平衡关系，从而加剧了自然灾害的危害和影响。

城市的各种地下开挖工程以及矿产资源和地下水的开采，改变了城市地下的地质结构，从而大大增加了崩塌、滑坡、地面沉降、地面塌陷、地面裂缝等地质灾害的发生频率，城市经常性的建设项目和土石工程，导致水土流失加剧，风沙尘暴危害加重；城市人群和建筑的高密度及水电供应设施交错复杂，使城市一旦发生地震等地质灾害，其损失将是同等面积的农村地震损失的成千上万倍。因此，可以说城市化加剧了地质灾害的危害程度。

城市火灾危害的损失也是相当大的。一方面，城市必须花费巨大的人力、物力、财力资源用于防火，城市建筑也因为需要考虑防火要求使成本大增；另一方面，城市建筑使用大量的透光、反光、聚光材料，城市供电设施、供气设施和通信线路错综复杂，以及居民和单位大量使用电气设备，大大增加了火灾隐患，稍有不慎，就会酿成火灾；同时，城市建筑高度拥挤，加上城市内部的湍流，一旦发生火灾，其扑救难度很大，损失极其惨重。

由于城市人口高密度聚居，人际交流频繁，使城市传染病灾害不仅表现种类繁多、易感人群数量大，还表现为蔓延迅速、扩展范围广。此外，由于城市人群药物用量大，用药频率高，加上城市环境质量较差，使城市居民的机体免疫能力和抵抗能力普遍较差，感染疾病后治疗成本日益上升，治疗难度也有增大的趋势。

此外，城市地面铺装不透水层改变了城市地区的地表径流，减少了地面下渗，加重了城市的洪涝灾害危害。城市交通拥挤，交通工具种类繁多，车流量大，使交通事故频繁发生。

0.1.3.3 能源和资源已成为城市发展的瓶颈

一方面，城市人口的迅速增加和城市的迅速发展，以及人们生活水平的提高增加了能量和资源的消耗，均要求给城市提供越来越多的能源和资源，以保证城市居民具有良好的生活环境和生活质量；另一方面，全球性的能源短缺和资源衰退的影响越来越大，城市能源和资源的供应更显得日益紧张，从而使城市发展与能源、资源供应的矛盾日益尖锐，能源和资源已成为城市发展的瓶颈或限制因素。

0.1.3.4 大都市的脆弱性

人们对于城市坚持不懈的建设改造，目的是为城市居民创造一个良好的生活环境和工作环境，但由于认识上的偏差，以及决策和措施的一些失误，这种主观愿望并没有很好实现，反过来却使城市生态系统变得相当脆弱，主要表现在以下几个方面：①完备的人工控制供应体系，为城市居民的物质供应提供了高效运作机制，但这种机制一旦被诸如战争、地质灾害等因素破坏，城市供应将陷于瘫痪；②城市具有高度发达的物质文明，形成了城市居民的物质材料依赖性，使现代城市居民若离开城市，就会变得难以适应，甚至无所适从；③城市生态系统的偏途演替，削弱了自然赋予的生物多样性，减少了自然提供的环境变化缓冲机制，导致城市生态系统的稳定性降低。

0.1.3.5 城市居民健康问题值得关注

由于城市的大气污染、水体污染和土壤污染等都比农村地区严重得多，从而使长期居住在城市中的居民身体素质降低。城区大气中的二氧化硫、烟尘、粉尘等的含量普遍较高，居民呼吸时吸入肺内，导致城市居民呼吸道疾病的发病率远远高于乡村；汽车尾气导致的光化学烟雾则使城市居民眼病和皮肤病发生率高于乡村；城区大气中，一氧化碳浓度高于乡村，从而也导致城区心血管疾病大幅度增加。此外，无论是大气质量、饮用水质量，还是商品实物的卫生品质状况，都对居民身体起着一定的慢性毒害作用，虽然不一定急性发病，但导致抵抗能力降低，身体素质下降。

城市人口高度密集，人际交流频繁，使城区传染病容易迅速蔓延。医院作为人们求医治病的场所，为居民身体健康起到了一定的积极作用，但由于医疗机构是病人和病源的集中场所，使医疗机构同时也成了传染病的蔓延中心，医院内病人之间的交叉感染，医疗废弃物的扩散，医疗污水处理不当，不规范的输液输血等，都可能导致病菌传播扩散。低素质医药行业从业人员造成的医疗事故，以及医药行业的假冒伪劣产品，也直接危害着城区人民的身体健康。

城市人口密集、劳动力密集、人才密集，形成了城市的就业竞争机制、商业竞争机制、行业竞争机制、成就竞争机制，激烈的竞争促进了城市的高速发展，但也带来了从业人员的压力过重和超负载工作，精神紧张、情绪压抑等心理因素，严重地影响着城市居民的心理健康。

随着城市化进程的加快，城市化带来的生态环境问题日趋严重。如何发挥城市的积极有益方面，减少其消极不利影响，正是当前城市发展中面临的实际问题。这些问题的解决，需要根据生态学的原理，改善城市生态系统的结构，提高城市生态系统的功能和调节其各要素之间的关系。这就是城市生态学产生的背景和研究的目的。

0.2 城市生态学的概念

0.2.1 生态学与城市生态学的定义

(1) 生态学

生态学(ecology)是德国生物学家恩斯特·海克尔于 1866 年定义的一个概念：生态学是研究生物体与其周围环境(包括非生物环境和生物环境)相互关系的科学。目前生态学已经发展为有自己的研究对象、任务和方法的比较完整和独立的学科。它们的研究方法经过描述—实验—物质定量 3 个过程。系统论、控制论、信息论的概念和方法的引入，促进了生态学理论的发展。

(2) 城市生态学

城市生态学(urban ecology)是以生态学理论为基础，应用生态学的方法研究以人为核心的城市生态系统的结构、功能、动态以及系统组成成分间和系统与周围生态系统间相互作用的规律，并利用这些规律优化系统结构、调节系统关系、提高物质转化和能量利用效率以及改善环境质量、实现结构合理、功能高效和关系协调的一门综合性学科。由于人是城市中生命成分的主体，因此，城市生态学也可以说是研究城市居民与城市环境之间相互关系的科学。根据研究对象侧重点的不同，对城市生态学有不同的定义。

环境系统学派认为：城市生态学是用生态学的方法研究城镇中生物圈，正如同生态学其他分支科学研究农田、森林和海洋一样，城镇可以从历史、结构和功能 3 个方面进行生态学的描述。该学派集中注意研究城市人类栖息环境的环境系统，可以突出生态学科的特点，发挥学科特长，有利于深入探讨城市中的生态问题，寻求改善城市生存环境的途径和方法，协调城市中各种生态关系，提高城市的生态效率。

复合系统学派认为：城市生态学是用生态学的方法研究城市系统，它包括一系列的研究方法，其中有社会的和观念的调查，健康和营养状况的评价，能量平衡，城市动植物区系记载，脆弱性分析以及各种功能的建模等。王如松在他的论文中明确地提出：城市生态学研究的是社会、经济、自然 3 个亚系统不同层次各组分间相生相克的复杂关系。该学派强调全面研究城市社会、经济、自然 3 个子系统之间相互作用规律，可以发挥多学科综合研究的优势，在更高层次上研究城市生态系统复杂的动力学机制，探讨城市发展的多目标功能协调，为城市管理和发展决策服务。

0.2.2 城市生态学的研究对象和研究内容

城市生态学的研究对象是城市生态系统，重点研究以城市人口为主体的城市生物与城市环境之间的关系。

城市生态学的研究内容主要包括城市居民变动及其空间分布特征，城市物质和能量代谢功能及其与城市环境质量之间的关系(城市物流、能流及经济特征)，城市自然系统的变化对城市环境的影响，城市生态的管理方法和有关交通、供水、废物处理等，城市自然生态的指标及其合理容量等。可见，城市生态学不仅仅是研究城市生态系统中的各种关系，而是为将城市建设成为一个有益于人类生活的生态系统寻求良策。具体包括如下 6 个方面。

（1）城市生态系统的组成

城市生态系统组成是指构成城市生态系统的各种要素，包括城市生态系统中人群组分、生物组分、物理环境组分以及城市生态系统的人文环境因素等。城市生态系统组成的主要研究内容涉及城市生物组分和环境组分的构成、存在状态与发展变化以及彼此间相互联系和相互影响。

（2）城市生态系统的结构

城市生态系统的结构是指城市生态系统内各组成要素的配比以及空间格局。城市生态系统是一个以人为中心的环境系统，其结构非常复杂，既包括生物结构（包括人口结构、植物结构、动物结构），又包括社会结构、产业结构、环境结构（包括自然环境结构和人文环境结构）等。

①城市化对环境的影响：例如，城市的气候与大气污染、城市土壤与土壤污染、城市的水体与水污染、城市交通与交通污染、城市的土地利用、城市的噪声、城市的垃圾等。

②城市化对生物的影响以及生物的反应：例如，城市植物区系和植被及其与人体健康、城市动物区系及其与人体健康、城市指示植物与生物监测等。

③城市化对人群的影响：例如，城市发展态势与城市人口动态、城市存在状态与城市人群消费理念和消费行为、城市化与城市人群的生态处境和身心健康等。

（3）城市生态系统的功能

城市生态系统功能主要是指城市生产和生活功能。城市在生产和生活过程中要消耗大量的物质和能量，而他自身能够提供的只是很小一部分，大部分都靠外部输入；城市运转过程中产生大量的废料也受到城市本身的容量和处理能力的限制，形成了有意的和无意的废料输出。城市中的物质代谢、能量流动和信息传递都有很大的特异性，揭示它们的作用特点和作用规律是解决城市问题的关键。这方面研究包括：城市食物网、城市物质生产和物质循环、城市能源及城市能量流动、城市信息类型及其传递方式与效率、城市环境容量等。

（4）城市生态系统的动态发展与演替

城市生态系统的动态发展与演替是指城市生态系统的发生、发展和演变。城市生态系统的演替包括城市形成、发展的历史过程，以及与此相应的自然环境和人文环境变化的动因分析。这项研究有助于认识城市生态系统的发展规律，可为老城市改造和新城市建设指明方向。

（5）城市生态系统的调节与控制

城市生态系统的调节与控制是指按照一定的目的，对城市生态系统结构和功能的（生态）平衡和（生态）失衡进行调节或控制。目前，城市生态系统调控研究的重点是在城市生态系统结构和功能研究的基础上，对城市生态系统进行模拟、评价、预测和优化，并根据城市生态学的理论对城市进行生态评价、生态规划、生态建设和生态管理；同时，从维护区域生态平衡、合理利用资源的角度出发，进行城市生态系统与区域大系统间关系乃至于全球环境间关系的研究。

（6）城市生态学的应用

城市生态学的应用是指将城市生态学的知识、原理、原则及方法，运用到城市生产和经营管理的方方面面，从而指导城市的建设和规划发展。目前，城市生态学的应用研究主要包括生态城市、生态工业、生态商业、生态建筑、生态经济、生态旅游和生态消费等领域。

0.2.3　城市生态学的研究层次

（1）城市生物环境层次

生物环境层次研究，即以传统生态学理论出发，将城市作为特定的生态环境，研究此种环境中各种生物的生态问题。

（2）城市生态系统层次

城市作为以人类活动为主体的人类生态系统进行考察研究。强调城市中自然环境与人工环境、生态群落与人类社会、物理生物过程与社会经济过程之间的相互作用研究的主导方向。

（3）城市系统生态层次

从区域和地理概念的高度来观察城市本身，站在历史发展的高度来考察城市问题。

0.3　城市生态学的发展简史

0.3.1　城市生态学的形成与发展

城市生态学发展可以概括为以下3个阶段。

（1）中国古代的城市生态学思想萌芽阶段

公元前390年，商鞅第一个提出了具有城市生态学思想的认识：①在一个地区的土地组成上，城镇道路要占10%，才较为合理；②主张增加农业人口，农业人口与非农业人口的比例为100:1，最多不小于10:1，鼓励从事农业，不准开设旅店和不准擅自迁居。公元前238年，荀子提出减少工业人口，国家才能强盛的主张。公元170年，崔姓学者第一个提出人口的合理布局思想。1885年，包世臣提出农业与非农业劳动力比例关系应为5:1，限制非农业人口的发展。这些"重农抑商"的思想在一定程度上影响了我国城市的发展。

（2）"田园城市"（garden city）理论的形成与发展阶段

1898年，霍华德（E. Howard）提出田园城市的理论如图0-1所示。霍华德在他的著作《明日，一条通向真正改革的和平道路》中认为应该建设一种兼有城市和乡村优点的理想城市，他称之为"田园城市"。田园城市实质上是城和乡的结合体。

1919年，英国"田园城市和城市规划协会"经与霍华德商议后，明确提出田园城市的含义：田园城市是为健康、生活以及产业而设计的城市，它的规模能足以提供丰富的社会生活，但不应超过这一程度；四周要有永久性农业地带围绕，城市的土地归公众所有，统一由委员会受托掌管。

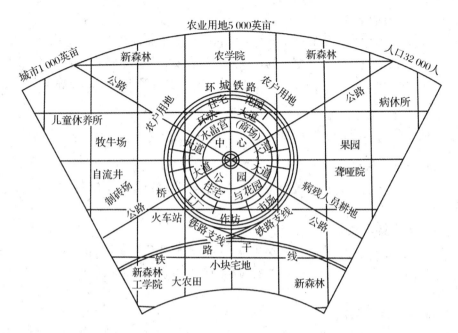

图 0-1　霍华德的田园城市

　　1903 年，在伦敦附近建立了第 1 座田园城市——莱奇沃思（Letchworth）。莱奇沃思是世界上首座花园城市，其建造的目的在于解决城市生活中的肮脏和贫困以及英国 19 世纪末期农村地区的工作缺乏现象。基于霍华德将乡村健康与城市舒适相结合的理念，莱奇沃思引领了一场国际化的运动。1920 年又在韦林（Welwyn）开始建设第 2 座田园城市。

　　田园城市的建立引起社会的重视，欧洲各地纷纷效法，但多数只是袭取"田园城市"的名称，实质上是城郊的居住区。该理论对后来出现的一些城市规划理论，如"有机疏散"论、卫星城镇的理论颇有影响。1940 年后，在一些重要的城市规划方案和法规中也反映了霍华德的思想。

　　（3）现代城市生态学的产生与发展

　　1916 年，美国芝加哥学派（Chicago school of sociology）帕克（R. Park）发表《城市：关于城市环境中人类行为研究的几点意见》一文，将生物群落学的原理和观点用于研究城市社会并取得了可喜的成果，奠定了城市生态学的理论基础，并在后来的社会实践中得到发展。

　　1925 年，伯吉斯（R. Burgess）提出了城市的"同心圆增长理论"认为：城市的自然发展将形成 5～6 个同心圆形式，它是竞争优势及侵入演替的自然生态的结果。

　　1933 年，赫特（H. Hoyt）提出了扇形理论。认为城市从中央商务区（central business district，CBD）沿主要交通干道向外发展形成星形城市，总的仍是圆形，从中心向外形成各种扇形辐射区，各扇形向外扩展时仍保持了居住区特点，其中有较多住宅出租的扇形区

---

　　* 　1 英亩 = 4 046.724 m²

是城市发展的最重要因素，因为它影响和吸引整个城市沿着该方向发展。这一理论与美国和加拿大当前许多城市的空间形成较相一致。

CBD 指一个国家或大城市里主要商业活动进行的地区。其概念最早产生于 1923 年的美国，当时定义为"商业会聚之处"。随后，CBD 的内容不断发展丰富，成为一个城市、一个区域乃至一个国家的经济发展中枢。一般而言，CBD 高度集中了城市的经济、科技和文化力量，作为城市的核心，应具备金融、贸易、服务、展览、咨询等多种功能，并配以完善的市政交通与通信条件。世界上比较出名的城市 CBD 有纽约曼哈顿、伦敦金融城、东京新宿、香港中环等。

哈里斯(Harris)和厄曼(Uiman)提出了多核理论。指出许多北美城市的土地利用形式并不围绕一个中心，而围绕离散的几个中心发展，虽然市区有的核心不明显，有的核心是在迁移等原因下形成的，这可能是由于汽车增长，成为上下班的主要交通工具所致。

城市生态学的大规模发展是在 1960 年后，联合国教科文组织(United Nations Educational, Scientific and Cultural Organization, UNESCO)的"人与生物圈"(MAB)计划提出了从生态学角度研究城市居住区的项目，指出城市是一个以人类为活动中心的人类生态系统，开始将城市作为一个生态系统来研究。

0.3.2　城市生态学的发展趋势

0.3.2.1　城市与自然、资源、环境相互作用的具体机制方面

城市是人类高强度活动的区域，其活动方式的表示特征众多。从经济上看，有经济结构、经济效益、经济总量、单位面积的经济强度等；从人口上看，有人口多少、人口密度、人口结构、空间分布等；从土地利用上看，有面积大小、用地比例、空间分布等。城市人类活动的这些不同特征，导致城市与自然、资源、环境相互作用方式、强度等的不同。自然、资源、环境方面又有众多的因子，自然方面有地质、地貌、气候、土地、动物、植物等，资源方面有资源的种类数量、可利用性等，环境方面有环境容量、自净能力等。他们对城市发生、发展的作用方式不同，反过来，认为调控下的城市结构对这些自然因子的效应也千差万别。

城市特征的多样性和自然资源环境的多因子性，形成了一个相互作用网，产生了诸多节点，这些节点正是协调城市与自然、资源、环境相互关系的具体操作点，城市生态学应该深入细致地探讨这些具体作用点、明确作用方式和强度，对城市的规划、建设、管理提供依据。例如，地貌对城市大小、用地比例、空间布局、人口分布、城市灾害、经济布局等有明显的作用，反过来，城市人口的活动对地貌也有不同的适应和改造方式，引起地貌形态或多或少的变化。再如，城市空间布局对地区小气候、城市局部水文特征、城市动植物种类和分布、区域环境质量、粮食和能源的供应等产生明显的作用，而城市的自然、资源、环境等背景对城市的布局有显著的支配性，许多城市的空间布局受到地貌、气候、水文等的影响。从城市与自然、资源、环境相互作用的网状结构来看，城市生态学的研究尚有许多空白点，组织多方面的专家在个案上深入分析、在理论上概括研究是非常必要的，也是城市生态学发展必不可少的基础。

0.3.2.2　城市生态系统研究方面

将城市视为自然—经济—社会复合生态系统，需要具体机制研究的基础上，更为精确的概述。城市生态系统从组成系统的组分来看，表现为以人为中心。从组分特征来看，绝大部分被人类活动所改造；从物质循环来看，以物质形态的改变为主；从能源流动来看，以化石能源的消耗为主；从输入输出来看，必须依靠外部系统供给物质和能源，同时其产品和废物也必须依靠外部系统来转化和处理。由此可见，城市生态系统与自然生态系统有相当大的差别，其结构和功能形成也具有自己的特殊性。综合分析城市发展现状和城市生态系统本身所具备的基本特征，以下各方面的研究是城市生态学工作者所应该关注的。

（1）城市生态系统的结构和功能

在城市生态系统结构和功能研究方面，将主要集中于城市生态系统的结构优化，从而提高城市生态系统的整体功能。在城市生态系统中，物质循环的时空结构、模式及其有效性，能量链的等级序列，不同组分之间的转换效率及其提高途径，信息流网络格局以及信息传递转化效率，以及由此而引起的货币流的格局与方式等都将成为城市生态学重要研究方向。

（2）城市生态系统总体特征

在城市生态系统总体特征研究方面，将主要集中于城市生态系统的稳定性特征、动态演化特征、调控和优化基础、对干扰的响应方式、控制和建设的操作方式等。

在系统科学的启发下，将城市视为一个生态系统，特别是把它视为一个集自然、经济、社会于一体的复合生态系统，在研究其结构、功能和调控机理方面，尚有许多空白之处，需要深入研究，同时也富有极大的挑战性。在数据收集、资料整理、实时监测、分析手段、研究方法等方面均具有不少困难。以城市生态系统为单位的总体研究，其研究工作时空覆盖跨度大，基础研究工作量庞大，研究过程复杂多变，研究结果有时表现出较强的偶然性，研究成果的应用方面可操作性较低等，也是城市生态学从系统角度深入研究所面临的巨大障碍。但是，从系统角度研究所得出的具有战略性的指导对策具有非常重要的实际意义。

0.3.2.3　城市生态学应用方面

城市生态学应用研究将与现代生态学最关心的领域紧密相连。现代生态学最关心的研究领域是可持续的生态系统、生物多样性保护、全球变化等。

（1）城市生态系统的可持续发展

在可持续的生态系统研究方面，城市生态学将从城市这一人口聚居生活方式出发，研究城市的生产、生活体系以及城市支撑体系的可持续性；探讨城市系统对支持生态系统胁迫及回馈；监测城市发展对区域生态系统的环境质量及其他方面的影响；研究城市对区域的服务功能及其效率；通过开展风险分析与评估等方面的研究，确定城市生态系统的最适持续生产能力和承受能力；探讨城市生态系统和城市支持生态系统的动态发展与演替规律，提出城市建设的决策依据、指导原则和技术方法。可以说，城市区域是一个典型的自然—社会—经济复合生态系统，探讨可持续发展的机理和综合调控途径是可持续生态系统研究不可缺少的重要环节。

（2）生物多样性保护

在生物多样性保护研究方面，将从城市发生与发展、城市布局、城市居民生活质量的提高等方面，探讨城市对生物多样性的影响，特别是观测分析城市发展对支持生态系统的胁迫所导致生物多样性丧失的机制和过程，从城市发生和发展的角度提出保护生物多样性的对策和措施。实际上，城市生态系统的多样性保护，除了保护生物多样性以外，还包括景观多样性、人文环境多样性的保护等内容。

（3）全球变化研究

城市生态学对全球变化的研究，主要是探讨城市化对全球变化的作用机理、影响因素、影响过程和实际效应，研究城市的生产与生活对大气、土壤、淡水、海洋等的物理过程和化学过程的影响，研究城市化过程所引起的土地利用变化、水文变化、生物变化等的生态后果，探讨气候变化、海平面上升等对城市区域的影响，并提出应对措施。

城市生态学参与现代生态学最关心领域的研究是生态学发展的需要，也是社会发展的需要，反过来也会促进城市生态学的发展，丰富城市生态学研究领域，提高城市生态学的研究水平和解决实际问题的能力。

本章小结

本章主要介绍了城市化、城市生态学的定义、发展过程以及城市生态学研究的对象、内容及发展趋势。

城市化指人类生产和生活方式由乡村型向城市型转化的历史过程，表现为乡村人口向城市人口的转化以及城市不断发展和完善的过程。城市化经历了早期城市化、近代城市化、现代城市化3个发展阶段。城市化的发展带来了严重的生态环境问题。城市生态学就是生态城市化和城市生态化过程中的产物。

城市生态学的研究对象是城市生态系统，研究内容主要包括城市居民变动及其空间分布特征，城市物质和能量代谢功能及其与城市环境质量之间的关系，城市自然系统的变化对城市环境的影响，城市生态的管理方法和有关交通、供水、废物处理等，城市自然生态的指标及其合理容量等。城市生态学发展可以概括为中国古代的城市生态学思想萌芽阶段、"田园城市"理论的形成与发展阶段、现代城市生态学的产生与发展3个阶段。现代城市生态学更加关注城市生态系统的可持续发展、生物多样性保护、全球变化等生态学热点研究领域。

思考题

1. 简述城市化的定义。
2. 简述城市化的发展阶段及其特征。
3. 简述城市生态学的定义。
4. 简述城市生态学的形成发展阶段及其特征。
5. 简述城市生态学研究的主要内容。
6. 简述现代城市生态学的发展趋势。

本章推荐阅读书目

1. 城市生态学. 宋永昌, 由文辉, 王祥荣. 华东师范大学出版社, 2000.
2. 城市生态学. 2 版. 杨小波, 吴庆书, 等. 科学出版社, 2006.
3. 城市生态学. 赵运林, 邹冬生. 科学出版社, 2005.

第1篇

城市生态系统总论

1 城市生态系统的基本特征

生态系统术语的提出始于科学家坦斯利(A. G. Tansley)于1935年的陈述:"只有我们从根本上认识到有机体不能与它们的环境分开,而与它们的环境形成一个自然生态系统,它们才会引起我们的重视。"继他后,美国学者林德曼(R. L. Lindeman)创立了生态系统中各营养级之间流动的定量关系,初步奠定了生态系统的理论基础。1944年,苏联卡乔夫提出了"生物地理群落"概念。1965年在丹麦哥本哈根会议上决定,生物地理群落和生态系统作为同义语。此后,奥德姆兄弟(E. P. Odum,H. T. Odum)和威特克(B. H. Whittalar)等科学家对生态系统学进行了研究,我国生态学家马世骏先生也提出了"自然—社会—经济复合系统"这一术语,这些均为城市生态系统的研究指明了初步的方向。

1.1 城市生态系统的概念

我国生态学家马世骏、王如松相继在1984年、1988年提出了城市复合生态系统理论,他们认为城市生态系统可分为社会、经济、自然3个子系统。自然子系统是基础,经济子系统是命脉,社会子系统是主导。他们互为环境,相辅相成,相克相生,导致了城市这个高度人工化生态系统的矛盾运动。

由生态系统的概念可得出,城市生态系统(urban ecosystem)是人类生态系统的主要组成部分之一,是受人类活动干扰最强烈的地区,它既是自然生态系统发展到一定阶段的结果,也是人类生态系统发展到一定阶段的结果。城市生态系统是指城市居民以自然环境系统和人工建造的社会环境系统相互作用形成的统一体,已经演化为人工的生态系统(artificial ecological system),其生态环境不仅具有自然成分,更具有社会成分,它是以人为主体、人工化环境的、人类自我驯化的、开放性的生态系统,故也称之为人类生态系统(human ecology system)或生态经济系统(ecological economic system)。

综上所述,城市生态系统可定义为"城市与其群体的发生、发展与自然资源、环境之间相互作用的过程和规律的系统"或定义为是一个人类在改造和适应自然环境的基础上建立起来的"自然—社会—经济三者合一的复合系统"。其运行既要遵守社会经济规律，也要遵守自然演化规律。城市发展的实质在于维护经济增长的生态潜力，维护自然界能够长期提供的自然和环境条件，保障经济增长和人类福利有一个稳定的生态环境基础。

由于生态系统应该包括初级生产者、消费者、分解者三大部分。而城市生态系统中几乎没有什么作为生产者的部分，分解者的部分也非常少，而大部分是作为消费者的人以及由人饲养的家宠，而他们的比例严重失调，因此，这对城市生态系统的理论提出了挑战。

此外，城市生态系统发展具有时间和空间分布特征，它的发展取决于自然环境条件、社会环境状况和城市居民的活动。在特定的自然环境条件下，它的发展主要取决于城市管理高层次决策者的政策与思路。科学决策能使它保持良性循环，使城市建设、经济建设和环境建设协调而有序地发展；错误决策则使它形成恶性循环，环境质量恶化，生态破坏，以致城市居民无法忍受而他迁，彻底破坏城市生态系统。

1.2 城市生态系统的组成

城市生态系统有一定的组成。城市生态系统是由城市居民或城市人群和城市环境系统组成的，是一个具有一定的机构和功能的有机整体，可用图 1-1 表示。

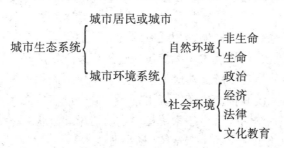

图 1-1 城市生态系统的组成结构（引自杨小波，2006）

我国生态学家马世骏教授曾指出：城市生态系统是一个以人为中心的自然、经济与社会的复合人工生态系统。也就是说，城市生态系统包括自然生态系统、经济生态系统与社会生态系统，可用图 1-2 和图 1-3 表示。

因研究的出发点和方向不同，不同研究者对城市生态系统结构的划分是不同的。目前，城市生态系统结构主要划分为：①城市居民，包括性别、年龄、职业、民族、种族和家庭等结构；②自然环境系统，包括非生物系统的环境系统（大气、水体、土壤、岩

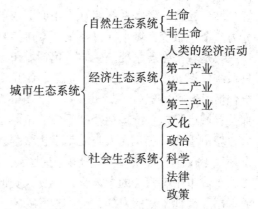

图 1-2 城市生态系统中的 3 个子系统
（引自杨小波，2006）

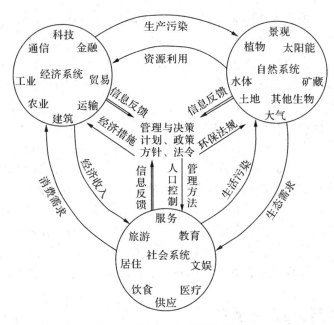

图 1-3　城市生态系统的组成

石等)、资源系统(矿产资源和太阳、风、水等)、生物系统的野生动植物、微生物和人工培育的生物群体;③社会环境系统,包括政治、法律、经济、文化、教育、科学等。

　　从图 1-3 可看到城市生态系统组成的复杂性。城市社会生态系统、经济生态系统和自然生态系统是相互联系、相互影响、相互制约的。社会生态系统通过生活垃圾造成的环境污染影响自然生态系统;而经济生态系统也通过生产废气、废水、废渣等对自然生态系统造成污染。同时,自然生态系统又对经济生态系统提供可利用资源,为社会生态系统提供生态需求。经济生态系统和社会生态系统更密不可分,经济生态系统为社会生态系统提供经济收入,社会生态系统向经济生态系统提出消费需求。3 个子系统必须在适当的管理与监控下,形成有序而相对稳定的生态系统(杨小波,2006)。

　　城市生态系统又是社会—经济—生态复合系统,是城市人口与城市自然—人工环境系统和城市社会—经济系统相互作用而形成的多功能的开放系统。城市生态系统按其组成可分为 4 个子系统:城市人口系统、城市生物系统、城市能源系统、城市设施系统。城市人口系统是城市生态系统的主体,包括城市居民、外来暂住居民、外来流动人口等;城市生物系统包括人工养殖的飞禽、走兽、游鱼等生物和栽培的树木、花草等植物;城市能源系统包括阳光、雨露、水源、煤炭、电、石油等,它可分为自然存在的能源和人工生产的能源两部分;城市设施系统包括基础设施、市政公用设施各种建筑物和构筑物(张志刚,2002)。

　　城市生态系统是受人类活动干扰最强烈的地区,它已经演化为人工的生态系统,其生态环境不仅具有自然成分,更具有社会成分,同其他生态系统相比,有如下几方面的特点:①城市生态系统的主体是人类,人类既是次级生产者也是消费者,且人口的发展代替或限制了其他生物的发展,要维持其稳定和有序,必须有外部生态系统的物质和能量的输入;②城市生态系统的环境主体是人工环境,而且原有的城市自然环境条件也不同程度地受到了人工环境因素和人的活动的影响,所以其具有复杂性和多样性;③由于人类的高度参与，城市生态系统是一个不完全、不独立的生态系统，如从开放性和高度输入的性质来看，城市生态系统是发展程度最高、反自然程度最强的人类生态系统；④城市生态系统能量流动发生在非生物之间，它的能量的变换、供应及其运行机制很大程度上受人类的影响和制约(于志熙，1992)。

1.3　城市生态系统的结构

城市生态系统的结构在很大程度上不同于自然生态系统，因为除了自然系统本身的结构，还有以人类为主体的社会结构和经济结构，诸如人口结构、空间结构、绿地结构、道路结构，景观结构、用地结构、功能结构、社会结构、经济结构、营养结构、生命结构、资源结构等。

城市生态系统的组成和结构是城市生态系统研究的基础，包含社会、经济、自然生态各组成要素的基本特征，如城市人口、经济、城市气候、土壤、城市生物、商业、工业等的基本特征，以及各要素的相互关系和相互作用及效应。这些单项特征是构建城市总体系统模型的基础。

1.3.1　城市生态系统的空间结构

城市是存在于地球表面并占有一定地域空间的物质形态，由人工要素及城市绿地在自然要素(地形、地貌、河流水系)的作用下，组成了具有一定形态的空间结构，如同心圆、扇形辐射、多中心镶嵌、带状、组团状等。这些空间结构形成取决于城市的社会制度、经济状况、种族组成、地理条件(地质地貌、气候、水文)等。例如，社会分配制度引起了同心圆结构的变化；土地经济的价值规律引起了扇形结构的变化；种族组成和城市区域分异规律引起多中心镶嵌结构变化。

城市的地形地貌和河湖水系等自然要素又通过对城市规划、城市建设的制约，对城市空间、形态和城市环境产生了不同的影响。例如，平原、盆地地貌已形成集中式、多格局结构的城市，如石家庄、北京、成都、西安等；山区、丘陵、峡谷地貌，已形成带状城市，如兰州、青岛、深圳等；分散多点状城市，如攀枝花。

因势利导，合理利用城市组成的人工要素与自然要素，可组织合理的城市空间结构，体现城市的个性，提高城市的活力与魅力。

1.3.2　城市生态系统的人口结构

(1)人口的组成

①按人口的流动性分为常住人口与流动人口。

②按人口的基本性质分为基本人口、服务人口和被抚养人口。

基本人口：对外服务的工矿交通企业、行政机关事业单位以及高等院校的在册人员；一般控制在30%～40%。

服务人口：为本地区服务的企事业单位、文教、医疗、商业单位的在册人员；控制在12%～20%。

被抚养人口：未成年、未参加工作和丧失劳动力的人员。控制在45%～50%。

③按国民经济部门统计分类分为生产性劳动人口、非生产性劳动人口及非劳动人口。

(2)人口的结构

城市人口结构包括年龄、性别、智力和职业等。

城市人口年龄结构一般分为6组：托儿组(0～3岁)；幼儿组(4～6岁)；小学组(7～12岁)；中学组(13～18岁)；成年组(男19～60岁，女19～55岁)；老年组(男61～，女56～)。

城市人口性别结构的合理比值一般为男女100∶105。

城市人口职业结构的情况决定城市的主要职能。中国将城市职业分为十大类：农业、矿业、工业、建筑业、运输业、邮电业、商业、服务业、专门职业、行政公务。第三产业所占的比例是城市是否发达的标志之一。

城市人口智力结构是指具有一定专业知识或技术水平的劳动力占全体劳动力的比例。日本第一产业15.8%，第二产业40.3%，第三产业43.9%。

1.3.3　城市生态系统的经济结构

城市生态系统的经济结构一般由物质生产、信息生产、流通服务及行政管理等职能部门组成。各种产业的比例决定了城市的性质。物资生产部门主要有：工业、农业、建筑业，按社会需求提供有一定功能的产品。信息生产部门主要有：科技、教育、文艺、宣传、出版等部门。流通服务部门主要有：金融、保险、交通、通信、商业、物质供应、旅游、服务等部门。行政管理部门通过各种纵向联系和管理维持城市功能的正常发挥和社会的正常秩序。

世界发达国家的先进城市在经济上有三大特点：

①三大产业构成：第一产业占3%～5%，第二产业占15%～40%，第三产业占50%～80%。

②产业就业构成：第一产业占0.1%～0.5%，第二产业占20%～30%，第三产业占70%～80%。

③人均国民生产总值(GNP)5 000～20 000美元。

1.3.4　城市生态系统的生物结构

城市生态系统的生物结构由以下部分组成：

①城市动物：野生动物基本绝迹，以人工饲养与圈养为主。

②城市植物：主要是以观赏为主的植物群落。

③城市微生物：包括真菌、细菌、病菌等。

城市生物的种类也由于人类活动的干扰而大量减少，城市生物也是城市生态系统的重要组成部分，因此城市生物的种类组成和数量变化对城市的发展非常重要。

1.3.5　城市生态系统的营养结构

城市生态系统营养结构呈倒金字塔形，如图1-4所示。

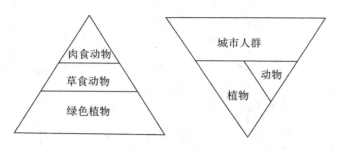

图1-4 城市生态系统营养结构（倒金字塔形）

城市生态系统食物链关系较自然系统简单，是营养结构的具体体现，是系统中物质与能量流动的重要途径。城市人群一般位于食物链的顶端，是最高级最主要的消费者；城市生态系统较自然系统绿色植物少，其他生物也较自然生态系统少。

城市生态系统一般有2条食物链。其一为自然人工食物链，其二为完全人工食物链，如图1-5所示。

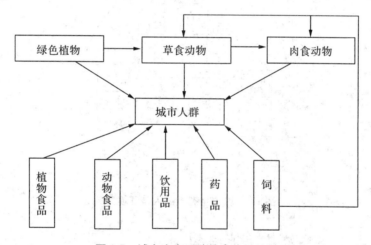

图1-5 城市生态系统的食物链结构

1.3.6 城市生态系统的资源利用链结构

人类除了食物消费外，还具有大量衣食住行以及文化活动和社会活动等高级消费需求，城市人口在此方面的需求更加明显。城市生态系统的资源利用链结构由一条主链和一条副链构成，如图1-6所示。

1.3.7 城市生态系统的生命与环境相互作用结构

在城市生态系统中人与环境的关系是最主要的关系，如图1-7所示。城市环境受人为干扰大，在人的干预下，自然生物种群较单一，优势种突出，群落结构简单，空间分布也变得较为规则和机械，引起其他环境要素发生变化，容易导致城市生态与环境问题的发生。

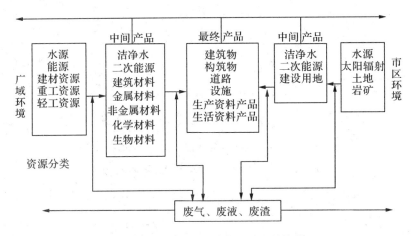

图1-6　城市生态系统资源利用链结构

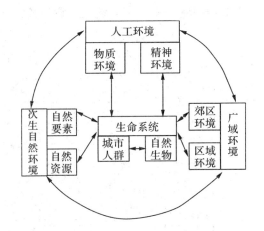

图1-7　城市生态系统人与环境关系

1.3.8　城市生态系统的用地结构

城市生态系统的用地结构类型可分为：

①小城市(镇)：一般由市区和郊区组成。

②中等城市：一般由市区、郊区和郊区工业区以及其他功能区组成。

③大城市及特大城市：由市区、近郊区、近郊工业区或其他功能区、远郊区和远郊小城镇组成。

城市用地分类：R，居住用地；C，公共设施用地；M，工业用地；W，仓储用地；T，对外交通用地；S，道路广场用地；U，市政公用设施用地；G，绿地；D，特殊用地；E，水域和其他用地。

1.4 城市生态系统的功能

1.4.1 城市生态系统的基本功能

城市生态系统具有生产功能、能量流动功能、物质循环功能和信息传递功能。

由于城市生态系统中各种流的运行需依靠区域自然生态系统的支持，而且其运行的强度远远大于自然生态系统，并在高强度的运行中造成极大的浪费，因此生态效率极低。

1.4.1.1 生产功能

城市生态系统的生产功能是指城市生态系统所具有的，利用域内外环境所提供的自然资源及其他资源，生产出各类"产品"（包括物质产品和精神产品）的能力，包括人类在内的各类生物交换、生长、发育和繁殖过程。

生产功能包括生物初级生产、生物次级生产和非生物生产。

(1)生物初级生产

生物初级生产包括农田、森林、草地、蔬菜地、果园、苗圃等，主要生产粮食、蔬菜、水果和其他各类绿色植物产品。由于城市是以第二、第三产业为主，城市生物生产所占的空间很小，不占主导地位，但生物生产过程中所具有的产生二氧化碳、释放氧气的功能对城市人类和城市环境质量的提高是很重要的。

(2)生物次级生产

生物次级生产是城市中的异养生物(人)对初级生产者的利用和再生产的过程，即城市居民维持生命、繁衍后代的过程。在城市生态系统中生物初级生产并不能满足生物次级生产的需要量，所需的次级生产物质有相当部分需要从城市外部输入，如香港的菜、肉、水等由内地供应。

(3)非生物生产

城市生态系统的非生物生产是人类生态系统特有的生产功能，具有创造物质与精神财富满足城市人类的物质消费与精神需求的性质。非生物生产所创造的产品包括物质生产与非物质生产两大类。

①物质生产：满足人们的物质生活所需的各类有形产品及服务，包括各类工业产品、设施产品、服务性产品。城市生态系统的物质产品不仅为城市地区的人服务，更主要的是为城市地区以外地区的人服务。

②非物质生产：满足人们的精神生活所需的各种文化艺术产品及相关服务。

1.4.1.2 城市生态系统的能量流动

城市生态系统的能量流动是指能源(能产生能量的物质)在满足城市四大功能(生产、生活、游憩、交通)过程中在城市生态系统内外的传递、流通和耗散的过程。城市生态系统中原生能源一般需从城市外部调入，其运输量十分惊人。

城市生态系统能量流动具有以下特点。

①在能量使用上：城市生态系统的能量流动是非生物之间的能量交换和流转，反映在人所制造的各种机械设备的运行过程中，而且这种非生物性能量并不能在城市的自然环境中所能满足。需要系统外输入、供应，而且区域越来越大。

②在传递方式上：在自然生态系统中主要靠食物网传递能量，而城市生态系统农业部门、采掘部门、能源生产部门、运输部门等都参与能量传递，传递方式要比自然生态系统多。

③在能量流运行机制上：在自然生态系统中，能量流动是自发的、天然的；城市生态系统中能量流动则以人工为主。

④在能量生产和消费活动过程中：有一部分能量以"三废"形式排入环境，使城市遭受污染，如煤燃烧中排放二氧化硫、烟尘、氧化物、一氧化碳。

1.4.1.3　城市生态系统的物质循环

城市生态系统中的物质循环是各项资源、产品、货物、人口、资金在城市各个区域、各个系统、各个部分之间及城市与外部之间的反复作用过程。它的功能是维持城市的生存和运行。

城市生态系统物质循环也具有相应特点，其所需物质对外界有依赖性，同时又向外输出；循环过程中产生大量废物，且缺乏循环；物质循环在人为状态下进行，受强烈的人为因素影响。

1.4.1.4　城市生态系统的信息传递

在自然生态系统中的信息传递是指生态系统中各生命成分之间存在的信息流，包括物理信息、化学信息、营养信息及行为信息，生物间的信息传递是生物生存、发展、繁衍的重要条件之一。而信息对人类社会的经济发展中所起的作用更是前所未有的。城市生态系统中的信息传递与自然系统类似。

1.4.2　城市生态系统能源结构与能量流动

城市生态系统具有特殊的能源结构与能量流动，因经济发达水平和地域而异。能源结构中主要涉及城市能源总生产量和总消费量的构成及比例关系；从总生产量分析产生的能源生产结构；从消费量分析得出的能源消费结构。2010 年世界部分国家一次能源消费构成情况如表 1-1 所示。

表 1-1　2010 年世界部分国家一次能源消费结构　　　　　　%

国家	原煤	石油	天然气	核能	水力发电	再生能源
美国	22.95	37.19	27.17	8.41	2.57	1.71
俄罗斯	13.58	21.37	53.95	5.57	5.52	0.01
法国	4.80	33.06	16.73	38.41	5.67	1.35
德国	23.94	36.03	22.91	9.95	1.35	5.82
英国	14.91	35.23	40.39	6.74	0.38	2.34
日本	24.69	40.24	16.99	13.21	3.85	1.02
中国	70.45	17.62	4.03	0.69	6.71	0.50
世界总计	29.63	33.56	23.81	5.22	6.46	1.32

城市能源消费结构中天然气消费及原生能源用于发电的比例是反映城市能源供应现代化水平的 2 个指标，如我国西气东输、三峡发电皆为华东地区。

原生能源一般指从自然界直接获取的能量形式，其中有少数可以直接利用，如煤、天然气等，但大多数需要加工经转化后才能利用，如图 1-8 所示。

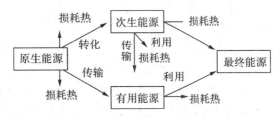

图 1-8　城市生态系能量流动过程

1.4.3　城市生态系统的物质循环和能量流动

在城市生态系统中，人类为了满足居住、工作、交通、娱乐等方面的需求，通过各种途径或手段把物质和能量输入城市，然后再从城市中输出，从而构成城市生态系统的物质循环和能量流动。这种代谢过程完全不同于自然生态系统，表现为：作为城市主体的人，已不满足太阳辐射所直接提供的能量，人类所需要的能量更多来自化石燃料，如煤炭、石油、天然气等，而维持的自身生命活动的能量取决于来自外地的各种食物。

一般来说，输入城市生态系统的物质，有建筑材料（木材、水泥、石料、钢材等）、生产资料（机械设备等）和生活用品（纤维制品、家具等），以及粮食、肉类、果蔬等食物。其中，木材、钢材、石料等作为城市的结构物蓄积或长期停留于城市空间。有些物质很快被利用，并发生物理或化学变化，如石油、煤、天然气等化石燃料，作为能源燃烧时，产生的废气大部分形成二氧化碳排放到空气中，同时也产生以硫的氧化物为主的各种有害物质，污染城市空气；而煤渣和焦渣等固体废弃物作为城市垃圾的组成部分，蓄积于城市。

从城市生态系统向外输出的物质，主要是各种加工品、流通商品、固体废弃物、空气（包括污染气体）、废水（含有污染物质）、废热等。例如，机械能、电能以及用其他形式使用的能，绝大部分最后成为热能，暖化城市，并通过辐射或传导散发到空中。人们生活中不可缺少的水，一部分作为原料经过加工成为商品，或蒸发后返回到空气中，或作为生物体的成分留在城市内部，但大部分是经过各种用水途径再流出城市。因水中含有各种有机物，导致水质污染。又如，在污水处理场和粪尿处理场，被处理的排泄物进行分解时，释放出二氧化碳、甲烷等气体，这些气体随着空气输送到城市系统以外，还有一部分未经处理就抛在市外。

由此可见，在城市生态系统中，物质的输入和输出都依赖于外界。城市既不能生产原材料，也不能自身处理产品和废物，它就像一个中转站。假若原料进不来或产品、废物出不去，中转站就会停止工作。

城市生态系统中能量流动具有明显特征。大部分能量是在非生物之间变换和流动，并且随着城市的发展，它的能量、物质供应地区越来越大，从城市邻近地区到整个国家，直到世界各地。

一般说来，城市从城市外部输入石油、电力、燃气等能源，在城市内通过消费及生产活动转换成热能，之后向大气、河流及海洋排放热量，不能被重新利用。城市地区石油、天然气、电力是能源主体。城市使能量代谢消费量显著增加，尤其是电能使用量逐年增大。城市也依赖于风、水、太阳等能量，尽管这些能源能持续地补给，但在总体能量消费中只占少量。

城市能源消费量的增大，反映城市经济增长与居民经济收入水准的提高。能源消费量每个城市不同。例如，东京 23 个区的能源消费量的结构为：工业用 42.7%、家庭用 33.8%、商业用 11.0%、运输用 8.0%、其他是 4.5%，工业用能源消费量居多。

伴随城市增长，能源消费量增大导致城市生态系统变化。城市工业废水排放到江河湖海，破坏水域及沿岸的生态系统。"水的热污染"与早已提出的"大气热污染"一样（城市地区的大气温度比周边高），导致城市街道附近地下热污染明显。

城市生态系统的物质循环和能量流动是其功能得以顺利实现的前提，它们将城市的生产与生活、资源与环境、时间与空间、结构与功能以人为中心串联起来。弄清了这些物流、能流的动力学机制、过程和调控方法，就能基本掌握城市生态系统中复杂的生态关系。

1.5　城市生态系统的生态平衡与调节

所谓生态系统就是指生物和非生物因子错综复杂的相互联系、相互制约的关系。通过能量流动和物质循环在自然中维持生态系统稳定和平衡。而城市生态系统中由于人为作用而不断地输入物质和能量。因此，这似乎是一个自由能不断增加和熵减少的过程，这在一定意义上与生态系统的理论相悖。

由于城市生态系统是高度人工化和脆弱的生态系统，城市所需的物质循环、能量流动，乃至粮食供应都需要依赖外部补给，因此应变能力差。人类应当研究城市生态系统的特征及规律，运用科学的理念，防止城市生态系统失调，建立新的生态平衡，创造出良好的人居环境。

1.5.1　城市生态系统的生态平衡

从生态学角度看，平衡就是某个主体与其环境的综合协调，平衡的生态系统在时间上显示出持久性。生态学家强调生态平衡应该用生态系统内部结构的稳定性来表达。近代著名的生态学家美国佐治亚大学教授奥德姆（E. P. Odum）指出："生态平衡是生态系统内物质和能量的输入和输出两者间的平衡。"实际上就是生态系统内部稳定的显示，是各种生物控制自身内环境稳定概念的延伸。

生态平衡失调就是外干扰大于生态系统自身调节能力的结果和标志。当外界施加的压力超过生态系统自身调节能力时，正常的生态系统结构被破坏，功能受阻，自控能力下降，这种状态称为生态平衡失调。引起生态平衡失调的自然因素主要有火山喷发、海陆变迁、雷击火灾、海啸地震、洪水和泥石流以及地壳变动等。这些因素对生态系统的破坏是严重的，具有突发性、毁灭性的特点。但这类因素常常是局部的，出现频率不高。

在科技水平不断提高的今天，人为因素对生态平衡的破坏而导致的生态平衡是最常见、最主要的。通常是伴随着人类生产和社会活动而同时产生。在能量生产和消费活动过程中，有一部分能量以"三废"的形式排入环境，使城市遭到污染，如工厂在生产产品的同时排放了大量的污染物。

城市化是城市生态系统主体人类创造的结果。城市化对城市环境的影响深刻，城市原有地面被柏油马路覆盖，反射率就会相应变化，从而改变城市区域的能量收入。然而，近代城市从经济利益出发，容易忽视不能产生利润的各种环境保护设施。随着城市巨大化，人类不能完全管理城市，已经产生各种各样城市问题。目前，人们已经把城市作为生态系统来认识，因此，必须通过人类自我控制城市，实现自然与人类的协调，建设生态系统平衡的、适宜居住的健康城市。

1.5.2 城市生态系统平衡的调控

生态系统对外界干扰具有调节能力才使之保持相对的稳定，但是这种调节能力不是无限的。不使生态系统丧失调节能力或未超过其恢复力的外干扰及破坏作用的强度称为"生态平衡阈值"（ecological equilibrium threshold limit）。阈值大小与生态系统的类型有关，还与外干扰因素的性质、方式及作用持续时间等因素密切相关。生态平衡阈值是自然生态系统资源开发利用的重要参数，也是人工生态系统规划与管理的理论依据之一。

城市生态系统的主体或中心是人类，他对外部环境的关系是积极地、主动地适应和改造环境，因而对外部环境的相互作用、相互适应表现出"通过人工选择的正反馈为主"调节特征。城市生态系统的调节控制应该建立在包括城市生态系统评价、预测、区划、规划、优化模型研究的基础上。一般可在综合调查分析的基础上，用动态系统论方法、数学模拟法等进行研究，以确定城市生态系统的开发方向。通过实施有效的管理来协调城市中人类的社会经济活动与环境的关系，改善城市生态结构。

城市生态系统平衡要坚持协同发展论，即经济支持系统、社会发展系统和自然基础系统三大系统相互作用、协同发展，实现经济效益、社会效益和生态效益的统一。要保证"自然—经济—社会"复杂系统的正常运行，应努力把握人与自然之间的平衡，寻求人与自然关系的和谐，保持生态系统健康。因此，城市生态系统平衡的调控应从以下几方面入手。

（1）以研究环境承载力为前提

环境承载力是某种环境状态与结构在不发生对人类生存发展有害变化的前提下所承受的人类社会作用，是环境本身具有的有限性及自我调节能力。环境承载力包含资源、技术、污染3个方面的内容，随城市外部环境条件的变化而变化，并推动城市生态系统的正向或逆向的演替。当城市生态系统向结构复杂、能量最优利用、生产力最佳配置方向演化时被称为正向演替，反之，则为逆向演替；同样，当城市人口活动强度小于环境承载力时，城市生态系统可表现为正向演替，反之则相反。在城市系统中，人主动地、积极地适应环境、改造环境，其系统行为很大程度取决于人类所作出的决策，因而它的调控机制以"通过人工选择的正反馈为主"。

城市环境一方面为人类活动提供空间及物质能量，另一方面容纳并消化其废弃物。城市的规模决定于人口、土地、营养食物的供应，城市人口必须控制在生态系统环境承载力之内，包括土地承载力、水源容量、资源能源承载力及空气环境等。综合分析，城市中较合理的人口密度为 10 000 ~ 12 000 人/km²，而市中心区不大于 20 000 人/km²。

人类活动超出环境承载力限度，就会产生种种城市环境问题。应深入研究城市环境的承载力状况，从而合理有效地配置环境资源，实现人口、资源、环境与发展的可持续利用和生态系统的良性发展。

（2）以增强系统抵抗力为关键

抵抗力是生态系统抵抗外干扰并维持系统结构和功能原状的能力，是维持生态平衡的重要途径之一。环境容量、自净作用等都是系统抵抗力的表现形式。城市生态系统在来自外部和内部两类因素的压力下运行。人类是城市生态系统的主体，在当代，对生态系统的最大压力是人口种群。当人类成为支配整个景观区域生态系统的组分时，人类学因素是内部因素。而当生态系统因工业等各类化学物质或其他污染物排入使环境受到损害时，人类学因素又可视为外部因素。无论是哪类压力引起环境条件的改变，系统都是通过调节机能来尽量维持自身的稳定，这种调节机能实际上是生态系统的一种适应能力。随着城市化进程的不断加快，城市生态环境问题已成为城市可持续发展的最大障碍。城市是人口和工业生产集中的地域，一方面，维持城市运转需要自然界大量物质供给和输入，常常会超越城市所在区域自然生态环境负荷能力；另一方面，城市工业生产与城市居民生活排出的大量废弃物，常常超出城市生态系统的自净能力，提高生态系统调节能力及自身恢复力至关重要。

城市生态系统以第二产业、第三产业为主，人工或自然植被所占城市空间比例不大。虽然城市生态系统绿色植物的物质生产和能量储存不占主导地位，但城市植被的景观作用和环境保护功能对城市生态系统十分重要。因此，大面积保留城市农田系统、森林系统、草地系统等面积非常必要。园林绿地是城市生态系统的重要组成，既是城市生态系统的初级生产者，也是生态平衡的调控者，一定数量和质量的绿地不仅是美化城市景观和市容的需要，也是减轻城市环境污染必不可少的。

（3）以保证系统循环的连续性为重点

城市空间作为一种有机的结构系统，与其所在的环境相联系，并形成一个联系的整体。对于一个稳定的生态系统而言，无论对生物、对环境，还是对整个生态系统，物质的输入与输出都是平衡的，一旦打破了这种平衡，生态系统就会发生毁灭性灾害。多数城市都需要从外部输入城市生产、生活活动所需的各类物质，离开了外部输入，城市将陷入困境。城市生态系统在输入大量物质满足城市生产和生活需求的同时，也输出大量物质。没有循环就没有生态系统的存在，抑制或阻塞物质循环于生态系统的某一点，都将威胁整个生态系统的生态平衡。城市生态系统包括自然、社会、经济发展到一定的高度，必须放开市场，开放经济，建立健全合理的经济体制和市场体系。保证城市间及城乡间自由输入物质、能量、信息，并向外输出产品、废物、信息。物质输入与输出达到平衡点时生态系统达到内部稳定，利用其各子系统相互开放交流，达到城市生态系统可持续发展的境地。

（4）以协调城市中人与环境的相互关系为核心

自然环境能够满足人类的需要，并且是稀缺的，因而是有价值的。应该将环境价值与经济利益直接联系起来，在经济核算中考虑环境的成本价值以及人类生产生活中造成的环境价值损失，建立并实施环境价值损失的合理补偿机制，从而定量地调控环境价值损失，为可持续发展决策服务。人类利用自然环境，一般情况下是平衡状态。有时生态平衡被破坏，对人类来说有可能带来有害的结果。目前，人类不能完全控制自然，如风灾、水灾。在城市的人类活动存在一定局限性的时代，应将环境问题纳入现行市场体系和经济体制中，并结合政府规章制度，制约人们破坏环境的行为。这就要求人们具有强烈的环境意识，减少或控制环境污染，开发有益于环境并降低能耗的绿色产品。

一个符合生态规律的生态城市应该是结构合理、功能高效和关系协调的城市生态系统。所谓结构合理是指适度的人口密度、良好的环境质量、充足的绿地系统、完善的基础设施、有效的自然保护；功能高效是指资源的优化配置、物力的经济投入、物流的畅通有序、信息的快速便捷；关系协调是指人和自然协调、社会关系协调、资源利用和资源更新协调和环境承载力协调。概言之，理想的城市应该是环境清洁优美、生活健康舒适、人尽其才、物尽其用、地尽其利、人和自然协调发展、生态良性循环的城市。

1.6 城市生态系统的特征

1.6.1 城市生态系统具有整体性和复杂性

中国生态学家马世骏教授指出："城市生态系统是一个以人为中心的自然、经济与社会的复合人工生态系统。"这就是说，城市生态系统包括自然、经济与社会3个子系统，是一个以人为中心的复合生态系统。组成城市生态系统的各部分相互联系、相互制约，形成一个不可分割的有机整体。任何一个要素发生变化都会影响整个系统的平衡，导致系统的发展变化，以达到新的平衡。

1.6.2 城市生态系统具有人为性、复杂性和多样性

城市是人类社会发展到一定阶段的产物，城市生态系统是人工生态系统，是以人为主体的生态系统，具有人的密集性和其他生物的稀缺性双重特性，其变化规律由自然规律和人类影响叠加形成，人类社会因素的影响在城市生态系统中具有举足轻重的地位，同时也影响人类自身。城市生态系统又是大量建筑物等城市基础设施构成的人工环境，城市自然环境受到人工环境因素和人的活动的影响，使城市生态系统变得更加复杂和多样化。城市生态系统的生命系统主体是人，而不是各种植物、动物和微生物。次级生产者与消费者都是人，城市生态系统具有消费者比生产者更多的特色，绿色植物、各种营养级的野生生物及作为"还原者"的微生物等生物种群占有很小的比例。所以，城市形成了植物生存量＜动物生存量＜人类生存量的与自然生态系统"生态学金字塔"不同的"倒金字塔"形的生物量结构(见图1-9)，城市生态系统中资源的开发利用，环境的定向改造，工业的合理布局，居民区的规划以及能源、交通、运输、建筑等，无一不与人类的生产和生活相联系。人类的经济活动对城市生态系统的发展起着重要的支配作用，原有的城市自然环境条件也不同程度地受到了人工环境因素和人的活动的影响，使其具有复杂性和多样性。人为干扰极大地丰富了城市景观多样性。例如，各式各样的建筑、不同类型的公园、风格不同的花坛等。

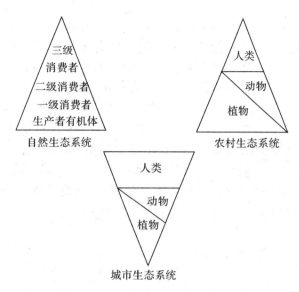

图 1-9 不同类型生态系统的组成结构

1.6.3 城市生态系统具有开放性、依赖性

自然生态系统一般拥有独立性,但城市生态系统对外部系统有依赖性。这是由于城市生态系统大大改变了自然生态系统的组成状况,城市生态系统内为美化、绿化城市生态环境而种植的花草树木,不能作为城市生态系统的营养物质为消费者使用。因此,维持城市生态系统持续发展,需要大量的物质和能量,必须依赖于其他生态系统生产的物质、能量、资金。例如,为了维持城市内众多人口的生存,必须从农业生态系统输入产品。同时,农村也要依靠城市生产的产品输入,维持农业生态系统。

此外,在自然生态系统中,其形成结构和营养结构比较协调,能量与物质能够满足系统内生物生存的需要,形成一个"自给自足"的体系,具有很强的维持系统稳定性的自我调节能力,是一个自律系统。而城市生态系统中,主要消费者是人,其所消费的食物量大大超过系统内绿色植物所能提供的数量。因此,城市生态系统所需求的大部分物质与能量,是依靠从其他生态系统(如农田、森林、草原、海洋等生态系统)人为地输入;另外,城市生态系统生产消费和生活消费所产生的各种废弃物,往往不能就地由分解者进行完全分解,而要靠人类通过各种环境保护措施来加以分解,或输送到其他生态系统异地分解。因此,城市生态系统是一种非独立的生态系统,对其他生态系统有很大的依赖性。正是这种原因,使城市生态系统显得特别脆弱,自我调节能力很小,是一个开放式的非自律系统。

1.6.4 城市生态系统的不稳定性和脆弱性

由于城市生态系统缺乏分解者,而城市生态系统中的"生产者"(绿色植物)不仅数量少,而且其作用也发生了变化,营养关系出现倒置,决定了其为不稳定的系统。不同于自然生态系统的植物(主要作用是为居住者提供食物),城市生态系统内的植物主要起美化环境和消除污染、净化空气的作用。因此,城市生态系统不是一个"自给自足"的系统,需要外力才能维持。此外，城市系统的高度集中性、高强度性及人为因素，产生了污染和城市的一系列物理、化学变化(热岛效应、地形变迁、地面下沉等)从而破坏了自然调节机能。同时，城市生态系统食物链简化，使系统自我调节能力小，城市生态系统各层次之间相互联系，不可分割。一旦缺少某一个环节，都会引起多个系统的失调，成为无序的混乱状态，所以，城市生态系统是一个脆弱的生态系统。

本章小结

城市生态系统是指城市居民以自然环境系统和人工建造的社会环境系统相互作用形成的统一体，是人工生态系统，也是一个人类在改造和适应自然环境的基础上建立起来的"自然—社会—经济"三者合一的复合系统。

城市生态系统的结构在很大程度上不同于自然生态系统，除了具有自然系统本身的结构，还有以人类为主体的社会结构和经济结构。诸如人口结构、空间结构、绿地结构、道路结构，景观结构、用地结构、功能结构、社会结构、经济结构、营养结构、生命结构、资源结构等。

城市生态系统具有生产功能、能量流动功能、物质循环功能和信息传递功能。生产功能包括生物初级生产、生物次级生产和非生物生产。能量流动是能源在满足城市四大功能(生产、生活、游憩、交通)过程中在城市生态系统内外的传递、流通和耗散的过程。物质循环维持城市的生存和运行。

城市生态系统平衡的调控应从以下几方面入手：研究环境承载力为前提、增强系统抵抗力为关键、保证系统循环的连续性为重点、协调城市中人与环境的相互关系为核心。

城市生态系统具有整体性、复杂性、人为性、复杂性、多样性、开放性、依赖性、不稳定性和脆弱性等特点。

思考题

1. 如何认识城市生态系统和自然生态系统的区别？
2. 简述城市生态系统与自然生态系统的异同。
3. 简述城市生态系统的性质。
4. 简述城市生态系统的功能。
5. 如何实现城市生态系统的平衡？
6. 简述城市生态系统的调节功能。
7. 人所在的城市生态系统是独立的生态系统吗？
8. 城市生态系统存在哪些问题？

本章推荐阅读书目

1. 城市生态学. 2 版. 杨小波，吴庆书，等. 科学出版社，2006.
2. 现代城市生态与环境学. 李建龙. 高等教育出版社，2009.

第 2 篇

城市生态系统的
非生物环境

2 城市生态系统的能量环境

城市生态系统的最基本的组成部分是城市人口及其周围有生命的生物环境和无生命的非生物环境。生物环境指的是城市中的植物、动物、微生物；而非生物环境包括能量环境和物质环境，其中能量环境包括城市的光环境、温度环境、风环境、噪声环境、火灾、交通环境等。本章集中讨论城市生态系统的能量环境。

2.1 城市光环境

2.1.1 光的性质

光是太阳的辐射能以电磁波的形式投射到地球表面上的辐射。太阳辐射波长的范围很广，它能从零到无穷大，但主要波长范围是 $0.15 \sim 4\mu m$，绝大部分能量集中在此范围内，占太阳辐射总能量的 99.5%。太阳辐射能按波长顺序排列称为太阳辐射光谱。根据人眼所能感受到的光谱段，光可分为可见光和不可见光两部分。可见光谱段的波长为 $0.38 \sim 0.76\mu m$，也就是我们人眼能看见的白光，可见光谱又分为红、橙、黄、绿、青、蓝、紫 7 种颜色的光。红光波长为 $0.63 \sim 0.76\mu m$，橙光为 $0.60 \sim 0.63\mu m$，黄光为 $0.58 \sim 0.60\mu m$，绿光为 $0.49 \sim 0.58\mu m$，蓝光为 $0.44 \sim 0.49\mu m$，紫光为 $0.38 \sim 0.44\mu m$。波长大于 $0.76\mu m$ 和小于 $0.38\mu m$ 的太阳辐射，都是人眼看不见的光，即不可见光。波长大于 $0.76\mu m$ 的光谱段称为红外光，可借热感受来察觉这种光的存在，地表热量基本上由这部分太阳辐射能所产生，其波长越大，增热效应也越大。波长小于 $0.38\mu m$ 的光谱段称为紫外光，其中波长短于 $0.29\mu m$ 的部分被大气圈上层(平流层)的臭氧层吸收，所以紫外光部分真正射到地面上的多为波长在 $0.29 \sim 0.38\mu m$ 的光波。在全部太阳辐射中，红外光区占 $50\% \sim 60\%$，紫外光部分约占 1%，其余的可见光部分为 $39\% \sim 49\%$。太阳辐射通过大气层而投射到地球表面上的波段主要为 $0.29 \sim 3\mu m$，其中被植物色素吸收具有生理活性的波段称为光合有效辐射(photosynthetically active radiation, PAR)，为 $0.38 \sim 0.74\mu m$，这个波段与可见光的波段基本相符。可见光中对植物生理活动具有最大活性的是红橙光，其次是蓝紫光。植物对绿光吸收量最少，绿光多被叶子透射和反射，所以植物叶片多为绿色。在短波中，$0.29\sim0.38\mu m$ 波长的紫外光能抑制茎的延伸，促进花青素的形成，而小于 $0.29\mu m$ 波长的紫外光对生物有很强的杀伤作用，不过这部分光多被高空臭氧层所吸收。长波中的红外光不能引发植物的生化反应，但具有增热效应，所以太阳辐射中各种不同波长的光对植物具有不同的光化学活性及刺激作用。

2.1.2　光的变化

(1)大气中光的变化

光照强度一般用能量单位 $J/(cm^2\cdot min)$ 来表示，测量某一生境的光照强度时，也可用照度单位勒克斯(lx)，主要指可见光部分。在地球大气层上界，垂直于太阳光的平面上所接受的太阳辐射强度是恒定的，为 $8.12J/(cm^2\cdot min)$，这一数值称为太阳常数(solar constant)。太阳光通过大气层后，由于被反射、散射和被气体、水蒸气、尘埃微粒所吸收，其强度和光谱组成都发生了显著减弱和变化，如图2-1所示。

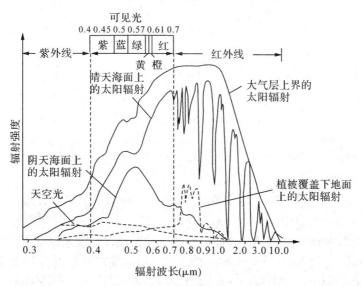

图2-1　各种情况下太阳辐射的光谱和强度变化(引自 J. P. Kimmins，1992)

(2)地表的光照变化

光照强度随纬度的增加而减弱，这是因为纬度越低，太阳高度角越大，太阳光通过大气层的距离越短，地表光照强度就越大。在赤道，太阳直射光的射程最短，光照最强；随着纬度增加，太阳高度角变小，光照强度相应减弱。例如春分时，太阳辐射量在北纬40°处比赤道附近约低30%。

光照强度还随海拔的升高而增强，这是因为随着海拔升高，大气层厚度相对减小，空气密度减小，大气透明度增加。例如，在海拔 1 000m 的山地可获得全部太阳辐射能的70%，而在海平面上只能获得50%。坡向也影响光照强度。在坡地上，太阳光线的入射角随坡向和坡度而变化。在北半球纬度30°以北的地区，太阳的位置偏南，南坡所接受到的光照比平地多，北坡则较平地少。这是由于在南坡上太阳的入射角较大，照射时间较长，北坡则相反，而且这种差异随坡度的增加而增加。

在时间变化上，一年中以夏季光照强度最大，冬季最弱，一天中以中午光照强度最大，早晚最弱。日照长度反映每天太阳光的照射时数，即所谓的昼长。在北半球，夏半年（春分到秋分）昼长夜短，以夏至的昼最长，夜最短；冬半年（秋分到春分）则昼短夜长，以冬至的昼最短，夜最长。日照长度的季节变化随纬度而不同，在赤道附近，终年昼夜相等；随纬度增加，冬半年昼越短，夜越长；在两极地区则出现极昼、极夜现象，即夏季全是白天，冬季全是黑夜。表 2-1 列出了不同纬度城市的日照长度。

表 2-1　不同纬度城市的日照长度

城市	纬度	夏至			冬至日长（h）	年变幅（h）
		日出时间	日落时间	日长长度（h）		
齐齐哈尔	47°20′	3：47	19：45	15.98	8.27	7.71
长春	43°53′	3：56	19：24	15.68	8.94	6.74
沈阳	41°46′	4：12	19：24	15.12	9.08	6.04
北京	39°57′	4：46	19：47	15.01	9.20	5.81
南京	32°04′	4：59	19：14	14.55	10.03	4.74
昆明	25°02′	6：20	20：02	13.82	10.75	3.07
广州	23°	5：42	19：15	13.73	10.43	3.30
海口	20°	6：00	19：21	13.21	10.45	2.16
赤道	0°			12.10	12.00	0

(3) 树冠与植物群落中的光照变化

照射在植物叶片上的太阳光有 70% 左右为叶片所吸收，20% 左右被叶面反射出去，通过叶片透射下来的光较少，一般为 10% 左右。叶片吸收、反射和透射光的能力因叶片的厚薄、构造和绿色的深浅以及叶表面的性状不同而异。一般来说，中生形态的叶透过太阳辐射 10% 左右，非常薄的叶片可透过 40% 以上，厚而坚硬的叶片可能完全不透光，但对光的反射却相对较大，密被毛的叶片能增加反射量。

太阳辐射波段不同，叶片对其反射、吸收和透射的程度不同。在红外光区，叶片反射占垂直入射光的 70% 左右。在可见光区，叶片对红橙光和蓝紫光的吸收率最高，为80% ~ 95%，而反射较少，为 3% ~ 10%；绿色叶片对绿光吸收较少，为 10% ~ 20%，反射较多。在紫外光区，只有少量的光被反射，一般不超过 3%，大部分紫外光被叶片表皮所截留。一般来说，反射最大的波段透过也最强，即红外光和绿光的透过最强，所以在林冠下以红绿光的阴影占优势。在树冠中，叶片相互重叠并彼此遮阴，从树冠表面到树冠内部光强度逐步递减，因此，在一棵树的树冠内，各个叶片接受的光照强度是不同的，这取决于叶片所处位置以及与入射光的角度，如图 2-2 所示。

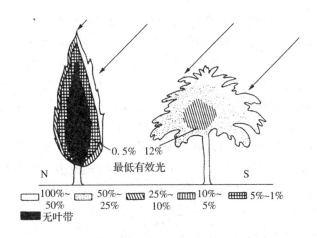

0.5% 12%
最低有效光
N   S

100%~ 50% | 50%~ 25% | 25%~ 10% | 10%~ 5% | 5%~1%
无叶带

图 2-2　树冠不同部位的光照强度（引自 Larcher，1973）

（注：设开阔地光照强度 100%，左为浓密的柏木树冠，右为稀疏的油橄榄树冠）

在植物群落内，由于植物对光的吸收、反射和透射作用，所以群落内的光照强度、光质和日照时间都会发生变化，而且这些变化随植物种类、群落结构以及时间和季节而不同。如较稀疏的栎树林，上层林冠反射的光约占 18%，吸收的约占 5%，射入群落下层的约为 77%。针阔混交林群落，上层树冠反射的光约占 10%，吸收的约占 70%，射入下层的约为 30%。越稀疏的林冠，光辐射透过率也越大，辐射透过率也越大。

一年中，随季节的更替植物群落的叶量有变化，因而透入群落内的光照强度也随之变化。落叶阔叶林在冬季林地上可射到 50%～70% 的阳光，春季树木发叶后林地上可照射到 20%～40%，但在夏季盛叶期林冠郁闭后，透到林地的光照可能在 10% 以下。对常绿林而言，则一年四季透到林内的光照强度较少并且变化不大。太阳辐射透过林冠层时，光合有效辐射（PAR）大部分被林冠所吸收，因此，群落内 PAR 比群落外少得多。针对群落内的光照特点，在配置植物时，上层应选喜光的树种，下层应选耐阴性较强或耐阴植物。

2.1.3　城市光照条件

在城市地区，空气中悬浮颗粒物较多，凝结核随之增多，因而较易形成低云，同时建筑物的摩擦阻碍效应容易激起机械湍流，在湿润气候条件下也有利于低云的发展。因此，城市的低云量、雾、阴天日数都比郊区多，而晴天日数、日照时数则一般比郊区少，见表2-2。

表 2-2　上海市区与郊区年平均云量、晴天、阴天日数及日照时数比较（1960～1980 年）

	云总量	低云量	晴日数（日均总云量≤2）	阴日数（日均总云量>8）	晴日数（日均低云量≤2）	阴日数（日均低云量>8）	日照时数
市区	6.6	3.5	48.8	157.4	156.9	52.7	2035.6
郊区	6.4	3.0	58	156.8	177	39.5	2138.0
差值	0.2	0.5	-9.2	+0.6	-20.1	+13.2	-102.4

注：引自周淑贞等，1989。

　　城市地区云雾增多，空气污染严重，使得城市大气混浊度增加，从而到达地面的太阳直接辐射减少，散射增多，而且越近市区中心，这种辐射量的变化越大，如图2-3所示。周淑贞等对上海市多年太阳辐射情况进行调查分析，发现随着上海市区的扩大和工业的发展，太阳直接辐射量逐年减少。如 1958~1970 年太阳直接辐射量年均为 82.45W/m²；1971~1980 年为 69.81W/m²，下降了 15.3%；1981~1985 年为 57.99W/m²，下降了 16.9%，而同期散射辐射量相应增加。由于城市建筑物的高低、方向、大小以及街道宽窄和方向不同，使城市局部地区太阳辐射的分布很不均匀，即使同一条街道的两侧也会出现很大的差异，一般东西向街道北侧接受的太阳辐射远比南侧多，而南北向的街道两侧接受的光照与遮光状况基本相同，如图2-4所示。

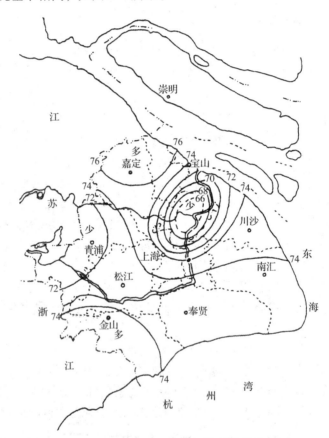

图2-3　上海地区 1958~1985 年的年平均太阳直接辐射量(W/m²) (引自周淑贞等，1989)

　　狭窄指数 N(建筑物高度 H 与街道宽度 D 之比，$N = H/D$)对街道光照条件有很大影响，建筑物越高，街道越窄，街道狭窄指数越高，街道所接受到的太阳辐射越弱。周淑贞等调查西安市北墙在街道狭窄指数 $N = 1/2$ 的情况下，6月可照时间为 169.1h，约为南墙的 80%；当 $N = 3/1$ 时，可照时间为 79.7h，约为南墙的 40%。建筑物的遮光作用与观测地点所处纬度及观察季节密切相关，一般高纬度地区太阳高度角较小，建筑物遮光的作用相对较大。据测定，在建筑物的北侧，夏至正午时，阴影边缘在相当建筑物高度 0.4 倍的地方，每天遮光 0~4h；春分和秋分在建筑物高度 0.9 倍的地方，每天遮光 4h 以上；冬

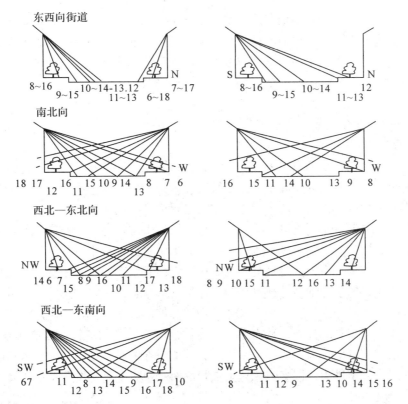

图 2-4　不同朝向街道 1 天中的遮阴效果(引自 Hofμmann，1954)

(注：图中数字表示 1 天中的小时数)

至时阴影范围扩大，正午时阴影边缘相当于建筑物高度的 2.2 倍，每天遮光时间更长。由于建筑物遮光，园林植物的生长发育会受到相应的影响，特别是在建筑物附近生长的树木，接受到的太阳辐射量不同，极易形成偏冠，使树冠朝向街心方向生长。

2.1.4　城市光污染

光污染(light pollution)是指环境中光辐射超过各种生物正常生命活动所能承受的指数，从而影响人类和其他生物正常生存和发展的现象。或者说光污染是指由人工光源导致的违背人生理与心理需求或有损于生理与心理健康的现象，包括眩光污染、射线污染、光泛滥、视单调、视屏蔽、频闪等。

随着我国现代化城市化建设的不断发展，玻璃幕墙建筑的大量出现和大功率气体放电灯在城市照明中的应用，玻璃幕墙反射刺眼的阳光和城市泛光照明、霓虹灯、广告照明等产生的溢散光和歌舞厅的彩色闪光灯所形成的光污染，对人环境和天文观察造成了严重的危害。因此，已经成为 21 世纪照明界亟待解决的重要问题。

2.1.4.1　城市光污染的形成

城市光污染作为新的城市环境污染源，主要来自 2 个方面：①城市建筑物采用大面积镜面装饰外墙、玻璃幕墙所形成的光污染；②城市夜景照明所形成的光污染。

　　玻璃幕墙的光污染主要是指高层建筑的幕墙上采用了涂膜玻璃或镀膜玻璃,当日光直接照射到玻璃表面上,由于玻璃的镜面反射而产生的反射眩光干扰了人们的正常生活和工作。城市夜景照明中大功率高强度气体放电光源的泛光照明和五彩缤纷的霓虹灯、广告灯照明的亮度过高以及夜景照明的泛滥使用,同样也形成了严重的光污染。

2.1.4.2　光污染的分类

(1)人造白昼污染

　　随着人类社会的进步和照明科技的发展,城市夜景照明等室外照明也得到了很大的发展,但同时也加大了夜空的亮度,产生了被称作人造白昼的现象,由此带来的对人和生物的危害称为人造白昼污染。它形成的原因主要是地面产生的人工光在尘埃、水蒸气或其他悬浮粒子的反射或散射作用下进入大气层,导致城市上空发亮。天空亮度的增加加大了天文观测的背景亮度,天空等级越来越小,能看到的星星数量越来越少,从而使天文观测工作受到影响。我国紫金山天文台也受到了城市人造白昼污染的严重困扰。人造白昼的人工光会影响人体正常的生物钟,并通过扰乱人体正常的激素产生量来影响人体健康。如褪黑素主要在夜间由大脑分泌,它有调节人体生物钟和抑制雌激素分泌的作用。夜晚亮光的照射会减少人体内褪黑素的分泌,从而导致人体雌性激素以及与雌性激素有关疾病的增加。人造白昼的人工光对生物圈内的其他生物也会造成潜在的和长期的影响。人造白昼影响昆虫在夜间的正常繁殖过程,许多依靠昆虫授粉的植物也将受到不同程度的影响。直射向天空的光线可能使鸟类迷失方向,而以星星为指南的候鸟可能因为人造白昼而失去目标。植物体的生长发育常受到每日光照长短的控制,人造白昼会影响植物正常的光周期反应。

(2)白亮污染

　　白亮污染主要由强烈人工光和玻璃幕墙反射光、聚焦光产生,如常见的眩光污染就属此类。建筑物上的玻璃幕墙反射的太阳光或汽车前灯强光突然照在高速行驶的汽车内,会使司机在刹那间头晕目眩,看不清路面情况,分不清红绿灯信号,辨不清前方来车,容易发生交通事故,因此在高速公路分车带上必须有1m多高的绿篱或挡光板。茶色玻璃中含有放射性金属元素钴,它将太阳光反射到人体上,时间较长容易使人受放射性污染,从而破坏人体的造血功能,引发疾病。因此,在城市地区和交通干线两侧,建筑玻璃幕墙应该慎重处理,根据周围环境确定好适宜的方向、角度和面积大小等。

　　为了减少白亮污染,可加强城市地区绿化特别是立体绿化,利用大自然的绿色植物砌墙,建设"生态墙",从而减少和改善白亮污染,保护视觉健康。

(3)彩光污染

　　各种黑光灯、荧光灯、霓虹灯、灯箱广告等是主要的彩光污染源。研究表明,彩色光污染不仅有损人类的生理功能,还会影响心理健康。黑光灯所产生的紫外线强度大大的高于太阳光中的紫外线,且对人类有害影响持续时间长。紫外线能伤害眼角膜,过度照射紫外线还可能损害人体的免疫系统,导致多种皮肤病。长期在黑光灯照射下生活,可诱发流鼻血、脱牙、白内障,甚至导致白血病和其他癌变等。闪烁彩光灯常损伤人的视觉功能,并使人的体温、血压升高,心跳、呼吸加快。

2.1.4.3 防治光污染的措施

防治光污染主要措施有：①加强城市规划和管理，改善工厂照明条件等，以减少光污染的来源；②对有红外线和紫外线污染的场所采取必要的安全防护措施；③采用个人防护措施，主要是戴防护眼镜和防护面罩，光污染的防护镜有反射型防护镜、吸收型防护镜、反射-吸收型防护镜、爆炸型防护镜、光化学反应型防护镜、光电型防护镜、变色微晶玻璃型防护镜等类型。

2.1.5 城市光环境与城市植被

2.1.5.1 光对城市植物的生态作用

(1)光照强度的生态作用

根据植物光合作用(photosynthesis)中二氧化碳的固定与还原方式不同，可将植物分为C_3植物、C_4植物和CAM(景天酸代谢)植物(见表2-3)。C_3植物固定二氧化碳的形式为戊糖磷酸途径(卡尔文循环)，它是植物界中的主要类群。C_4植物叶细胞几乎可吸收胞间空气中所有的二氧化碳，并且由于叶细胞中没有光呼吸，故能在叶内二氧化碳浓度很低的条件下进行光合作用，因此，C_4植物在高温和中度干旱时比C_3植物更具有优势，其分布主要集中在温暖、干燥气候地区。C_4植物种类较少，仅发现被子植物的18个科2 000多个种，主要类群为禾本科、莎草科、马齿苋科、藜科和大戟科等，多为一年生植物。图2-5表示了C_3和C_4植物光合作用在最适条件下对光照强度的反应。CAM植物夜间通过酸的形式保存二氧化碳，白天利用这些二氧化碳进行光合作用。CAM植物这种利用二氧化碳的方式使它具有独特的优越性，在严重干旱时期，当气孔白天闭合时，呼吸作用释放的二

表2-3 不同植物类型的光合特征和生理特征比较

特征	C_3植物	C_4植物	CAM植物
类型	典型温带植物	典型热带、亚热带植物	典型干旱植物
生物产量(干重)(t/hm^2)	22±0.3	39±17	较低
叶结构	无Kranz型结构，1种叶绿体	有Kranz型结构，常具2种叶绿体	无Kranz型结构，1种叶绿体
叶绿素a/叶绿素b	2.8±0.4	3.9±0.6	2.5~3.0
CO_2固定途径	卡尔文循环(C_3)	分别进行C_3和C_4循环	分别进行CAM和G循环
光合速率(CO_2)[$mg/(dm^2 \cdot h)$]	15~35	40~80	1~4
CO_2补偿点($\mu mol/mol$)	15~35	40~80	1~4
光饱和点	全日照1/5	无	无
光合最适温度(℃)	15~25	30~47	35
蒸腾系数[水(g)/干物重(g)]	450~950	250~350	18~125
气孔开张	白天	白天	晚上

注：引自曹凑贵，2002。

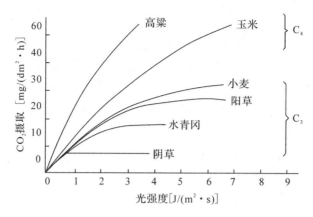

图 2-5　不同植物光合作用在最适条件下对光照强度的反应（引自 Mackenzie，1998）

氧化碳可被再度吸收，由此来恢复碳平衡，同时也保存了珍贵的水分，因此，CAM 植物主要分布在周期性干旱和贫瘠的生境中，目前发现有 25 个科 20 000 多个种，包括所有仙人掌属，大多数干草原、热带与亚热带沙漠的肉质植物以及热带的萝摩科、大戟科和凤梨科全部的附生植物等。

由于植物在光补偿点时不能积累干物质，因此光补偿点的高低可以作为判断植物在低光照强度条件下能否生长的标志，也就是说，可以作为测定植物耐阴程度的一个指标。随着光照强度的增加，植物光合作用强度提高，并不断积累有机物质，但光照强度增加到一定程度后，光合作用增加的幅度就逐渐减慢，最后达到一定限度，不再随光照强度增加而增加，这时即达到光饱和点（light saturation point）。表 2-4 表示了不同类型植物的光补偿点和光饱和点有很大差异。

表 2-4　最适温度及大气常量二氧化碳条件下各类植物的光补偿点和光饱和点

植物类型		光补偿点（lx）	光饱和点（lx）
草本	C_4	1 000 ~ 3 000	> 80 000
	C_3	1 000 ~ 2 000	30 000 ~ 80 000
	喜光草本植物	1 000 ~ 2 000	50 000 ~ 80 000
	阴性草本植物	200 ~ 500	5 000 ~ 10 000
木本	冬季落叶乔、灌木阳生叶	1 000 ~ 1 500	25 000 ~ 50 000
	冬季落叶乔、灌木阴生叶	300 ~ 600	10 000 ~ 15 000
	冬季落叶乔、灌木阴生叶	500 ~ 1 500	20 000 ~ 50 000
	常绿树及针叶树阴生叶	100 ~ 300	5 000 ~ 10 000
苔藓及地衣		400 ~ 2 000	10 000 ~ 20 000

注：引自冷平生，2003。

各种植物对光照强度都有一定的适应范围。强光及高温条件往往增加某些植物的蒸腾作用与呼吸作用，甚至使叶子气孔关闭，反而不利于光合产物的积累；而在稠密的树冠下，由于光线过弱，因而弱光又可能成为某些植物生长的限制因子。

（2）光质的生态作用

在太阳光谱中，受影响较小的波长范围是 0.4 ~ 0.7 μm（可见光），这些波长都被植物的色素所吸收，同时也能被大多数动物的眼睛看见。波长大于 0.76 μm 的近红外光，叶很少吸收，大部分被反射和透过，而对远红外光吸收较多。植物叶片对红外光的反射，阔叶树比针叶树更明显，这是利用红外感光片进行航空摄影和遥感技术以区别阔叶林和针叶林的原理。红外光促进植物茎的延长生长，有利于种子和孢子的萌发，提高植物体的温度。在具有生理活性的波段（光合有效辐射）中，红、橙光是叶绿素吸收最多的部分，具有最大的光合活性，红光还能促进叶绿素的形成。蓝、紫光也能被叶绿素和类胡萝卜素所吸收。不同波长的光对光合产物成分有影响，试验表明，红光有利于碳水化合物的合成，蓝光有利于蛋白质的合成。在诱导植物形态建成、向光性和色素形成等方面，不同波长光的作用有差异，一般蓝光、紫光和青光对植物伸长生长及幼芽形成有很大作用，红光影响植物开花、茎的伸长和种子萌发。

2.1.5.2　城市植物对光的适应

(1)城市植物对光强的适应

在自然界中，可以观察到有些植物只有在强光照环境中才能生长发育良好，而另一些植物却在较弱光照条件下生长发育良好，表明各种植物需光程度是不同的，这与植物的光合能力相关。植物长期适应不同的光生境条件，形成了不同的适应策略，具有各种适应策略的植物类群称为生态类型。根据植物对光照强度的要求，可以把植物分为阳生植物、阴生植物和耐阴植物三大生态类型。

①阳生植物（heliophyte）：喜光而不能忍受阴蔽的植物，在弱光条件下生长发育不良，对树木而言，在林冠下不能完成更新。这类植物的光补偿点较高，光合速率和呼吸速率也较高，群落的先锋植物均属此类，如松属（华山松、红松例外）、落叶松属、水杉、侧柏、桦木属、桉属、杨属、柳属、相思属、刺槐、楝树、金钱松、水松、落羽松、银杏、板栗、橡栎类多种、漆树属、泡桐属、刺楸、臭椿、悬铃木、核桃、乌桕、黄连木、蒲公英、芍药等。

②阴生植物（sciophyte）：具有较强的耐阴能力，在气候较干旱的环境下，常不能忍受过强光照的植物，林冠下可以正常更新，这类植物的光补偿点较低，光合速率和呼吸速率也较低，如冷杉属、福建柏属、云杉属、铁杉属、粗榧属、红豆杉属、椴属、杜英、八角金盘、常春藤属、八仙花属、紫楠、罗汉松属、香榧、黄杨属、蚊母树、海桐、枸骨、桃叶珊瑚属、紫金牛属、杜鹃花属、络石、地锦属以及药用植物人参、三七、半夏、细辛、黄连、阴生蕨类、兰科的多个种。

③耐阴植物（shade-tolerant plant）：在充足光照下生长最好，但稍受阴蔽时亦不受损害，其耐阴的程度因树种而异，如五角枫、元宝枫、圆柏、樟、珍珠梅属、木荷、七叶树等为稍耐阴的树种。

植物耐阴的能力，一般称为耐阴性（shade resistance）。耐阴性强的植物在弱光下能正常生长发育，将植物耐阴性按次序排列，对栽培应用有很大帮助，如华北常见乔木树种可按照对光照强度的需要，由大到小排序：落叶松、柳属、杨属、白桦、黑桦、刺槐、臭椿、白皮松、油松、栓皮栎、槲树、白蜡树、蒙古栎、辽东栎、红桦、白桦、黄檗、板栗、白榆、春榆、赤杨、核桃楸、水曲柳、槐树、华山松、侧柏、裂叶榆、红松、槭属、千金榆、椴属、云杉属、冷杉属。

　　喜光树种的寿命一般较耐阴树种短，但生长速度较快，而耐阴树种生长较慢，成熟较慢，开花结实也相对较迟。从适应生境条件上看，喜光树一般耐干旱瘠薄的土壤，对不良环境的适应能力较强，耐阴树则需要比较湿润、肥沃的土壤条件，对不良环境的适应性较差。树种的耐阴性受以下因素的影响而表现出一定幅度的变化。

　　①年龄：幼龄林特别是幼苗阶段，耐阴性较强，随着年龄的增加，耐阴性逐渐减弱，特别在壮龄林以后，耐阴性明显降低，需要更强的光照。

　　②气候：在气候适宜的条件下，如温暖湿润地区，树木耐阴能力比较强，而在干旱瘠薄和寒冷条件下，则趋向喜光。同一树种处在不同的气候条件下，耐阴能力是有差异的，在低纬度温暖湿润地区往往比较耐阴，而在高纬度高海拔地区趋向喜光。

　　③土壤：同一树种，生长在湿润肥沃土壤上的耐阴性较强，而生长在干旱瘠薄土壤上的耐阴性较差。

　　一般而言，一切对树种生长的生态条件的改善，都有利于树种耐阴性的增强。叶片是直接接受阳光进行光合作用的器官，对光有较强的适应性。由于叶片所在的生境光照强度不同，其形态结构与生理特性往往产生适应光的变异，称为叶片的适光变态。强光下发育的阳生叶与弱光下发育的阴生叶在叶型、解剖结构、生理生化特性方面有明显的区别，见表2-5。

表2-5　树木阳生叶与阴生叶的特征

	特　征	阳生叶	阴生叶
形态特征	叶片	较厚	较薄
	叶肉层	较多，栅栏组织发达	较少，栅栏组织不发达
	角质层	较厚	较薄
	叶脉	较密	较疏
	气孔分布	较密	较稀
生理生化特征	叶绿素	较少	较多
	可溶性蛋白	较多	较少
	光补偿点、饱和点	高	低
	光抑制	无	有
	暗呼吸速率	较强	较弱
	RUBP羧化酶(核酮糖二磷酸羧化酶)	较多	较少

　　由于植物叶片的适光变态在强光照射下趋向阳生结构，在弱光下趋向阴生结构，因此喜光树种的叶片主要具有阳生叶的特征，耐阴树种由于适应光照强度的范围较广，通常阳生叶与阴生叶分化较明显，耐阴性强的植物，主要具有阴生叶特征。

(2)城市植物对光周期的适应

　　植物体各部分的生长发育，包括茎部的伸长、根系的发育、休眠、发芽、开花、结果等，不仅受到光照强度的影响，还常常受到每日光照长短的控制。虽然多数植物并不显示对日照长度的特殊敏感性，但有些植物只有在适当条件下受到不超过标准日照长度的短日照才能开花，而另一些植物只有在白昼时间超过一个标准日照长度或者在连续光照下才能开花。植物的生长发育对日照长度规律性变化的反应，称为植物的光周期现象(photoperiodism)。

Garner 和 Allard 证实了一年生植物的开花期主要决定于日照时间的长短，根据植物开花所需要的日照长度，可区分为长日照植物、短日照植物和中日照植物。

①长日照植物(long day plant)：日照长度超过某一数值才能开花的植物，当日照长度不够时，只进行营养生长，不能形成花芽。长日照植物通常需要 14h 以上光照才能开花，如凤仙花、除虫菊、小麦、油菜、萝卜、菠菜等，在春季短日照条件下生长营养体，一到春末夏初日照时数渐长就开花结实。长日照植物用人工方法延长光照时数可提前开花。

②短日照植物(short day plant)：日照长度短于某一数值才能开花的植物，通常需要 14h 以上黑暗才能开花。深秋或早春开花的植物多属此类，如牵牛花、苍耳、菊花和水稻、玉米、大豆、棉花等，用人工缩短光照时间，可使这类植物提前开花。

③中日照植物(day intermediate plant)：花芽形成须经中等日照时间的植物，如甘蔗开花要求 12.5h 的日照。

凡完成开花和其他生活史阶段与日照长短无关的植物，称为日中性植物(day neutral plant)，如蒲公英、番茄、四季豆、黄瓜等。

植物开花要求一定的日照长度，这种特性主要与其原产地在生长季时自然日照的长度有密切的关系，也是植物在系统发育过程中对所处的生态环境长期适应的结果。一般来说，短日照植物都起源于低纬度地区，长日照植物则起源于高纬度地区，因此植物的地理分布除受温度和水分条件影响外，还受光周期控制。如对长日照植物而言，若栽植在临近赤道的低纬度地区，一般不能开花结实。

光周期不仅对植物的开花有调控作用，而且在很大程度上控制了许多木本植物的休眠和生长，特别是对一些分布区偏北的树种，这些树种已在遗传特性上适应了一种光周期，可以使它们在当地的寒冷或干旱等特定环境因子到达临界点以前就进入休眠。对生长在北方或高山地区的树木来说，秋季早霜和冬季严寒是生死攸关的，因此，像光周期这样一种控制休眠进程的机制就显得特别重要。一般来说，树木从原产地移到日照较长的地区，它们的生长活动期会相应延长，树形也长得高大一些，但这常使植物容易受早霜的危害。如果向南移到日照较短地区，生长活动期就会缩短。以大叶钻天杨为例，在同一试验地进行的遗传生态学试验中发现，原产在高纬度地区的个体只长高了 15～20cm，而原产于南方的个体却长高了 2m 左右。如果对来自高纬度地区的钻天杨无性系，利用人工光照给以较长的白昼，就会长高 1.3m 以上，这说明白昼的长短对调节生长有着强烈的影响。

绽芽和放叶受光周期的控制就不如生长启停所受的控制那样强烈，温度所起的作用要比光周期重要得多。有些树种，如欧洲的山毛榉和白桦，到了春天，只要光周期的要求得到满足，就可恢复生长。山毛榉要求日照长度超过 12h，但要经过一定寒冷以后，在适当温度下，才开始恢复生长。光周期对树木开花的影响，现在还不太清楚。对于木本植物，并不能像对草本植物那样清楚地区分长日照开花型和短日照开花型。

Nitsds 等(1967)根据树木对光周期反应的不同而作出如下分类(见表 2-6)：

A 型：在长日照下持续生长，短日照下休眠。

B 型：在长日照下呈周期性生长，短日照下休眠。

C 型：短日照下不休眠。

D 型：长日照不妨碍休眠，而 A、B、C 型长日照妨碍休眠。

表 2-6　光周期特性初步分类

树种	原产地	类型	树种	原产地	类型
假桐槭	欧洲	D	欧洲赤松	欧洲	B
红花槭	北美	A	短叶松和其他		B
糖槭	北美	B	美国梧桐	北美	A
欧洲七叶树	欧洲	D	银白杨	欧洲	A
灰桤木	欧洲	A	黑杨	欧洲	A
毛桦	欧洲	A	欧洲山杨和其他		A
黄桦	北美	A	欧洲甜樱桃	亚洲	B
纸皮桦	北美	A	北美黄杉	北美	B
锦熟黄杨	南欧	A	巨美红栎	北美	B
黄金树	北美	A	星毛栎	北美	B
美国四照花	北美	A	栓皮槠	南欧	B
澳洲桉及其他	澳大利亚	C	北美山杜鹃	北美	B
欧洲水青冈	北美	A	火炬树	北美	A
罗加林水青冈	欧洲	A + B	刺槐	北美	A
菩提树	印度	A	洋丁香	东南欧	D
美国白蜡树	北美	D	北美香柏	北美	C
爬地桧	北美	C	北美乔柏	北美	C
欧洲落叶松	欧洲	A	加拿大铁杉	北美	A
美国鹅掌楸	北美	A	美国榆	北美	A
桑	中国	A	欧洲荚蒾	欧洲	A
毛泡桐	中国	D	樱花荚蒾	北美	D
黄檗	亚洲	A	各种热带森林植物和柑橘类		C
挪威云杉	欧洲	B			

注：引自 A. Bernatzky，1987。

不同地区有着不同的光周期变化特点，在进行园林植物引种时，就要考虑原产地与引种地区光周期变化的差异以及植物对光周期的反应特性和敏感程度，再结合考虑植物对热量的要求，才能保证引种的成功。

2.2　城市温度环境

2.2.1　温度及其变化规律

2.2.1.1　温度在空间上的变化

地球表面上各地的温度条件随所处的纬度、海拔高度、地形和海陆分布等条件的不同而有很大变化。从纬度来说，随着纬度增高，太阳高度角减小，太阳辐射量随之减少，温度也逐渐降低。一般纬度每增高 1°（约 111km），年平均气温下降 0.5 ~ 0.7℃（1 月为

0.7℃，6月为0.5℃）。我国领土辽阔，最南端为北纬3°59′，最北端为北纬53°32′，南北纬度相差49°33′，因此，我国南北各地的太阳辐射量和热量相差很大。表2-7列举了我国不同地区温度各要素的变化情况。从表中可看出，随着纬度增加，年平均温度、最热月平均温度、最冷月平均温度都明显降低，温度年较差值增大，≥20℃、≥15℃、≥10℃的月数减少，≤0℃的月数增加。

温度还随海拔高度而发生规律性的变化。随着海拔升高，虽然太阳辐射增强，但由于大气层变薄，大气密度下降，保温作用差，加之大气流动快，因此温度下降。一般海拔每升高1 000m，气温下降5.5℃。北京市海拔52.3m，年平均气温为11.8℃，最冷月平均气温为4.8℃；而处于相同纬度的五台山，海拔2 894m，年平均气温为–4.2℃，最冷月平均气温为–19℃。

温度与坡向也有密切的关系。北半球南坡接受的太阳辐射最多，空气和土壤温度都比北坡高，但土壤温度一般西南坡比南坡更高，这是因为西南坡蒸发耗热较少，热量多用于土壤、空气增温，所以南坡多生长喜光喜暖耐旱植物，北坡更适宜耐阴喜湿植物生长。

表2-7 不同纬度的温度变化

地点	北纬	年平均温度（℃）	最热月平均温度（℃）	最冷月平均温度（℃）	年较差（℃）	≥20℃（月数）	≥15℃（月数）	≥10℃（月数）	≤0℃（月数）
漠河	53°59′	–5.4	18.1	–30.8	48.9	0	3	3	7
黑河	50°15′	–0.4	19.8	–25.8	45.6	0	3	5	5
齐齐哈尔	47°20′	3.0	22.7	–20.1	42.8	3	3	5	5
哈尔滨	45°45′	3.6	22.9	–19.8	42.7	2	3	5	5
长春	43°53′	4.8	22.9	–16.9	39.9	3	4	5	5
沈阳	41°46′	7.4	24.8	–12.8	37.6	3	5	5	5
北京	39°57′	11.8	26.1	–4.7	30.8	4	5	7	5
青岛	36°0′	12.0	25.3	–1.5	26.8	3	6	6	3
南京	32°04′	15.7	28.0	2.2	25.8	5	7	8	2
温州	28°01′	18.5	29.0	7.7	21.3	6	8	10	0
福州	26°05′	19.8	28.5	10.9	17.8	6	8	12	0
广州	23°0′	21.9	28.3	13.7	14.6	7	10	12	0
海口	20°0′	24.1	28.6	17.5	11.1	9	12	12	0
西沙群岛	16°50′	26.5	29.0	23	6.0	12	12	12	0

注：引自陈世训，1957。

封闭谷地和盆地的温度变化有其独特的规律。以山谷为例，由于谷中白天受热强烈，再加上地形封闭，热空气不易输出，所以白天谷中气温远较周围山地高，如河谷城市南京、武汉、重庆为我国三大"火炉"城市。在夜间，因地面辐射冷却，近地面形成一层冷空气，冷空气密度较大，顺山坡向下沉降聚于谷底，而将暖空气抬高至一定高度，形成气温下低上高的逆温现象。在晴朗无风、空气干燥的夜晚，这种辐射逆温最易形成，如图2-6所示。在城市地区，混凝土与沥青下垫面冷却较快，常易形成逆温层。由于逆温层的形成，空气交流极弱，热量、水分不易扩散，易形成闷热天气，此外由于大气污染物的积累，常会加剧大气污染的危害程度。

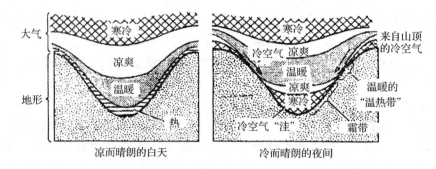

图 2-6　逆温现象(引自 J. P. Kimmins，1992)

2.2.1.2　温度在时间上的变化

我国大部分地区一年中根据气候寒暖、昼夜长短的节律变化，可分为春、夏、秋、冬四季，一般冬季候(5d 为一候)平均气温低于 10℃，春、秋季候平均气温在 10～22℃之间，夏季候平均气温高于 22℃。我国大部分地区位于亚热带和温带，一般是春季气候温暖，昼夜长短相差不大；夏季炎热，昼长夜短；秋季和春季相似；冬季则寒冷而昼短夜长。但由于各地所处位置及气候条件不同，四季长短及开始日期有很大差异，见表 2-8。

表 2-8　四季长短及其开始日期

地方	春始	春季日数(d)	夏始	夏季日数(d)	秋始	秋季日数(d)	冬始	冬季日数(d)
广州	11 月 1 日	170	4 月 20 日	195	—	—	—	—
昆明	1 月 31 日	315	—	—	—	—	12 月 12 日	50
福州	10 月 18 日	2.5	5 月 11 日	160	—	—	—	—
重庆	2 月 5 日	80	5 月 6 日	145	9 月 28 日	80	12 月 17 日	60
汉口	3 月 17 日	60	5 月 16 日	135	9 月 28 日	60	11 月 17 日	110
上海	3 月 27 日	75	6 月 10 日	105	9 月 23 日	60	11 月 17 日	125
北京	4 月 1 日	55	5 月 26 日	105	9 月 8 日	45	10 月 23 日	165
沈阳	4 月 21 日	55	6 月 15 日	75	8 月 29 日	50	10 月 18 日	185
爱辉	5 月 11 日	125	—	—	—	—	9 月 13 日	240
乌鲁木齐	4 月 26 日	50	6 月 15 日	65	8 月 19 日	55	10 月 13 日	195

注：引自陈世训，1957。

温度的昼夜变化也是很有规律的。一般气温的最低值出现在凌晨日出前。日出以后，气温上升，在 13：00～14：00 达最高值，以后开始持续下降，一直到日出前为止。昼夜温差(日较差)一般随纬度的增加而减小。

2.2.2　城市的温度条件

2.2.2.1　城市气温的水平分布——城市"热岛效应"

城市"热岛效应"(heat island effect)是城市气候最明显的特征之一。城市"热岛效应"是指城市气温高于郊区气温的现象。1918 年，霍华德在《伦敦的气候》一书中就论述了伦敦城市区的气温比周围农村高的现象，并把它称为"城市热岛"。

如果以纵坐标表示温度，在横坐标表示农村、郊区、城市的剖面，可以画出温度变化曲线图，那么，所画的曲线图的变化基本上是，由农村至城市边缘的近郊，气温陡然升高，形成"陡崖"，到了城市，温度梯度比较平缓，形成"高原"，到城市中心，人口和建筑密度增加，温度更高，形成"山峰"。图2-7的曲线形象化地显示出城市温度明显地高于四周的农村。

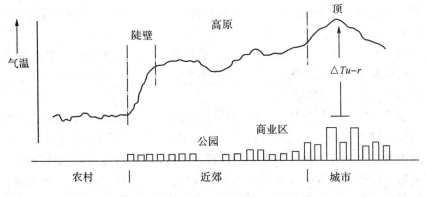

图2-7 城市热岛温度剖面示意图（引自于志熙，1992）

一般来说，大城市年平均气温比郊区高0.5～1℃。最突出的例子是巴黎，据德特未勒的研究，巴黎城市中心1951～1960年的年均气温比郊区高1.7℃，市中心年平均气温12.3℃，市郊区年平均气温仅10.6℃。年平均气温等温线围绕市中心呈椭圆形分布。

据徐兆生等人的观测和分析（于志熙，1992），北京市城区年平均温度比郊区高0.7～1.0℃，夏季一般市区平均气温比北京气象台高0.5～0.8℃，最高气温高0.8～2.0℃，最低气温高1.4～2.5℃，北京市的气温中心在城区南部。沿东西长安街呈东西长、南北短的椭圆形闭合中心。在石景山钢铁厂也存在一个高温区，这是由于石钢高炉释放的热量特别大所引起的。北京市20世纪70年代平均温度比50年代高出0.9℃。可见城市环境人口密集、建筑密集、工业密集所引起的城市"热岛效应"。图2-8显示了上海市的热岛效应。

据华中师范大学赵俊华用遥感手段获得的城市下垫面的辐射温度（高温），分析武汉市的热岛效应，指出武汉市城市热岛被长江、汉江分为汉口、武昌、汉阳三带。汉口的高温区沿江的大道向

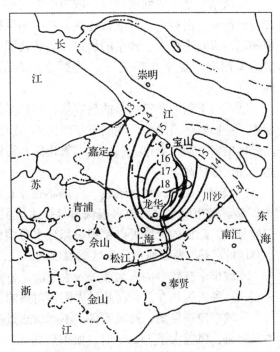

图2-8 上海城市热岛图（1984年10月22日20时）
（引自周淑贞、张超，1985）

东北延伸，热岛中心温度 20～21℃，位于江汉路、六渡桥商业区及火车站一带；武昌的高温中心沿长江向北和京汉铁路线向南延伸，热岛中心位于桥头区解放路一带以及大东门等处；汉阳的热岛强度在秋季比较弱，最大强度为 5℃（16～21℃）。武汉城市结构复杂，城市的热岛又分为若干小热岛，小热岛的特点是：①与武汉三镇人口及建筑密度大的闹市区一致；②与市区的 11 个工业区密集区范围一一对应，说明人工热源在热岛形成所起的作用。例如，青山区为大型钢铁联合企业所在地，其气温比郊区高 4～5℃，无论任何季节，其热岛效应都最强。

大量的研究结果表明，中国城市热岛强度的年变化，大都是秋、冬季偏大，夏季最小。天津市热岛强度全年平均为 1.0℃，夏季平均 0.9℃，春季平均数 0.4℃，最强的热岛效应出现在冬季，可达 5.3℃。

在同一季节、同样天气条件下，城市热岛强度还因地区而异，它与城市规模、人口密度、建筑密度、城市布局、附近的自然景观以及城市内局部下垫面性质有关。在城市人口密度大、建筑密度大、人为释放热量多的市区，形成高温中心。在园林绿地地带形成低温中心或低温带，城市绿地在冬季和夜晚起保温作用，在夏季的白天起降温作用。

城市热岛是一种中小尺度的气象现象，它受到大尺度天气形势的影响，当天气形势在稳定的高压控制下，气压梯度小、微风或无风、天气晴朗无云或少云、有下沉逆温时，有利于热岛的形成。

城市热岛形成的条件主要有以下几个方面：

①城市下垫面的性质特殊，城市中铺装的道路和广场，高大的建筑物和构筑物使用的砖石、沥青、混凝土、硅酸盐建筑材料，因反射率小而能吸收较多的太阳辐射，深色的屋顶和墙面吸收率更大，狭窄的街道、墙壁之间的多次反射，能够比郊区农村开阔地吸收更多的太阳能。夏季在阳光下，混凝土平台的温度可比气温高 8℃，屋顶和沥青路面高 17℃。

②城市下垫面建筑材料的热容量、导热率比郊区农村自然界的下垫面要大得多，因而城市下垫面贮热量也多，晚间下垫面比郊区温度高，通过长波辐射提供给大气中的热量也比郊区的多。而且城市大气中有二氧化碳和污染物覆盖层，善于吸收长波辐射，使城市晚间气温比郊区高。

③城市中的建筑物、道路、广场不透水，城市不透水面积大约在 50% 以上，上海高达 80%。城市降水之后雨水很快通过排水管网流失，因而地面蒸发小。农村则有大量的植被蒸腾，疏松的土壤可以蓄积一部分水分缓慢蒸发。地面每蒸发 1g 水，下垫面要失去 2500J 的潜热，所以城市比郊区的温度高。

④城市中有较多的人为热进入大气层，特别是在冬季，高纬度地区燃烧大量化石燃料采暖，这种人为热在莫斯科超过太阳辐射热的 3 倍。

⑤城市建筑密集，通风不良，不利于热量的扩散。一般风速在 6m/s 以下时，城乡温差最明显，风速大于 11m/s 时，城市热岛效应不明显。

2.2.2.2　城市气温的垂直分布——逆温

在大气圈的对流层内，气温垂直变化的总趋势是随着海拔高度的增加，气温逐渐降低。这是因为大气主要依靠吸收地面的长波辐射而增温，地面是大气主要的和直接的热源。

气温随海拔高度的变化，通常以气温的垂直递减率，即垂直方向每升高100m气温的变化值来表示。整个对流层中的气温垂直递减率平均为0.6℃/100m，在对流层上层为0.5～0.6℃/100m；中层为0.4～0.5℃/100m；对流层下层为0.3～0.4℃/100m。

事实上，在近地面的低层大气中，气温的垂直变化比上述情况要复杂得多，垂直递减率可能大于零，可能等于零，也可能小于零。等于零时气温不随高度而变化，这种气层称为等温气层；小于零时表示气温随海拔高度而变化，这种气层称为逆温层。

逆温的形成有多种原因，在晴朗无风的夜晚，地面和近地面的大气层强烈冷却降温，而上层空气降温较慢，因而出现上暖下冷的逆温现象，这种逆温称为辐射逆温。地形特征也可使辐射冷却加强，如在盆地和谷地，由于山坡散热快，冷空气沿斜坡下滑，在盆地和谷地内聚积，较暖空气被抬至上层，形成地形逆温。当高空有大规模下沉气流时，在下沉运动终止的高度上可形成下沉逆温。这种逆温多见于副热带气旋区。在两种气团相遇时，暖气团位于冷气团之上，可形成锋面逆温如图2-9所示。

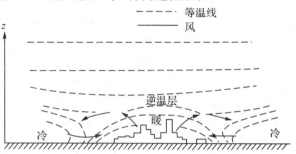

图2-9 市区与其周围地区夜间的大气循环
（引自 Landsberg，1972）
（注：虚线表示等温线，箭头表示风向，Z 为垂直方向的坐标轴）

据刘攸弘等人（于志熙，1992）研究，广州市全年都可能出现逆温，接地逆温10～12月频繁出现，悬浮逆温集中在1～4月。接地逆温强度大于1.0℃/100m时，市区二氧化硫日平均浓度就会超标，可见逆温与大气污染程度的恶化有十分密切的关系。兰州市1年有310日是逆温，占全年日数的86%。

2.2.3 城市温度与城市植被建设的关系

2.2.3.1 城市绿化的降温增湿效应

城市中的大气候温度高低和变化，主要与太阳辐射强度的变化有关。当太阳辐射进入到地球大气层时，一部分由于云层反射而散失，还有一部分由于大气中颗粒物质散射和漫射而散失。另一部分被气态物质（包括二氧化碳、水汽、臭氧等）所吸收，余下的部分射入到地球表面，能够到达地表的太阳辐射，仅占辐射总量的50%。

在白天太阳辐射被城市表面所吸收，建筑物的屋顶、混凝土、钢铁、玻璃、柏油路面及其他物体，所有这些物体都不是热的绝缘体，因此它们都会吸收热量，但由于它们的导热性好，所以比植被和土壤容易丢失热量。因此，这些物体表面和周围空气温度增高，特别是在建筑物林立，各种公用设施密集，人口聚集的市区内，气温明显高于郊区。由此而产生了所谓的"城市热岛效应"，当市内气温明显超出人体的最适温度（16～26℃）时，人们就会产生不舒服的感觉。

城市森林中乔木、灌木和草本植物通过对太阳辐射的反射、吸收和散射等，能够明显地调节空气温度，同时也会使得环境中的湿度明显提高。树木和其他植物通过叶子拦截、反射、吸收和传导太阳辐射，来改善城市环境的空气温度，其效果主要取决于植物叶子的密度、形态和枝条的分枝角度。

城市比周围的地区气温平均高出 0.5~1.5℃，在冬天这种情况颇为舒适，但在夏天则相反，而落叶植物则是最理想的调节气温的材料。在夏季炎热的白天，枝叶茂盛的树木能遮挡 50%~90% 的太阳热辐射，窗口和屋顶有树遮阴的建筑物其表面所受到的太阳辐射热比一般没有绿化之处要低。其传入室内的热量也大大减少，使室内倍感凉爽舒适。冬天叶的脱落导致增加太阳辐射，反而令人感到温暖。冬季，绿化的遮阳阴蔽作用对室温的增暖不利，一般城市绿化树种多采用落叶树，这样在冬季树叶凋落时仍可透射一定数量的阳光。而这时树木减低风速的作用可使居室免受寒风的侵袭，有保暖效应。据测定，在同一个区域内，有林与无林的地面温度相差 1.3~10℃，平均达 1.6℃。当城市森林覆盖率由 30% 增加到 70% 时，市区气温可降低 8%；当城市森林覆盖率达 40% 时，气温可降低 10%；当城市森林覆盖率达 50% 时，可降低气温达 13%。

对北京绿化的夏季降温效益研究表明（哈申格日乐，2007），城市绿化程度对气温有明显的影响，城市中各地段的绿化程度对本地段和附近的气温都有影响。而白天气温最高时，一个地段的降温效应与半径 500m 以内的绿化程度关系密切，而夜晚降温则与更大范围内的绿化状况存在联系。降温与绿化覆盖率的关系是 $Y = 37.23 - 0.097X$，即在白天气温最高时（14:00），绿化覆盖率每增加 1 个百分点可降温 0.1℃。北京市绿化覆盖率不足 10% 的地方，其热岛强度最高为 4~5℃。如果达到绿化覆盖率 50% 可降低 4.94℃，城市热岛效应可基本得到治理。由于树木的光合作用吸收二氧化碳放出氧气，使大气中的增加氧气减少二氧化碳，在更大的范围内控制"温室效应"的发展，这是城市森林对全球的贡献。

在夜晚，热量的辐射基本上是通过城市表面与大气之间的红外线辐射交换而进行的。晴朗的夜晚，城市表面冷却得更快一些。多云的夜晚，冷却得慢一些。另外，以红外线方式散失热量的速度快慢与吸收太阳辐射的物质材料类型有关。密度大，致密的物质冷却得慢一些。夜间，树冠缓慢地散发热量。因此，树下的气温要比空旷地的气温高，在市区范围内这种温差经常可以达到 5~8℃（哈申格日乐，2007）。城市绿化地带具有良好的调节气温和增加空气湿度的效应。这是因为植物特别是树木有遮阳阴蔽、减低风速和蒸腾作用的缘故。

综合国内外研究情况，绿化能使局地气温降低 3~5℃，最大可降低 12℃，增加相对湿度 3%~12%，最大可增加 33%。据对广州市的观测（见表 2-9），无论是日平均气温、日最高气温或高温持续日数，绿化区均低于未绿化街区；城市中的公园绿化区日平均气温比未绿化居民区低 2.1℃，日最高气温低 4.2℃（杨士弘，1989）。

城市绿化降温增湿效应各地观测结果差异很大，因为自然环境条件不同、天气气候条件不同，绿地类型、绿化树木种类、生长发育状况、绿化面积大小、树冠郁闭度等不同，其降温增湿效果都不一样，即使同一城市各次观测结果差异也颇大。所以，对于宏观的研究一般取各种情况下的平均值。例如，苏联伯洛波多夫在 1967 年研究指出，当森林覆盖

表 2-9　广州市绿化与未绿化街区气温比较（1987 年 7 月 8 日，晴天）

测区	公园绿化区	绿化居民区	绿化街区	未绿化街道	未绿化居民区
白天平均气温(℃)	27.3	28.9	28.5	29.4	29.3
白天最高气温(℃)	28.3	32.0	31.1	31.3	32.2
≥30℃持续时间(h)	0	3	3	5	5

注：引自杨士弘，1989。

率由 30% 增加到 70% 时，林内气温将比周围地区平均值低 5% ~ 15%。我国张景哲教授等（1988）研究指出，北京市测点周围绿地覆盖率每增加 10%，夏季白天气温下降 0.93℃，夜间下降 0.6℃。刘梦飞（1988）研究指出，北京市绿化覆盖率每增加 10%，白天气温降低理论最高值的 2.6%。上述研究均说明绿化面积大小对环境气温的调节作用不一样，主要是绿地蒸腾率的差异。我们知道，蒸腾是植物有机体维持生命活动的正常生理现象，是植物从根部吸收水分通过叶面气孔的相变过程。蒸腾量的多少不仅受植物本身生理特性制约，而且受环境温度、湿度、风力、叶面温度和叶面积大小、土壤温度、蒸腾时间等多种因素的制约，地区之间、树种之间差别很大。一般植物的蒸腾强度为 16 ~ 270g/(m² · d)。热带森林蒸腾量为亚热带森林的 5 ~ 6 倍。据北京园林局测算，1hm² 的阔叶林每年能蒸腾 2 500t 水，比同等面积的裸地蒸发量高 20 倍，相当于同等水库面积的蒸发量。植物在蒸腾过程中要消耗大量潜热，而这部分热量取自周围空气，因此其降温效应比遮阳阴蔽作用更大。

2.2.3.2　城市绿化树木降温增湿效能测算——以广州市为例

(1) 绿化树木的蒸腾强度

在各种城市绿化植物中，乔木不仅具有形体高大、主干明显、分枝点高、寿命长等特点，而且对改善环境的功能也最强，所以是城市绿化的主体。杨士宏（2000）对广州市不同绿化树木的降温增湿效能进行了研究，在公园林、街道林、校园林等不同绿地类型中，选择了细叶榕、大叶榕、木棉、石栗、白兰、阴香、红花羊蹄甲、红花夹竹桃 8 种最常见的有代表性的树木，测试其叶片的蒸腾强度 E_0，单位 g/(m² · h)和绿地叶面积指数 A，单位 m²/m²。

绿地的蒸腾强度是指绿化树木树冠覆盖地面单位水平面积上单位时间的蒸腾量，用 E_m 表示。则：

$$E_m = E_0 \times A$$

计算结果一并列于表 2-10。由表 2-10 可见，叶片蒸腾强度以白兰为最大，每小时蒸腾消耗水分 43.57g，其次是细叶榕，为 42.08g，最差是阴香，只有 12.32g。以绿地的蒸腾强度来说，白兰不仅叶面积蒸腾强度大，而且绿地的蒸腾能力也最强。其每平方米的绿地面积上每天蒸腾消耗水分达 12kg。其他 7 种树木的绿地蒸腾能力大小依次排列为：细叶榕、石栗、木棉、大叶榕、红花羊蹄甲、阴香、夹竹桃。上述 8 种树木平均的绿地蒸腾强度，白天为 435.95g/(m² · h)，相当于每公顷绿地面积上每天蒸腾约 54t 水。可见城市绿化树木的蒸腾量十分可观。

表 2-10　几种绿化树木的叶面积指数及蒸腾强度

树种	白兰	细叶榕	大叶榕	木棉	石栎	阴香	羊蹄甲	夹竹桃
叶面积指数（m^2/m^2）	22.51	16.21	15.99	20.98	17.05	11.11	8.58	2.84
叶片蒸腾强度[$g/(m^2 \cdot h)$]	43.57	42.08	19.00	23.89	36.34	12.32	25.35	17.43
绿地蒸腾强度[$g/(m^2 \cdot h)$]	980.76	682.12	303.81	497.39	619.60	136.88	217.50	49.50

注：引自杨士弘，1994。

（2）绿化树木的降温效应

树木的蒸腾作用伴随着能量的消耗和潜热能的转换。这里以 L 表示蒸发潜热，L 定义为在温度 T 时，使 1g 水汽化所需要吸收的热量（cal）（1cal = 4.1868J）。其值大小与蒸发面温度呈线性负相关。其表达式为：

$$L = 597 - \frac{5}{9}T$$

式中：T 为蒸发面的温度，℃；597 为 0℃ 时的蒸发潜热，cal。

对于树木的蒸腾而言，T 为叶面温度，取平均值为 32℃，按上式计算得蒸腾的潜热系数 L 为 579.22cal/（g·℃），换算成焦耳为 2425.1J/（g·℃）。

利用表 2-10 给出的单位绿地面积的蒸腾强度 E_m，便可计算出各种绿化树木绿地的蒸腾耗热量 Q_0[J/（$m^2 \cdot h$）]。

计算绿地的蒸腾降温作用时，考虑到空气的湍流、对流和辐射作用，空气与叶面之间及空气微团之间不断地进行热量扩散和交换，故取底面积为 $10m^2$，厚度为 100m 的空气柱作为计算单元。100m 代表现代城市覆盖层（屋顶至地面）的高度，$10m^2$ 为小气候的水平尺度。在此体积为 1 000m^3 的空气柱体中，因植物蒸腾消耗热量 Q 是取自于周围 1 000m^3 的空气柱体，故使气柱温度下降。气温下降值 ΔT 用下式表示：

$$\Delta T = Q/\rho_c$$

式中：Q 为绿地植物蒸腾使其周围单位体积空气损失的热量，J/（$m^3 \cdot h$）；ρ_c 为空气的容积热容量，其值为 1 256J/（$m^3 \cdot h$）。

以白兰和细叶榕 2 种树木为例，按上述公式计算绿地植物蒸腾的降温效应，结果列于表 2-11 中。由表 2-11 可见，计算的蒸腾耗热导致气温下降值，与实测绿地未绿化地区的气温差值趋势一致，数值大小相近。蒸腾强度大的树木，消耗热量多，导致周围空气降温明显，实测绿地与未绿化地区的气温差较大；相反，蒸腾强度小的树木，消耗热量少，周围大气降温不明显，实测绿地与未绿化地区气温差值较小。

表 2-11　绿化树木蒸腾的降温效应

树种	计算值				实测绿地与未绿化地的气温差（℃）
	E_m[g/（$m^2 \cdot h$）]	Q_0[J/（$m^2 \cdot h$）]	Q[J/（$m^3 \cdot h$）]	ΔT（℃）	
白兰	980.76	2 378 411.01	2 378.44	1.9	1.5
细叶榕	682.12	1 654 209.21	1 654.21	1.3	0.9

注：引自杨士弘，1994。

2.3　城市风环境

2.3.1　城市的风

2.3.1.1　城市风的特点

城市风非常复杂，由于"城市热岛效应"，可使城市的风速减小，风向不定。在城市规划布局中，要考虑到风的问题。

城市风是由于城市生产和生活消耗大量燃料，致使城市内的气温高于周围地区的气温，气温上升，形成一个低压区，郊区冷空气随之侵入市区构成的空气环流。城市风的大小和形成与盛行风和城乡间的温差有关。城市鳞次栉比的建筑物，纵横交错的街道，使城市下垫面摩擦系数增大，使城市风速一般都低于郊区农村。据曲金枝（1985）观测资料（见表2-12），北京市建筑密集的前门区与郊区风速比较，城市比郊区风速小40%。但在不同季节、不同时刻、不同的风向风速下，城市与郊区风速的差值不同。据有关专家研究，盛行风小于2m/s时，城市风速没有减弱的情况下，城市的热力、动力扰动作用较摩擦作用更为突出。

表 2-12　1977 年 1 月北京地区、近郊区平均风速　　　　　　　　　m/s

测点	纪念堂工地	昌平	门头沟	石景山	通县	丰台	朝阳区
风速	1.9	2.8	3.0	2.7	3.1	2.9	2.6

注：引自于志熙，1992。

城市街道的走向、宽窄及绿化状况，建筑物的高矮及布局形式，对城市的风流产生明显的影响。例如，当风流进入街道时，常可使风向发生90°的偏转，而且风速也发生变化。若街道中心的风速为100%，向风墙侧有90%，背风墙侧仅为45%。在街道绿化较好的干道上，当风速为 1.0 ~ 1.5m/s 时，可降低风速50%以上；当风速为 3 ~ 4m/s 时，可降低风速15% ~ 55%。在平行于主导风向的行列式建筑区内，由于狭管效应，其风速可增加15% ~ 30%，在周边式建筑区内，其风速可减少40% ~ 60%。因此城市规划布局时也应考虑城市风向和风速的问题。

1980 ~ 2004 年，北京年均风速没有明显的变化，总的年均风速为 2.39m/s。其中，年均风速最高达到 2.6m/s，1982 年、1993 年、1995 年、1996 年和1999 年年均风速均达到了 2.6m/s；1989 年和 1990 年年均风速最低，都为 1.9m/s，与年均最大风速相差 0.7m/s，如图2-10 所示。

从表2-13 看出，1980 ~ 2004 年北京月平均风速按大小为：4 月 > 3 月 > 5 月 > 2 月 > 6 月 > 1 月 > 12 月 > 11 月 > 7 月 > 10 月 > 9 月 > 8 月，4 月风速最大，达到3.0m/s，8 月风速最低，为 1.90m/s。按季节来划分的话，春季平均风速 2.87m/s > 冬季平均风速 2.42 m/s > 夏季 2.13m/s > 秋季 2.12m/s，夏季和秋季的平均风速相差很小，仅为 0.01m/s，可以认为夏季和秋季平均风速没有变化。按大风日数出现总天数来分析，1990 ~ 2004 年的 15 年间，3、4 月大风日数最多，分别是 26d，其次是 2 月和 11 月，都是 17d，5 月、6

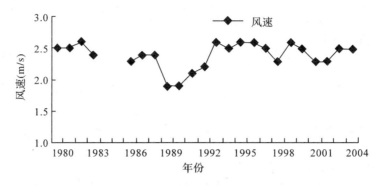

图2-10　1980~2004年北京年均风速变化

月、12月大风日数也较多，分别出现了15d、15d、14d大风天气，其余月份出现大风日数较少。从15年间大风出现频率来看，2、3、4、6月出现大风频率均为66.67%，其次是11、12月，频率都是60%，之后是7月，频率是53.33%，其余月份出现大风天气频率低于50%。综合大风日数和大风出现频率，得出大风日数多，且出现频率高的月份是3、4月，次之2、6、11、12月，大风日数较多且较频繁，5、7、1月大风日数和频率较低，8、9、10月属于大风日数少、频率也低的月份。可以看出，北京地区早春大风天气多，而且风速大，容易造成沙尘天气；其次是秋末冬初，也是大风天气出没的季节，而在夏季和秋初，大风天气少而且风速也很小。

表2-13　北京月平均风速及大风日数变化

时间	月平均风速(m/s)	总大风日数(d)	总出现次数(次)	大风出现频率(%)
1月	2.41	9	6	40.00
2月	2.52	17	10	66.67
3月	2.86	26	10	66.67
4月	3.00	26	10	66.67
5月	2.75	15	7	46.67
6月	2.43	15	10	66.67
7月	2.07	9	8	53.33
8月	1.90	4	4	26.67
9月	2.03	1	1	6.67
10月	2.06	8	5	33.33
11月	2.27	17	9	60.00
12月	2.39	14	9	60.00
全年	2.39	160	—	—

注：①大风是指海面状况浪高一般5.5m，最高达到7.5m，相当于风速17.2~20.7m/s。
②月平均风速是1980~2004年25年的平均值，其余是1990~2004年的数据。
③资料来源：北京统计年鉴，1980~2005年。

城市发展对盛行风的影响可以从两方面加以证实：一方面随着城市建筑物密度的增加，年平均风速逐渐变小，上海1981~1985年间的平均风速比80多年前的1894~1900年的平均风速降低了23.7%，见表2-14；另一方面在建筑物密集的市区，风速也小于建筑物稀少的郊区，见表2-15和图2-10。

表 2-14 上海历年平均风速的变化(1884~1985 年)　　　　　　　　　　m/s

高度 (m)	年　代													
	1884~ 1893	1894~ 1900	1901~ 1910	1911~ 1920	1921~ 1930	1931~ 1940	1941~ 1950	1951~ 1955	1956~ 1960	1961~ 1965	1966~ 1970	1971~ 1975	1976~ 1980	1981~ 1985
12		3.8							3.2	3.2	3.1	3.1	3.0	2.9
35				4.7	47	4.2	4.2	3.6						
40~41	5.6		5.4											

注：引自周淑贞、束炯，1994。

表 2-15 上海城区和郊区近年来年平均风速的比较*

站名	市区				郊区		
	杨浦	徐汇	长宁	上海台	上海县	嘉定	宝山
风速 (m/s)	(2.4)**	(2.3)	(2.6)	2.9 (2.9)	3.4 (3.4)	3.3 (3.3)	3.8 (3.7)

站名	郊区						
	川沙	南汇	奉贤	松江	金山	青浦	崇明
风速 (m/s)	3.5 (3.5)	4.2 (4.4)	3.4 (3.4)	3.3 (3.1)	3.6 (3.6)	3.6 (3.6)	4.1 (4.1)

注：引自周淑贞、束炯，1994。

　*杨浦点风仪装在 7.8m 高的平台上，风仪高出平台 7.4m；徐汇点风仪装在 7.5m 高的平台上，风仪高出平台 11.5m；长宁区点风仪装在 7.77m 高的平台上，风仪高出平台 10.02m。

　**括号内数值为 1983 年、1984 年两年年平均风速，其余为 1981~1985 年 5 年年平均风速。

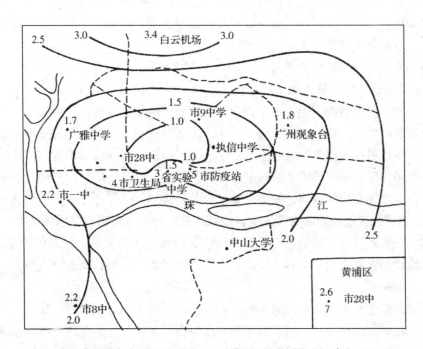

图 2-11 广州城郊年平均风速(m/s)分布图(引自周淑贞、束炯，1994)

城市风速一般比郊区降低20%～30%，这种降低作用随着城市下垫面粗糙度的增加以及房屋高度的增高而加强，图2-12是不同下垫面和不同高度上风速垂直变化梯度。

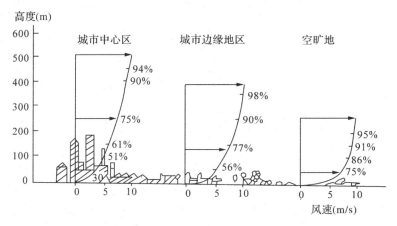

图2-12　经过不同粗糙度下垫面的平均风速垂直变化（以相同高度风速的百分率表示）

（引自 K. Adam，1988）

2.3.1.2　城市工业布置的特点

为了减少或避免由于工业布置不合理引起环境污染，特别是引起空气污染而影响周围地区水域、农作物以及居民健康，在用地规划与总体规划中，一般多考虑大气输送、扩散等自然通风条件对用地布局的影响。大气输送与扩散是通过风的作用形成的。风是描述空气质点运行的一个指标值，它能把有害物质输送走，同时还与周围空气混合，起到稀释作用使浓度降低。因此，掌握风的时空变化规律，对合理布局城市功能区，处理好污染工业区与居住区等的关系是十分重要的。

城市工业区布置与居住区的关系通常表现为以下4个方面。

(1) 生活居住区内布置工业

这类工业一般占地面积不大，不因布置厂房而使居住区分离；运输量小，不需要专门的运输设施和原材料库场；用水、用电量小；劳动强度不大；厂房建筑基本上不妨碍街景和市容；在生产过程中产生污染极小，震动、噪声极微；无易燃易爆危险。这类工业一般是小型的食品加工、服装加工、文教卫生体育器械生产以及一些精密机械、仪表制造的工厂。由于分散布置在居住区内，便于产销结合与供应。

(2) 生活居住区边缘地段布置工业，或以工业街坊的方式布置在居住区内

这类工业大多具有一定的生产规模、运输量和对外协作关系，污染的工业企业较少，如中小型粮食和食品加工、机修、针织、无线电等工业，污染的企业也较少。

(3) 工业区

工业区是工业城市工业布局的一种主要方式，即把用地规模和货运量较大、带有连续性生产、具有产品协作关系、原材料和副产品综合利用的工业企业集中布置在城市某一个或几个地段，形成与城市其他功能区有明显分工的地区。这种工业布置形式，有利于工业生产协作，共同建设和使用运输设施（铁路专用线、货运码头）、公用设施（变电站、给排水工程构筑物等）、辅助设施和生活福利设施等，大大节省建设、管理费用和节约用地。但是，多个污染企业集中在一起，容易形成较为严重的工业污染地区。

（4）工业点

由于工业生产的特点，一些工业企业需要接近原料开采地（如砖瓦、水泥、林木加工），而具有易燃易爆危险的工厂必须远离城市和居住区，形成各自相对独立的分散工业点。

在生活居住区内和生活居住区独立地段布置工业，是城市工业布置的普通形式，而工业区、工业点只是在中等以上城市才能出现。

减轻城市大气污染最主要的途径是控制污染源。但各种控制措施的实行有赖于经济的和技术的条件，而且，要完全不排放污染物也是很难办到的。因此，根据城市气象条件，按照大气污染物传输、扩散、稀释和净化的规律，对工业企业、工业点、工业区进行合理的布局，确实是一个值得重视的问题。

2.3.1.3　风与城市规划

风与城市规划有着极其密切的关系，在污染源排放量不变的情况下，污染物排入大气后能否造成污染，以及污染程度的大小是由天气状况决定的。目前，一般用大气污染指数（pollution index）来定量反映城市大气的气象因素对大气污染的影响，其表示式如下：

$$I_d = \frac{SP_r}{\mu h}$$

式中：I 为风的污染指数，是一个无量纲的相对值，在污染源排放量不变时，I 值越大表示污染越严重；d 为风向，取 16 个方位；S 为大气稳定度；P_r 为降水量；μ 为风速；h 为混合层厚度。S、P_r、μ、h 在计算时均需转为无量纲的相对值。

大气稳定度是决定污染物在大气中扩散的重要因素。大气污染程度与稳定度成正比，大气污染的浓度与风速成反比，因此城市规划中应将向大气排放有害物质的工业企业布置在污染指数最小方位或最大风速的下风方向，居住区则在污染指数最大方位或最大风速的上风方向。

早在 1941 年，德国学者施马斯（A. Schmauss）就已经提出，在城市规划布局中，工业区应布局在主导风向的下风方向，居住区布局在其上风方向的原则，以减少居民受工厂烟尘的危害。第一次世界大战后，欧洲许多国家的工业区和城市遭到破坏，在重建过程中大都应用此原则进行城市功能区划分。又例如，中国在 20 世纪 50 年代以来一直采用这个原则，但是这个原则在季风气候的国家并不恰当，因为冬季风和夏季风一般是风频相当、风向相反的，冬季的上风方向在夏季就成了下风方向。对全年有两个主导风向以及静风频率在 50% 以上的或各风向频率相当的地区，也都不适用。为了处理好城市规划与风的关系，仍然需要开展深入的研究。现以朱瑞兆在 1987 年的研究成果给予说明这一问题。

【案例】

中国风向类型特点

朱瑞兆根据中国 600 多个气象台站 1 月、7 月及年风向频率玫瑰图分类，将中国风向类型区划分为 4 个大区 7 个小区，如图 2-13 所示。

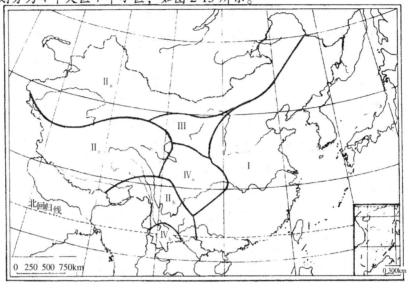

图 2-13　城市规划风向分布图(仿朱瑞兆，1987)

(引自于志熙，1992)

Ⅰ. 季节变化区；Ⅱ. 主导风向；Ⅱ$_a$. 全年以西风为主区；Ⅱ$_b$. 全年多西南风区；Ⅱ$_c$. 冬季盛行偏西风，夏季盛行东风区；Ⅲ. 无主导风区；Ⅳ. 准静止风型区；Ⅳ$_a$. 静稳东风区；Ⅳ$_b$. 静稳西风区

（1）季风变化区

中国东半壁盛行季风，从大兴安岭经过内蒙古穿过河套地区，经四川东部到云贵高原一线以东，盛行风向随季节变化而转变。冬夏季风向基本相反，一般冬季或夏季盛行风向频率在 20% ~ 40%，很难确定哪个是全年的主导风向。在季节变化型地区，城市规划不能仅用年风向频率玫瑰图，而要将 1 月、7 月风向玫瑰图与年风向玫瑰图一并考虑，在规划中应尽量避开冬、夏对吹的风向，选择最小风频的方向，把那些向大气排放污染的工业企业，按最小风频的风向，布置在居住区的下风方向，以便尽可能减少居住区的污染，如南昌市(见图 2-14)冬季盛行北风，风频 27%，加上东北偏北风，风频为 52%；夏季盛行西南风，风频为 19%，加上西南偏南风，风频为 36%，在北与东北偏北和西南与西南偏南风向夹角为 135°、180°，全年最小风频方向为西北偏西，风频为 0.6%，工业企业应布置在这个方向，居住区应在东南偏东方向。

（2）主导风向区

主导风向区包括 3 个地区：①新疆、内蒙古、黑龙江北部，这一带常年在西风带控制下，吹西风；②云贵高原西部，常年吹西南风；③青藏高原，盛行偏西风。主导风向区可将排放有害物质的工业企业布置在常年主导风向的下风侧，居住区布置在主导风向的上风侧。

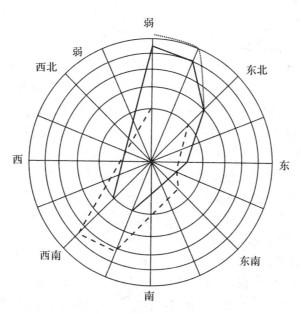

图2-14　南昌风向频率玫瑰图(引自于志熙，1992)

(3)无主导风向区

无主导风向区主要分布在宁夏、甘肃的河西走廊、陇东以及内蒙古的阿拉善左旗等地。影响中国的4条冷空气路径，不同程度地影响着这些地区。该区没有主导风云向，风向多变，各风向频率相差不大，一般在10%以下。这里布局工业，常用污染系数(又称烟污强度系数)来表示。大气污染的浓度与风速成反比，因此城市规划中应将向大气排放有害物质的工业企业布置在污染系数最小方位或最大风速的下风方向，居住区则在污染系数最大方位或最大风速的上风方向。

(4)准静止风型区

准静止风分布在2个地区，一个是以四川为中心，包括陇南、陕南、鄂西、湘西、贵北等地；另一个是云南西双版纳地区，这个地区年平均风速为0.9m/s，小于1.5m/s的风频全年平均在30%~60%以上。在规划布局上，必须将向大气排放有害物质的工业企业布局在居住区的卫生防护距离之外，这就要计算出工厂排出的污染物质的地面最大浓度及其落点距离，给出安全边界，生活居住区布局在卫生防护距离之外。一般来说，在风速不大、较稳定大气和较平坦的地形条件下，污染物质最大着地浓度出现在烟囱烟体上升有效高度10~20倍之间，因此，居民区应在烟囱有效高度20倍之外的地区。中国静风区应尽量少建污染大气的工业企业，卫星城镇也以设在远郊为宜。

2.3.1.4　局地环流与城市规划

局地环流有3种类型。一种是城市所在区域的局地环流，如海陆风、山谷风等；二是城乡热力场的差异所形成的城市热岛环流，又称"城市风"或"乡风"；三是城市内建筑物与街道受热不均匀所产生的小环流，又称"街道风"，或由于建筑物对气流的机械阻障作用而使气流发生改变。这些局地环流对城市大气污染物浓度也会产生影响。有些地方局地环流显著，城市规划时也应给予考虑。

（1）海陆风、山谷风的影响

沿海（沿湖、沿河）城市，海陆风或湖陆风显著，风向以日为周期有规律地交替，白天吹海风，夜间吹陆风。因此，城市规划布局应将工厂企业和居住区均平行海岸（垂直海陆风方向）布置，污染机会最小。山区城市，山谷风显著，风向也以日为周期有规律地交替，白天吹谷风，夜晚吹山风。城市规划时，不但要考虑山谷的方向，而且还要考虑谷风大于山风的特点。工厂在白天排放污染较多，白天谷风大些，而且白天山谷逆温被破坏，有利于污染物的输送。故工厂可置谷风的上风方向，居住区置下风方向，受污染仍较小。如果城市处于季风区，有污染的工厂企业宜置于与季风风向一致的南北走向谷地，使风速加大，有利于污染扩散；若城市处于主导风型区，则选与当地主导风向平行的山谷布置有污染的工厂企业，以利于通风。

（2）热岛环流的影响

由于城市热岛环流的存在，气流从四周郊区向市区辐合、上升，一方面携带污染物进入市区，使郊区工厂排出的污染物向市区汇集；另一方面由于干湿沉降作用，污染物的垂直输送常小于热岛内空气的上升速度，即上升气流顶托，干湿沉降作用慢，污染物停留低空，加重城市污染。再者，城市夜间由于有浅薄的不稳定层结存在，微弱的对流容易把污染物质带到地面，使城市夜间污染物浓度较高。所以，要规划建设环城防护林带。

（3）局地气流的影响

气流翻越高大建筑物时，在背风面下沉，风速减小，产生涡流，阻碍污染物扩散，加剧城市局地污染；建筑物背风面发生空气下泄时，易产生近地面严重污染，尤其烟囱较低时。故城市规划要设计高烟囱排放，建筑物与高大烟囱之间距离位置布局要合理。再加上城市街道风造成的热力小环流，这些都会使城市局地污染浓度增大。城市规划时也需给予考虑，采取相应的防护措施。

2.3.2　风与植物的生态作用

风对植物的生态作用是多方面的，它既能直接影响植物（如风媒、风折等），又能影响环境中温度、湿度、大气污染物的变化，从而间接影响植物生长发育。

（1）风对植物生长的影响

风对植物的蒸腾作用有极显著的影响。风速为 0.2 ~ 0.3m/s，能使蒸腾作用加强3 倍。当风速较大时，蒸腾作用过大，耗水过多，根系不能供应足够的水分供蒸腾所需，叶片气孔便会关闭，光合强度因而下降，植物生长就减弱。据测定，风速 10m/s 时，树木高生长要比 5m/s 风速时低 1/2，比无风区低 2/3。风能减小大气湿度，破坏正常水分平衡，常使树木生长不良，矮化。盛行一个方向的强风常使树冠畸形，这是因为树木向风面的芽受风作用常死亡，而背风面的芽受风力较小，成活较多，枝条生长较好。

（2）风对植物繁殖的影响

有许多植物靠风授粉，称为风媒植物；有些种子靠风传播到远处，称为风播种子。无风时，风媒植物将不能授粉，风播种子将不能传播他处。

（3）风对植物的机械损害

风对植物的机械损害是指折断枝干、拔根等，其危害程度主要决定于风速，风的阵发性和植物种的抗风性。风速超过 10m/s 的大风，能对树木产生强烈的破坏作用；风速为 13～16m/s，能使树冠表面每平方米受到 15～20kg 的压力，在强风的作用下，一些浅根性树种常常连根刮倒。受病虫害的、生长衰退的、老龄过熟树木常被强风吹折树干。风倒与风折常给园林树木，特别是一些古树造成很大危害。

各种树木对大风的抵抗力是很不同的。根据 1956 年台风侵害调查，抗风性较强的树种有马尾松、黑松、圆柏、榉树、核桃、白榆、乌桕、樱桃、枣树、葡萄、臭椿、朴树、板栗、槐树、梅、樟树、麻栎、河柳、台湾相思、柠檬桉、木麻黄、假槟榔、桄榔、南洋杉、竹类及柑橘类树种。抗风中等的有侧柏、龙柏、旱柳、杉木、柳杉、檫木、楝树、苦槠、枫杨、银杏、广玉兰、重阳木、榔榆、枫香、凤凰木、桑、梨、柿、桃、杏、花红、合欢、紫薇、木绣球、长山核桃等。抗风力弱、受害较大的有大叶桉、榕树、雪松、木棉、悬铃木、梧桐、加杨、钻天杨、银白杨、泡桐、垂柳、刺槐、杨梅、枇杷、苹果树等。一般言之，凡树冠紧密、材质坚韧、根系深广强大的树木抗风力强；而树冠庞大、材质柔软或硬脆、根系浅者抗风力弱。同一树种也因繁殖方法、当地条件和栽培方式的不同而有异。扦插繁殖者比播种繁殖者根系浅，故易倒；在土壤松软而地下水位较高处根系浅，固着不牢，树木易倒；稀植的树木和孤立木比密植树木易受风害。

2.3.3　防风林带

2.3.3.1　防风林带结构

植物能减弱风力，降低风速。降低风速的程度主要决定于植物的体型大小、枝叶茂密程度。乔木防风的能力大于灌木，灌木又大于草本植物；阔叶树比针叶树防风效果好，常绿阔叶树又好于落叶阔叶树。

在风盛行地区，可营造防风林带来减弱风的危害。防风林带宜采用深根性、材质坚韧、叶面积小、抗风力强的树种。乔灌木结合的混交林防风效果好。

防风林带的防风效能与其结构有密切关系。一般根据林带的透风系数与疏透度，将林带分为紧密结构、疏透结构、通风结构 3 种。透风系数是指林带背风面 1m 处林带高度范围内平均风速与空旷地相应高度范围内平均风速之比。疏透度是指林带纵断面透光空隙的面积与纵断面面积之比的百分数。

（1）紧密结构

透风系数 0.3 以下，疏透度 20% 以下，林带枝叶稠密，气流为林带所阻，大部分从林带上越过。越过林带气流能很快到达地面，动能消耗少。在林带背风面，靠近林缘处形成一个有限范围的平静无风区。距林缘稍远，风速很快恢复原状。有效防风距离为树高的 10～15 倍。

（2）疏透结构

林带具有较均匀的透光空隙，透风系数为 0.4～0.5，疏透度为 30%～50%，大约有 50% 的气流从林带内部透过。最小弱风区在背风面 3～5 倍树高处，有效防风距离为树高的 25 倍左右。

(3)透风结构

林带稀疏，强烈透风，透风系数 0.6 以上，疏透度也在 60% 以上。这种林带气流易通过，很少被减弱，仅少量气流从林带上越过，气流动能消耗很少，防风效能不强。最小弱风区出现在背风面 3~5 倍树高。沈阳林业土壤研究所对这 3 种结构的防风效果进行了研究，结果见表 2-16。

表 2-16　不同结构林带的防风效果

林带结构	相对风速（%）					
	0~5 倍树高	0~10 倍树高	0~15 倍树高	0~20 倍树高	0~25 倍树高	0~30 倍树高
紧密结构	25	37	47	54	60	65
疏透结构	26	31	39	46	52	57
透风结构	49	39	40	44	49	54

注：以旷野风速为 100%。引自中国科学院林业土壤研究所，1973。

2. 3. 3. 2　防风林带布局形式

城市园林绿地的布局形式大体上可归纳为 8 类，即块状、环状、放射状、放射环状、网状、楔状、带状、指状，如图 2-15 所示。我国上海、天津、武汉、大连、青岛等城市的绿地系统布局属块状，居民使用比较方便。但城市总体艺术效果较差，改善城市小气候的生态作用也不明显。哈尔滨、苏州、西安等利用原有的城墙、水系，形成带状绿化。而我国合肥市属楔状绿化，以面为主，点线穿插，以小为主，中小结合，对改善城市生态环境起到了较好的作用。北京市的绿地则是混合式布局。

块状　　网状

带状　　环状　　放射状

放射环状　　指状　　楔状

图 2-15　城市绿化系统布局形式

2.4   城市噪声环境

2.4.1   城市噪声的特征和来源

噪声属于感觉公害，它没有污染物，在空中传播时并未给周围环境留下什么毒害性的物质，它对环境的影响不积累、不持久，传播的距离有限，一旦声源停止发声，噪声也就消失。噪声具有声音的一切声学特性和规律，噪声对环境的影响和它的频率、声压和声强有关。噪声强度用分贝(dB)作单位，噪声越强，影响越大。

考虑噪声的强弱必须同时考虑声压级和频率对人的作用，这种共同作用的强弱称为噪声级。噪声级可用噪声计测量，它能把声音转变为电压，经过处理后用电表指示出分贝数。噪声计中设有 A、B、C 3 种特性网络，其中 A 网络可将声音的低频大部滤掉，能较好地模拟人耳的听觉特性。由 A 网络测出的噪声级称为 A 声级，其单位为 dB(A)。A 声级越高，人们越觉吵闹，因此现在大都采用 A 声级来衡量噪声的强弱。

就城市环境噪声而言，其来源大致可分为交通噪声、工厂噪声和生活噪声。

(1) 交通噪声

城市环境噪声的 70% 来自交通噪声。交通噪声主要来自交通运输工具的行驶、振动和喇叭声，如载重汽车、公共汽车、拖拉机、火车、飞机等交通运输工具等重型车辆的行进，这些都是活动的噪声源，其影响面极广。喇叭声在我国城市噪声中最为严重，电喇叭大约为 90 ~ 110dB，汽喇叭大约为 105 ~ 110dB(距行驶车辆 5m 处)，我国城市交通噪声普遍高于国外。

随着航空事业的发展，航空噪声也十分严重，一般大型喷气客机起飞时，距跑道两侧 1km 内语音通话受干扰，4km 内不能睡眠和休息，超音速飞机在 15 000m 的高空飞行，其压力波可达 30 ~ 50km 范围的地面，可使很多人受到影响。

(2) 工厂噪声

工厂噪声来自生产过程和市政施工中机械振动、摩擦、撞击以及气流扰动等而产生的声音。一般电子工业和轻工业的此类噪声在 90dB 以下，纺织厂约为 90 ~ 106dB，机械工业噪声为 80 ~ 120dB，凿岩机、大型球磨机达 120dB，风铲、风镐、大型鼓风机在 130dB 以上。工厂噪声是造成职业性耳聋，甚至是年轻人脱发秃顶的主要原因。它不仅给生产工人带来危害，而且厂区附近居民也深受其害，特别是市区内的一些街道工厂，与居民住宅区只有一墙之隔，其噪声扰民严重。

(3) 生活噪声

生活噪声指街道和建筑物内部各种生活设施、人群活动等产生的声音，如敲打物体、儿童哭闹、收音机和电视机的大声播放、卡拉 OK 声、户外喧哗声等，均属此类。生活噪声一般在 80dB 以下，对人没有直接的生理危害，但都能干扰人们谈话、工作、学习和休息，使人心烦意乱。

2.4.2   噪声的等级与标准

噪声在 0 ~ 120dB(A) 的范围内分为 3 级：

Ⅰ级 30 ~ 59dB(A)：可以忍受，但已有不舒适感，达到 40dB(A)时开始困扰睡眠。

Ⅱ级 60 ~ 89dB(A)：对植物神经系统的干扰增加，听话困难，85dB(A)是保护听力的一般要求。

Ⅲ级 90 ~ 120dB(A)：显著损害神经系统，造成不可逆的听觉器官损伤。

关于噪声标准是国际上争论的一大问题，因为它不仅与技术有关，而且牵涉到巨额的投资问题，所以，虽然"国际标准化组织"(ISO)推荐了国际标准值，但不少国家还是公布了自己的标准。随着人们对噪声危害认识的日益加深和科学技术的不断进步，人们已经开始从只注意噪声对听力的影响，发展到噪声对心血管系统、神经—内分泌系统的影响，从而制订出更加科学的噪声标准，这是当前国际上研究噪声标准的趋势。目前的噪声标准主要分为 3 类。

(1)听力保护标准

按照 ISO 的定义，500Hz、1 000Hz 和 2 000Hz 3 个频率的平均听力损失超过 25dB(A)时，称为噪声性耳聋。目前，大多数国家将听力保护标准定为 90dB(A)，它能够保护80%的人；有些国家定为 85dB(A)，它能够使 90%的人得到保护；只有在 80dB(A)的条件下，才能保护 100%的人不致耳聋。目前，我国制订的听力保护标准规定现有企业为90dB(A)，新建、改建企业要求达到 85dB(A)(《工业企业噪声卫生标准》)。

(2)机动车辆噪声标准

由于城市噪声的 70%来源于交通噪声，如果车辆噪声得到控制，则城市噪声就能大大降低。我国制订的相应的试行标准见表 2-17。

表 2-17　我国机动车辆噪声试行标准　　　　　　　　　　　　　dB(A)

车辆种类	1985 年以前执行标准	1985 年以后执行标准
载重汽车(3.5 ~ 15t)	89 ~ 92	84 ~ 89
轻型越野车	89	84
公共汽车(4 ~ 11t)	88 ~ 89	83 ~ 86
小轿车	84	82
摩托车	90	84
轮式拖拉机(< 44 130W)	91	86

(3)环境噪声标准

噪声环境复杂多样，所以环境噪声标准的制订最为复杂，通常是从噪声引起烦恼的角度来考虑环境噪声的标准。噪声对休息睡眠与交谈思考的干扰是日常生活中最易引起烦恼的因素，因此环境噪声标准的制订，主要是以对睡眠和交谈思考的干扰程度为依据。就睡眠而言，一个 40dB 的连续噪声，会使 10%的人的睡眠受到影响，在 70dB 时受到影响的人达 50%。30 ~ 35dB 的噪声对睡眠基本上没有影响。因此，我国也把安静住宅区夜间的噪声标准定为 35dB(A)。表 2-18 中列出不同区域白天与夜间的环境噪声标准。

表 2-18　　城市区域环境噪声最高限值　　　　　　　　dB(A)

类别	适用区域	白天	夜晚
0	疗养、高级宾馆等特殊住宅区	50	40
1	居住与文教区	55	45
2	居住、商业与工业混杂区	60	50
3	工业区	65	55
4	城市交通干线两侧	70	55

2.4.3　噪声的危害

40dB 是正常的环境声音，一般被认为是噪声的卫生标准，在此以上便是有害的噪声。噪声的危害主要表现为以下几方面：

(1) 干扰睡眠

睡眠是人消除疲劳、恢复体力和维持健康的一个重要条件。但是噪声会影响人的睡眠质量和数量，老年人和病人对噪声干扰更敏感。当人的睡眠受到干扰而辗转不能入睡时，就会出现呼吸频率增高、脉搏跳动加剧、神经兴奋等现象，第二天会觉得疲倦、易累，从而影响工作效率。久而久之，就会引起失眠、耳鸣多梦、疲劳无力、记忆力衰退等。这些在医学上称为神经衰弱症候群。在高噪声环境下，这种病的发病率可达 50% ~ 60%。

(2) 损伤听力

噪声可以使人造成暂时性的或持久性的听力损伤，后者即耳聋。一般说来，85dB 以下的噪声不至于危害听觉，而超过 85dB 则可能发生危险。表 2-19 列出在不同噪声级下长期工作时，耳聋发病率的统计资料，由此可见，90dB 的噪声，耳聋发病率明显增加。

表 2-19　　工作 40 年后噪声性耳聋发病率　　　　　　　%

噪声级值[dB(A)]	国际统计	美国统计
80	0	0
85	10	8
90	21	18
95	29	28
100	41	40

(3) 对人体生理的影响

一些试验表明，噪声会引起人体紧张的反应，刺激肾上腺素的分泌，因而引起心率改变和血压升高，20 世纪生活中的噪声是心脏病恶化和发病率增加的一个重要原因。噪声会使人的唾液、胃液分泌减少，胃酸降低，从而易患胃溃疡和十二指肠溃疡。一些研究指出，某些吵闹的工业企业里，溃疡病的发病率比在安静环境中高 5 倍。

噪声对人的内分泌机能也会产生影响。在高噪声环境下，会使一些女性的性机能紊乱，月经失调，孕妇流产率增高。近年还有人指出，噪声是诱发癌症的病因之一。有些生理学家和肿瘤学家指出，人的细胞是产生热量的器官，当人受到噪声或各种神经刺激时，血液中的肾上腺素显著增加，促使细胞产生的热能增加，而癌细胞则由于热能增高而有明显的增殖倾向。

（4）对儿童和胎儿的影响

在噪声环境下，儿童的智力发育缓慢。有人做过调查，吵闹环境下儿童智力发育比安静环境中低 20%。噪声对胎儿也会产生有害影响，研究表明，噪声使母体产生紧张反应，会引起子宫血管收缩，以致影响供给胎儿发育所必需的养料和氧气。有人对机场附近居民的研究发现，噪声与胎儿畸形有关。此外，噪声还影响胎儿和婴儿的体重，吵闹区婴儿体重轻的比例较高。极强的噪声，如 175dB(A)，还会致人死亡。

（5）对动物的影响

强噪声会使鸟类羽毛脱落，不能生蛋，甚至内出血，以至死亡。如 20 世纪 60 年代初期，美国 F-104 喷气机作超声速飞行试验，地点是俄克拉荷马市上空，每天飞越 8 次，共飞行 6 个月。结果在飞机轰隆声的作用下，一个农场的 10 000 只鸡被噪声杀死 6 000 只。

（6）对建筑物的损害

20 世纪 50 年代曾有报道，一架以 1 100km/h 的速度（亚音速）飞行的飞机，作 60m 的低空飞行时，噪声使地面一幢楼房遭到破坏。在美国统计的 3 000 起由喷气式飞机使建筑物受损害的事件中，抹灰开裂的占 43%，损坏的占 32%，墙开裂的占 15%，瓦损坏的占 6%。

2.4.4 城市植物的减噪效应

噪声也是城市环境的污染之一。城市森林植物能够削减噪声，一方面是由于噪声波被树叶向各个方向不规则反射而使声音减弱，另一方面则是由于噪声波造成树叶微振而使声音消耗。因此，树冠和树叶的形状、大小、厚薄、叶面光滑与否、树叶的软硬以及树冠外缘凹凸的程度等，都与减噪效果有关。不同的绿化树种、冠幅、枝叶密度，不同的街道绿带类型、林冠层次及林型结构，对噪声的削减效果不同，通常城市森林带宽度越大，树体越高，噪声衰减量越大。

据调查，100m 宽的林带可减低噪声 20~40dB（江苏省植物研究所，1977）。由乔木、灌木、草坪和地被构成的多层稀疏林带比单层宽林带的吸音隔音作用明显，与空旷地相比，乔灌草结合的多层次的 40m 宽的绿地，就能降低噪声 10~15dB；宽度 30m 以上的林带防止噪声效果特别好，宽度 50m 的公园，可使噪声衰减 20~30dB（高原荣重，1986）。南京市环境保护局对南京道路绿化的减噪效果调查结果表明，2 行圆柏及 1 行雪松构成的 18m 宽林带可降低噪声 16dB，36m 宽的林带可降低噪声 30dB，比空地上同距离的自然衰减量多 10~15dB；1 行楠木和 1 行海桐组成的宽 4m、高 2.7m 的枝叶繁茂、生长良好的绿墙可降低噪声 8.5dB，比同距离空旷草地降低噪声程度多 6dB。森林越靠近噪声源时噪声衰减效果越好。森林的密度越大，减噪效果越好，密集而较宽的林带（19~30m）结合松软的土壤表面可降低噪声 50% 以上（鲁敏等，2005）。

不同树种的减噪效果是不同的（见表 2-20），一般认为，具有重叠排列的、大的、健壮的、坚硬叶子的树种，减噪效果较好，分枝低、树冠低的乔木比分枝高、树冠高的乔木减低噪声的作用大。

表2-20 各种乔、灌木减噪功效

分组	减小噪声 [dB(A)]	树 种
Ⅰ	4~6	鹿角松、金银木、欧洲白桦、李叶山楂、灰桤木、加州忍冬、欧洲红瑞木、楼叶槭、红瑞木、加拿大杨、高加索枫杨、金钟连翘、心叶椴、西洋接骨木、欧洲榛
Ⅱ	6~8	毛叶山梅花、枸骨叶冬青、欧洲水青冈、杜鹃花属、欧洲鹅耳枥、洋丁香
Ⅲ	8~10	中东杨、山枇杷、欧洲荚蒾、大叶椴
Ⅳ	10~12	假桐槭

注：引自陈自新，1987。

柳孝图等对不同植物配置方式的减噪效果进行了分析。悬铃木幼树林高5m，株行距平均1m，覆盖密度大于90%；由枫香、麻栎、黑松为主组成的杂木林，树高平均为15m，株行距平均4m，覆盖率为60%~70%。人工制造噪声源，在绿篱两侧和等距离的开阔地测定不同频率噪声的衰减情况，噪声中心频率为500~2 000Hz，范围的衰减值主要决定于第一个22m宽的林带，而中心频率在500Hz以下的噪声衰减随林带宽度增加而增加，显然植物对不同频率的噪声衰减效果是有差异的。此外比较不同植物配置对噪声的衰减效果，树木带的减噪效果较好，而草地的减噪效果最差，如图2-16所示。

成片树林的减声作用与树林的宽度并不是线性关系，当林带宽度大于35m时，树林的减声作用就降低了，从减弱噪声的效果考虑，宜将连片的树林按一定的距离分为几条林带，噪声在每次遇到林带时就降低一个数值，犹如每条林带重新遮挡了声音，对于总宽度

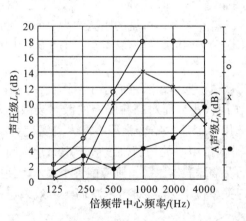

○—○ 噪声经过总深度为44m的杂木林的附加衰减曲线

×—× 噪声经过离声源第一个22m宽的杂木林的附加衰减曲线

●—● 噪声经过离声源第二个22m宽的杂木林的附加衰减曲线

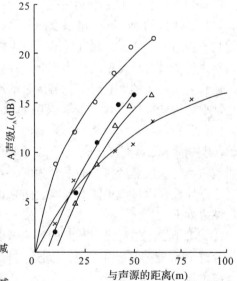

图2-16 不同植物配置的减噪效果(引自柳孝图 等，2000)

相同的林带而言，这就增加了减声的作用。

对于成片树林的减声作用，C. F. 艾林建立了一个噪声衰减方程：

$$L = 20\lg\frac{D_2}{D_1} + \alpha\left(D_2 - D_1\right)$$

式中：L 为噪声衰减量；D 为距离；α 为树林的衰减系数，代表地面覆盖情况的函数，同时与声源距离也有关。

树木减声作用首先决定于树木枝、叶、干的特性，其次是树木的组合与配置情况。在投射至树叶的声波中，反射、透射与吸收等各部分所占比例，取决于声波透射至树叶的初始角度和树叶的密度。T. F. W. 恩赖顿对一株 8.5m 高树木的枝叶对声音的共振吸收情况进行测定，发现声音的共振频率与树枝的高度相关，较低树枝在 300Hz 处，上部树枝在 1 000Hz 处最易激发共振，这些频率与声波的长度成反比，可见，悬铃木树枝着生位置高，树叶大且厚，对高频噪声的吸收有较大的作用。枝叶繁茂的树木带适于减弱高速车辆的噪声。图 2-17 是不同密度树林对不同频率声波的衰减系数。

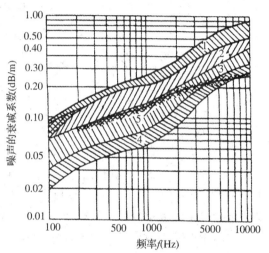

图 2-17　不同密度树林的声衰减系数

（引自柳孝图 等，2000）

图 2-17 中，第 1 区：树叶很多，可见的距离约为 6m，不能看穿；第 2 区：树叶很多，可见的距离约为 15m，难以看穿；第 3 区：树叶较多，可见的距离约为 30m，可以小心地自由步行；第 4 区：树叶较多，可见的距离约为 60m，较容易看穿；第 5 区：树叶较少，有大的树枝，可见距约为 90m，容易看穿。

波长大于树干的直径时，只有少量的声能被树干反射，若声波小于树干直径，则声能完全散射，因此成片树林对低频噪声的散射作用很小，而对高频噪声的散射衰减作用较大。因此，一般在防噪声林带的配置时，应选用常绿灌木结合常绿乔木，总宽度为 10 ~ 15m，其中灌木绿篱宽度与高度不低于 1m，树木带中心的树行高度大于 10m，株间距以不影响树木生长成熟后树冠的展开为度，若不设常绿灌木绿篱，则应配置小乔木，使枝叶尽量靠近地面，以形成整体的绿墙。南京市有关单位 1976 年对树木减弱噪声效果进行测定，结果如下：

①城市街道上的行道树对路旁建筑来说，可以减弱一部分交通噪声。如快车道上的噪声，穿过 12m 宽的悬铃木树冠，到达树冠后面的三层楼窗户时，与同距离空地相比较，其衰减量达 3 ~ 5dB(A)。

②公路上 20m 宽的多层行道树（如雪松、杨树、珊瑚树、桂花树各一行）的防噪效果明显，噪声通过时，与同距离空旷地相比，减少 5 ~ 7dB(A)。

③30m 宽的杂树林（以枫香为主，林下空虚），与同距离空旷地相比，可减弱噪声 8 ~

10dB(A)；18m 宽的圆柏、雪松林带（枝叶茂密、上下均匀），比同距离空旷地减弱噪声 9dB(A)；45m 宽的悬铃木幼树林比空旷地可减弱噪声 15dB(A)。

④4m 宽的枝叶浓密的绿篱墙（由椤木、海桐各一行组成）隔声效果十分显著，噪声通过后，比通过等距离空旷地低 6dB(A)。

2.5　城市火灾

2.5.1　城市火灾的特征

火是一种能量的表现方式，它是可燃物资源能量释放，这种释放按其与人类的希望与追求的同异分为能量正流和能量逆流。所谓能量正流是指可燃物资源，在可控设备（燃烧器）的条件下，所获取为人类服务的能量释放方向，如火力发电的燃煤燃烧等，均是有利的能量释放过程。能量逆流是指在失控条件下，由于人的不安全行为，如可燃物的不安全状态下可构成的可燃物资源的能量释放。这种逆流使火演变成危及人类生命财产安全的火灾。

火灾(fire disaster)是一种发生频率最高且又难以预见的城市灾害，对城市设施的破坏和居民生命财产的威胁十分严重。火灾可夺走成千上万人的生命和健康，造成数以亿计的经济损失。据统计全世界每年火灾经济损失可达整个社会生产总值的 0.2%，我国的火灾次数和损失虽比发达国家要少，但损失也相当严重。我国火灾每年直接经济损失，在 20 世纪 50 年代平均 0.5 亿元，在 60 年代平均 1.5 亿元，在 70 年代平均 2.5 亿元，在 80 年代平均 3.2 亿元，进入 90 年代损失更为严重，前 5 年平均每年已达 8.2 亿元。由此可见，火灾造成的损失是非常惊人的。

(1)火灾的类型

①按火灾发生地点分：有建筑火灾、露天生产装置火灾、可燃物料堆场火灾、森林火灾、交通工具火灾等。发生次最多、损失最严重者，就当属建筑火灾。其发生次数占总火灾的 75% 左右，直接经济损失占火灾的 85% 左右。

②按可燃物种类分：有气体火灾、可燃性液体火灾、金属火灾、易燃固体的火灾等。值得注意的是，较多的火灾形成可能是由单一的可燃物所致。但随着火灾的发展，会有多种可燃物参与，形成复合型火灾。

(2)火灾的原因

城市火灾的原因是多方面的，除少数自然因素（如地震的二次灾害、雷击等）以外，绝大多数是思想上麻痹大意而引起的。在火灾统计中，将火灾原因分为：①放火；②生活用火不慎；③玩火；④违反安全操作规程；⑤违反电器安装使用规定；⑥设备不良；⑦自燃。在生产、生活活动中，大量的火灾是由于操作失误、设备缺陷、环境和物料的不安全状态，管理不善等引起的。为此，我们要从人、设备、环境、物料和管理等方面提高防火意识，消除火灾原因。

(3)火灾事故的一般特点

①突发性：火灾事故往往是在人们意想不到的时候突然发生，虽然有事故的前兆，但

一方面由于目前对火灾事故的监测、报警等手段的可靠性、实用性和广泛应用尚不理想；另一方面则是因为至今还有相当多的人员对火灾事故的规律及其征兆了解和掌握得不够。

②严重性：火灾易造成重大伤亡事故和经济损失，有时火灾易同爆炸同时发生，损失更为惨重。例如，1994 年 12 月 8 日，新疆克拉玛依市友谊宾馆发生特大火灾，共死亡 325 人，其中学生 288 人，教师干部 37 人，伤 130 人。又如，1993 年 8 月 5 日深圳安贸储运公司由于混存化学品发生化学反应，引起特大爆炸和火灾，死亡 5 人，受伤 873 人，烧毁建筑 $3.9 \times 10^4 m^2$，直接经济损失达 2.5 亿元之多；1987 年 5 月，我国大兴安岭发生了举世震惊的森林大火，大火洗劫了千家万户，吞噬了 4 个贮木场，焚毁了 $114 \times 10^4 hm^2$ 林地，死亡 200 多人，5 万多人无家可归。

③复杂性：发生火灾的原因比较复杂。着火源多，可燃物广泛，灾后事故调查和鉴定环境破坏严重等给灭火和调查分析带来诸多困难。此外，建筑物结构复杂和多种可燃物的混杂也是重要原因。

④后效性：往往大的火灾其不良后果，对环境、对社会造成较大影响。例如，1997 年印度尼西亚发生的森林大火，形成了东南亚地区大范围的空气污染，而且由于能见度低而发生多起海难事故；再如，克拉玛依市友谊宾馆火灾，致使该市在相当一段时间社会气氛低沉，人们的精神受到极大的摧残。

2.5.2　城市火灾的危害

城市火灾是与城市人群日常生活关系最为密切的城市灾害，它常孕育于强风、地震、战争等重大灾害之中，对城市居民生命财产及城市建设的破坏十分严重。火灾除了燃烧造成直接破坏以外，还可能造成房屋倒塌、交通中断，甚至还可能会导致城市通信、供电、供气等工程系统遭到破坏，危及更大范围居民的正常生活和生产。据公安部规定，我国火灾统计的起始标准为：大火为经济损失 1 万元以上，死 5 人以上或伤 10 人以上；小火为集体经济损失 100 元以上，居民个人损失 50 元以上。

城市消防是城市防灾的重要内容。因为城市火灾无疑会给城市居民带来严重的经济损失、人员伤亡和心理恐惧。据国家统计局资料，1985 年全国发生火灾 8 699 起，经济损失 6 249 万元，死亡 1 780 人。

我国城市火灾有逐年上升的趋势，大城市比中小城市发生频率更高。1985 年，城市发生火灾的前 10 名的排序为：北京 367 起，天津 282 起，武汉 232 起，成都 193 起，丹东 181 起，青岛 164 起，上海 162 起，营口 144 起，沈阳 121 起，鞍山 117 起。

由于城市人口密集，公共设施和公益场所较多，如影剧院、体育场、歌舞厅、大型集会场所等，一旦发生火灾，不可避免会造成严重的人员伤亡和财产损失。加之城市建筑密集、易燃易爆物品多，火灾容易扩散蔓延而形成大面积火场。同时，城市是物质财富、文化遗产高度集中的场所，如果发生火灾，有可能造成巨大的甚至无法估量的经济损失和文化损失，还会造成不良的政治影响。因此，城市消防工作十分重要。

2.5.3 城市火灾的预防

(1)城市规划与消防

城市规划与消防有着十分密切的关系。合理的规划布局可以减少火灾的发生，万一发生火灾也便于扑救。在城市功能分区上，要严格将工矿企业与居民区的布局分开，对石油化工、贮存易燃易爆物品的仓库和车站码头，应布局在远离居民区或远离市区的地段。对建筑物的层高、不同建筑物之间的防火间距、消防车道、安全出口、防火墙、防火带、天桥、栈桥以及消防站的配备、消防用水等，城市规划的有关规范都有严格的要求，在城市建设、生产活动和日常生活中都要严格遵守。

(2)城市建筑与消防

建筑设计对防火的要求必须严格遵守。按建筑物建筑材料最低耐火极限分为五级，其中一级与二级耐火建筑物，主体建筑都是用的非燃烧性建筑材料，如影剧院的放映厅、有气体或粉尘爆炸危险的车间等建筑均要求使用一级耐火等级的建筑材料。安全出口可以保证在发生火灾时人员能尽快疏散，减少伤亡。一、二级建筑物要求在 6min 内疏散完毕。生产、工业辅助及公共建筑或房屋安全出口数目不得少于 2 个，影剧院的观众厅至少应有 2 个独立的安全出口，11 层以上的高层建筑各户应有通向 2 个楼梯间的 2 个出口。建筑设计规范还规定了其他疏散人员用的安全设施。

高层建筑由于其拔风效应，一旦起火蔓延很快，一幢 30 层的高层建筑，在无阻挡的情况下，30min 左右烟气就可以从底层扩散到顶层，发生火灾后果极为严重。高层建筑住的人员多，疏散距离长，如果发生火灾，楼梯电源切断，疏散更为困难，地面消防设施供水难度也很大，因此高层建筑的防火更为重要。对高层建筑火灾的消防，一是保证安全出口的数量，设置消防专用楼梯；二是要立足于自救，配齐室内消防栓、消防水池、消防泵等，设置自动报警装置，并要有排烟、防烟措施，保证预备电源的供给等。此外，高层建筑的建筑材料耐火等级要求更高，在 2002 年美国发生的 9 · 11 恐怖事件中，76 层的国贸大厦起火后倒塌，伤亡惨重，专家分析认为是因为建筑用的钢材耐火性能不够，使之在大火中熔化而导致大厦倒塌。

(3)消防用水

虽然有泡沫、干粉、卤代烷等多种灭火剂，但大面积火灾仍然靠水来扑救。在城市给水规划中要充分考虑消防用水，输水干管不少于 2 条，其中一条发生故障时，另一条通达的水量不少于 70%，管道最小直径不小于 100mm，管通压力在灭火时不少于 10m 水柱。室外消防栓沿街设置并靠近十字路口，间距不应超过 120m。超过 800 个座位的影剧院，超过 1 200 个座位的礼堂，超过 5 000m^2 的公用建筑，超过 6 层的单元住宅，以及一般的厂房，都应设置室内消防给水，并保证在火灾发生 5 分钟内投入使用。

(4)灭火设施

消防站的配备，要保证在接到报警后 5min 内到达责任区的最远端，一般每个消防站的责任面积 4 ~7km^2。消防瞭望台应能及时发现火警，为灭火争取时间，瞭望台一般设置在责任区的最高点。消防交通要求畅通、快速，在居住区要求车行道宽度不小于 3.5m，厂房两侧的通道不小于 6m，以保证消防车快速到达现场。消防车是消防站的主要灭火器材,一级消防站应配备6~7辆消防车,二级消防站应配备4~5辆消防车,三级消防站至少配备3辆消防车。中国各城市的消防火警电话通用号码是"119"专用线。

(5)业余消防队伍建设

消防工作涉及千家万户,关系到每个城市居民的切身利益,防火工作人人有责。城市的各级组织、单位、企业都要重视防火,鼓励单位组织业余的消防队伍,加强消防意识的宣传教育,在关键时刻发挥作用。

2.6　城市交通环境

2.6.1　城市交通的特征

2.6.1.1　交通堵塞

近几十年来,中国经历了前所未有的发展,但是在若干城市出现的交通堵塞问题也是日趋严重。由于城市土地和空间资源的严重不足以及城市交通量的大幅度攀升,交通堵塞问题已成为当代中国大中型城市所面临的普遍课题。有关数据显示,20世纪90年代以后,中国的交通运输能力年年上升,其中道路交通在各种输送方式中占据着主导地位,特别是机动车数量明显增加。以公用道路为例,道路的增加速度比民用车辆的增加速度,特别是私人汽车的增加速度要慢得多。北京的机动车保有量已经超过500万辆,较之1999年的45万辆增加了10倍以上。城市道路的总公里数虽然达到了2.5×10^4km以上,但比起90年代初期仅增加了1.5倍。城市交通的需求与供给严重的不平衡状态,尽管城市交通部门做了方方面面的努力,但是由于各种条件的制约,处理方法疏于表面,未能从根本上解决城市交通需求的扩大问题。

中国加入世界贸易组织(WTO),关税下调之后,国外产品进驻中国市场变得越来越容易。进口机动车和国产机动车的贸易竞争导致机动车的价格大幅下降,市民的消费需求得到了刺激,特别是机动车个人保有量的迅速增加使得道路交通的压力日益增大。据有关部门的私人汽车预测数据显示,至2012年中国私人汽车保有量将达到9 309万辆,预计2~13年将增长至1亿辆以上。10年左右每百户汽车拥有量将达到或接近60辆。交通需求与道路供给的不平衡化将进一步激化。特别是随着农村劳动力向城市的涌入,道路交通秩序和交通安全的维持将会面临更大的压力。

除北京、上海等大城市外,中国的其他中等城市也面临着同样严重的交通堵塞问题。曾连续3年就全国交通管理工作获考评第一的大连市,近几年的机动车数量也出现了激增的势头,2010年增加到84万辆,2012年增加到100万辆。交通要道呈现饱和状态。市政府每年投入的道路建设费用并不少,但是相对于猛烈增长的车辆,大连的道路建设速度是远远跟不上的。数年来,大连市内道路的新建、新扩张率是3%,机动车增加率是13%。大连市内的堵塞地点日益增多,交通事故也日益多发。

2.6.1.2　停车场匮乏

停车困难是机动车数量激增和停车场地不足之间非平衡状态的一种表现。在中国的大多数城市还未能见到像发达国家那样的停车场。大中型宾馆、娱乐场所、医院、商场、购物中心、居住小区等的停车设施十分匮乏。所以，车辆乱停乱放的现象较为普遍。上述机动车量激增与停车场地不足之间的非平衡状态同时又直接影响着城市的交通管理。我们经常可以看到路边违章停车，甚至占用人行道停车的现象。

2.6.1.3 交通秩序紊乱

当代中国，交通事故致死是继心脏病、癌、肺炎等其他突发病之后，位居第7位的死亡原因。并且在交通事故中死亡的多是青壮年。根据公安部公布的资料，中国道路交通事故总量从2003年的66.8万起下降到了2012年的20.4万起，死亡人数也从2013年的10.4万人下降到2012年的6万人。与此同时，中国目前仍面临交通安全总体水平与发达国家差距明显，道路交通事故死亡人数总量仍很大，交通流量高位增长，交通事故逐年增多，农村交通安全隐患突出等问题。

全世界每年因交通事故致死的人当中，中国已连续十多年占据首位。中国的交通事故死亡人数是根据警察的事故现场报告统计的，但WHO等国际机构的数据亦包括了医院的死亡人数。事实上，中国的交通事故每年都在递增，据报道，机动车的死亡率达到10%左右。距今为止的道路建设，因为过分考虑了机动车交通，人行道以及自行车道的道路空间日渐下降，安全度也日趋降低。在道路的扩张工程中，扩张的一般仅限于机动车车道，而人行道以及自行车道往往成为收缩的对象。此外道路的改良，非机动车道被取消，非机动车的通行被禁止的现象十分多见。直接的结果是导致机动车和非机动车在道路上的混合行驶，并且由于缺乏良好的隔离设施，大量的机动车辆占据了非机动车辆的车道，非机动车辆遭受的压力日益增大。此外，在中国，步行人员和自行车驾驶人往往无视交通信号灯的指挥，乘用公共交通的时候也往往不遵守公共秩序，这也是交通事故多发的一个主要原因。

2.6.1.4 交通公害

交通给城市带来诸如废气、噪声、振动等污染，特别是废气的排放对大气的污染是最严重的。交通堵塞、车速下降导致的污染程度越来越严重。随着近年来能源构成的调整，虽然可以看到部分的改善，但北京仍被称为中国环境污染最为严重的城市之一。其主要原因有：第一，因交通堵塞引发的机动车废气排放量的增加显著；第二，北京在中心城区不断地建设高层建筑，这不仅阻挡了大气的流通，更恶化了大气的质量，增加了大气的污染物浓度。针对以上两点，如果不对症下药，北京市的环境恶化将愈演愈烈。

2.6.1.5 欠合理的规划理念

国际规划界很早认为中国的城市规划理念不尽合理。大部分的大中城市虽然历史悠久，但城市功能过分集中，单一的中心城市模型与现代城市的发展形态严重不符。以北京市为例，由于城市功能高度的集中，给交通带来了巨大的负面影响。北京市的人口、经济、高层建筑物等都集中在城市中心区。这是典型的中心城市土地利用形态。城市的中心区域涵盖了行政、文化、商业、教育、居住等所有的功能。在全世界所有国家的首都之中，北京市中心区域的集中程度也是首屈一指的。城市功能在中心区的过分集中，导致交通量向中心地带高度集中，并最终导致城市中心区域的道路交通能力超负荷。所以，在北京，堵塞的车流往往占据了大面积的中心城区，成为交通公害的一大重要原因。

2.6.1.6　公共交通体系

以私人汽车为主的交通体系和以公共交通为主的交通体系是交通发展的两种典型形态。美国的洛杉矶等大部分城市属于前者，而日本、欧洲的大城市(如东京、伦敦、巴黎等)均属于后者。北京市城市规划设计研究院认为：北京市应大力优先发展轨道交通，限制私人汽车的使用，压缩出租车的比例，提高公共交通的乘客输送分担比例，同时为步行和自行车驾驶人创造良好的环境。

首先，相对于私人汽车的急速增长，中国的公共交通有着较为明显的发展。2005 年到 2010 年 5 年间，公交车辆的保有量从 31 万辆增加到 44 万辆，平均年新增公交车辆 2.63 辆。年公交车辆更新率达 10% 以上，38 个中等城市公交分担率目前达到 21%，北京、上海等特大城市市民出行的公交分担率已超过 30%。这表明城市公共交通为改善市民基本出行推进城市经济社会发展，缓解城市交通拥堵等发挥了重要作用，取得了很大成绩。当前，我国正处于城镇化快速发展阶段，每年有 1 300 多万人口从农村转入城市。"十二五"末，城市化水平将达 52%。因此，对城市公共交通的需求日益加大，"十二五"期间，我国城市公共交通客运总量将保持快速增长事态。到 2015 年预计城市公共交通总量将达到 1 000 亿人次，年均增长 6% 左右。

另外，公共汽车的乘车条件有了一定的改善，特别是公交智能化信息采集和处理技术、BRT 快速公交系统等新技术和科技创新成果在公共交通领域应用大大提高了乘坐的舒适性，满足了大多数乘客的要求。但是现在公共交通体系的整体服务水平还不高，尚且存在着诸多的问题。如：转乘不方便，等待时间过长，公共汽车不按时按点进站，车内拥挤，缺乏舒适性，行驶速度较慢等。以上问题当中最为突出的就是转乘不方便的问题。地面公共交通之间、地面公共交通和轨道交通之间、市内交通和对外交通之间的转乘距离过长，非常不方便。据调查，公共交通主要车站之间的平均转乘距离为 255m，并且总体的 30% 超过了 500m。此外，如果观察一下。北京、上海的公共交通较之其他城市略为先进，但公共交通承担的出行比例仅为 35% 左右。天津市的公共交通承担的出行比例还不足 10%。根据 2000 年和 1990 年的市民调查可以看出这 10 年来市民的外出比例：自行车的外出比例下降了 20%，公共汽车的外出比例下降了 8%，地铁的外出比例基本保持不变；出租车的外出比例约上升了 7.5%，小型汽车的外出比例上升了 20%，填补了公共汽车和自行车的下降比例。

2.6.1.7　法规体系和各部门间的调整

法规体系是保证城市交通管理良好运行的制度保障。在中国，一个部门的规定有时会和其他部门的规定发生冲突，甚至得不到协商解决的事例也时有发生。并且当部分违反规定的行为发生时，上司的意向取代法规的例子也不少见。诸如此类的情况均会导致管理活动被分割，管理情报局限于部门内部发生作用的严重后果。特殊的场合，即便是部门内部也会发生意见分歧的现象，更不用说是部门之间的沟通了。例如我们经常可以看见，在城市道路上接二连三铺设生命管线的事例，根本的原因是各部门未事先统筹协调。另外，在制订城市总体规划的时候，多数城市交通工程和交通管理专家的意见未被有效采纳。具体执行规划的过程中，因领导人的交替，成文规划被人为改变，或不根据正式的章程，擅改方案的现象也屡见不鲜。2005 年 2 月起有关政府部门提出了公众参与的规划新理念。中国距今为止的城市规划方案的制订权仅局限于政府部门，今后将会出现以政府部门和专家为中心，当地居民参加规划的新趋向。并且在具体操作过程中，为了反映政府部门、社会组织、企业、居民等方方面面的意见，将采取咨询、交流、公示等方法。在编制、修正的过程中也将广泛听取居民的意见建议。

2.6.1.8　交通道德文化、交通道德意识低下

交通道德文化低下表现为存在大量违反交通法规的现象，并且乘车礼仪、驾驶礼仪也十分混乱。交通道德意识低下的原因表现在以下几个方面：①交通法规的执行存在着不严格的一面；②交通法规的执行存在不公正的一面；③现行的交通法规没有充分考虑到交通弱势群体的利益。引发交通事故的原因是多样的，交通道德文化、道德意识低下，无视交通法规是交通事故多发的重要原因。

2.6.1.9　其他原因

(1) 自行车

自行车在发达国家日益受到重视。在荷兰的国家级自行车规划中提到，尽量提倡 5km 以内的外出使用自行车，而非机动车。并指出，从家到轨道交通车站之间的出行方式，自行车是最为贴切的。在过去的数十年，中国因为基础设施的建设还不完备，主要把投资集中在了旨在提高机动车通行能力的干线道路的建设上，因此对于自行车交通的环境治理还不到位。但中国历来是自行车大国，而且使用自行车的大多数人属于中低收入者，对社会的影响巨大，因此应尽快明确自行车交通在中国城市交通中所占的地位，尽早出台相关的自行车交通规划，显得尤为重要。

(2) 出租车

出租车表现出和私人汽车同样的特征：①运送效率低下；②能源消耗高；③占据有限的道路空间和停车空间。并且出租车盛行的主要原因在于公共交通的服务水准过低。从平均乘车人数来看，出租车并不属于主要的乘客输送交通方式。在发达国家的诸多城市，轨道交通才是主要的乘客输送交通方式，出租车是公共交通的辅助方式。一般的市民只有去特别的场所，如去公共交通到达范围以外的区域、有很多的行李、接患者、接顾客，或者在公共交通的服务时间以外的场合才会使用出租车。上下班以及日常外出使用出租车的人是极为少见的。

2.6.2　城市交通事故

道路交通事故已成为全球性安全问题之一，引起了全社会普遍关注。交通事故作为道路交通的三大公害之一，不仅严重干扰了道路交通系统的正常运行，而且也给交通参与者的生命安全带来巨大威胁，还给社会造成巨大的经济损失。交通事故造成的经济损失巨

大，在发展中国家，每年大约有 50 万人死于城市交通事故，所造成的经济损失高达全球生产总值的 1% ~ 2%。在我国，道路交通已成为我国安全生产中死亡人数最多的领域。2005 年，道路交通事故死亡人数为 98 378 人，占安全生产死亡总数的 77.6%；2006 年，共发生道路交通事故 378 781 起，造成 89 455 人死亡、431 139 人受伤，直接财产损失 14.9 亿元；2007 年，共发生道路交通事故 327 209 起，造成 81 649 人死亡、380 442 人受伤，直接财产损失 12 亿元。我国道路交通安全形势十分严峻，为实现国民经济可持续发展和构建和谐社会，必须采取措施预防和减少交通事故的发生。因此，对我国道路交通事故现状进行深入研究，探索改善我国交通安全的对策是非常有意义的。

2.6.2.1　国内外道路交通事故状况

(1) 国外道路交通事故状况

据统计，全球每年约有 120 万人死于道路交通事故，受伤者多达 5 000 万人。因道路交通伤害引起的 85% 的死亡以及 90% 的伤残发生在中等收入和低收入国家。道路交通伤害的经济损失在低收入国家约占国民生产总值（GNP）的 1%，在中等收入国家约占 1.5%，在高收入国家约占 2%。每年全球道路交通伤害的损失估计为 5 180 亿美元，其中中等收入和低收入国家每年损失 650 亿美元。

发达国家在遭受交通事故造成的沉重打击后，加强了对事故预防及对策的研究，制定了较为完善的道路交通管理法律、法规和相关政策，采取了各种安全措施，包括对人的安全教育、驾驶员和行人行为的改善、公路和车辆设计的优化、交通基础设施的安全性能的改善。通过这些措施的实施，国外许多国家的交通事故保持基本稳定甚至继续下降的趋势。在 2000 ~ 2020 年期间，道路交通事故死亡人数在高收入国家将下降 30% 左右，而在中等收入和低收入国家则会大幅度增加。

(2) 国内道路交通事故现状

随着我国国民经济的迅速发展，公路基础设施建设也随之飞跃发展。截止到 2012 年年底，我国公路通车总里程达到 423×10^4 km，居世界第四。其中高速公路 9.6×10^4 km，居世界第二。公路交通由制约国民经济发展的阶段向基本适应阶段转化。尽管近年来通过改善道路通行条件、提高车辆安全性能和加强综合治理等措施，使我国道路交通安全状况明显好转，但我国的道路交通安全形势依然严峻，道路交通事故率仍然处于较高水平。交通事故是世界性的一种公害，据统计资料，全世界每年因道路交通事故死亡约 50 万人，我国近年来道路交通事故死亡人数近 10 万人，约占全世界道路交通事故死亡人数的 20%，从 1987 年起，我国的道路交通事故死亡人数就位于世界第一位。据我国公安部统计资料反映，2011 年全国共发生道路交通事故 450 254 起，造成 98 738 人死亡，46 911 万人受伤，直接经济损失达 18.8 亿元，全国每天有 280 多人死于车祸。相对发达国家而言，我国公路密度较低，车辆人均占有量也不高，却一直是世界上道路交通事故发生率最高的国家。目前我国万辆民用汽车事故死亡率是 5.1%，约为发达国家的十几倍甚至几十倍。我国人口约占世界人口的 20%，拥有世界 10% 的机动车辆，但死亡人数高达 8 万人以上，美国拥有世界人口的 5%，拥有世界 20% 的机动车辆，每年交通事故死亡人数却只有 4 万多人。如以当量机动车数计算，我国交通事故死亡率为美国的 30 倍左右。

2.6.2.2　我国道路交通事故的特点

我国交通运输事业底子薄，基础较差，人口众多，道路少，管理水平低。因此，交通事故具有以下特点。

(1)交通事故率高

从每年交通死亡事故的绝对数来看，呈上升趋势，我国已经跃居世界第一，交通事故万车或亿车公里死亡率显得更为严重。

(2)交通死亡事故的分布特性明显

从交通方式、事故分类、死亡人数的构成来看，汽车造成的死亡占首位，摩托车次之。从汽车交通事故死亡人数构成的车属行业来看，企事业单位居首位，其次是个体联户，然后是公路运输部门。从死亡事故的成因构成来看，驾驶员责任造成的死亡事故居首位，其次是行人和骑自行车人责任造成的死亡事故。从死亡事故肇事驾驶员驾驶年限构成来看，驾龄3年以上的驾驶员占首位，其次是驾龄3年以下的驾驶员和实习员。从死亡事故肇事地区构成来看，平直路比例最大，其次是十字路口。从造成死亡事故的天气构成来看，晴天的比例最大，高达75%。从事故死亡人员职业构成来看，农民居首位，其次是城市居民。从事故死亡人员年龄构成来看，17~35岁年龄段居首位，其次是36~59岁年龄段。

图2-18所示220起交通事故中驾驶员的年龄分布，青年人占77%以上。而骑车人中最多的也是年轻人，约占总数58%以上。这与青年人骑车人数多、骑车行为不慎、骑行速度快等因素有关。

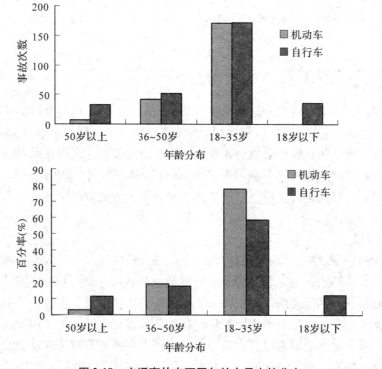

图2-18　交通事故在不同年龄人员中的分布

(3)车外事故率高

车外事故是指汽车与非机动车(如自行车、畜力车、人力车)相撞,汽车与行人相撞等。我国是混合交通,从速度上讲,3~5km/h 和 70~80km/h 的车辆在同一条道路上行驶,互相干扰大,再加之交通管理设施不齐全,执法不严,秩序混乱,因此车外交通事故率高。

2.6.2.3　道路交通事故成因分析

交通事故是在特定的交通环境影响下,由于人、车、路、环境诸要素配合失调偶然发生的。因此,分析交通事故成因最主要的是分析人、车、路、环境对交通事故形成的影响。

(1)人的因素

人是影响交通安全最活跃的因素。在人、车、路、交通环境构成的体系中,车辆由人驾驶,道路由人使用,交通环境要有人的管理。因此,对交通安全的研究应对人以足够的重视。据近年来统计,人的因素是造成交通事故的主要原因,由此造成的交通事故约占总事故的95.30%,其中机动车驾驶员的过失造成交通事故的占87.5%,非机动车驾驶员占4.7%,行人、乘客占5.19%,其他人员占2.63%。分析历年交通事故原因可以发现,驾驶员的违章操作和失误是引发交通事故的主要原因。2006 年,由于驾驶员的原因造成的伤亡人数如表2-21 所示。

表 2-21　2006 年交通事故主要原因统计分析

事故原因	无证驾驶	超速行驶	疏忽大意	措施不当	酒后开车	疲劳驾驶	违章穿行
死亡人数(人)	20 673	19 741	15 993	15 234	12 157	12 052	13 150
受伤人数(人)	89 572	88 180	69 338	83 060	71 655	71 397	88 798

(2)车辆因素

车辆是现代道路交通的主要运行工具。车辆技术性能的好坏,是影响道路交通安全的重要因素。车辆制动失灵、制动不良、机件失灵、灯光失效和车辆装载超高、超宽、超载、货物绑扎不牢固等,都是酿成交通事故的不安全因素。据我国交通事故的统计资料中可知,制动系和转向系故障是车辆因素造成事故的主要原因,现有运行车辆中有50% 左右属于机构失调、带病运行,特别是个体车辆和挂靠车辆更为严重,这些都构成了交通事故的机械隐患。

(3)道路因素

道路交通的安全取决于交通过程中人、车、路、环境之间是否保持协调,近几年,由于机动车数量增长迅速,远远超过交通基础设施增长速度,而我国低等级公路还比较多,道路狭窄或破损,大部分道路没设中央分隔带和路边两侧护栏,警告、限制等标志数量不足、标志不清不规范、符号模糊难以辨认,这些都从客观上增加了道路交通伤亡事故的发生率。因此,除了前两个因素以外,道路本身的技术等级、设施条件及交通环境作为构成道路交通的基本要素,它们对交通安全的影响是不容忽视的。所以,道路建设和养护质量需进一步提高。因道路因素引发的交通安全问题应该引起道路规划、设计、养护、管理等部门的足够重视，从中总结出规律性的东西，尽可能地减少不良道路引发事故的隐患。

（4）环境因素

交通环境主要是指天气状况、道路安全设施、噪声污染以及道路交通参与者之间的相互影响等。驾驶员行车的工作状况，不仅受道路条件的影响，而且还受到道路交通环境的影响。

①交通量的影响：在影响驾驶员行车的诸多交通因素中，交通量的影响起着主导作用。交通量的大小，直接影响着驾驶员的心理紧张程度，也影响着交通事故率的高低。因此，在行车中，妥善掌握行车速度是减少交通事故的重要环节。

②交通混杂程度与行车速度的影响：我国的道路多为双车道混合式交通，由于各种机动车在一条道路上行驶，其动力性不同、行车速度相差很大，特别是机动车和非机动车的差异更大。我国的混合交通和交通混杂程度严重是交通事故率高的重要原因之一。

③交通信息特征的影响：汽车是在错综复杂的环境中行驶的，行车过程中，驾驶员总是通过自己的视觉、听觉、触觉等从不断变化着的交通环境中获得信息，并通过对他们的识别、分析、判断和选择，做出相应的反应。因此，交通管理的任务之一，就是通过改善交通环境，设置合适的交通标志来调节道路的安全保证与驾驶员安全感之间的关系，使其转向有利于交通安全的组合。

2.6.2.4 道路交通安全因素

（1）道路设施

道路是交通的载体，道路条件对交通环境有着重要影响。道路的几何尺寸、横向布置、线形结构以及铺装养护的质量，都会直接影响着交通环境。道路等级较高，但相交道路等级低或开口过多，就会影响车辆的运行；道路过于宽阔、横向布置过于松散，可能会导致交通参与者对行车位置和车速出现判断错误或产生错觉；同样，过于简单的道路线形，驾驶人容易因长时间注视远方一点而产生视觉疲劳。

（2）交通设施

交通设施主要是为确保交通安全和畅通而设置，但如果设置不当或形状、尺寸、颜色等的选用不当，不但不利于对交通参与者的引导和保护，反而会妨碍交通安全和畅通，从而降低道路服务水平。例如，在一个地方设置几个不同内容的交通标志，会使驾驶人处于交通信息超负荷状态，心理上平添紧张，操作上容易失误，不利于交通安全。如果交通标志的几何尺寸、形状图案、文字和颜色不合规范、标准，会使人难以辨读和理解，从而无法给交通参与者提供正确的交通诱导信息。

（3）交通照明

交通照明分自然光照明和夜间灯光照明两类。一般来讲，白天大部分时间都有较好的光照条件；而夜间主要依靠路灯和机动车的前照灯、转向灯、刹车尾灯等提供交通照明和警示。路灯的发光强度、悬挂高度、设置间距等不但影响道路的照度和照度的均匀度，而且影响道路周围的夜间景观。截光程度较低的路灯和机动车的远光灯产生的眩光，会使人出现短时间的"盲视"现象，是夜间最不利的交通安全因素。

(4) 季节和气候

季节和气候也是影响交通环境的重要因素之一。炎热的夏季，强烈的日光照射会恶化道路通视条件。驾驶人在高温条件下行车，体力消耗过大，也容易产生疲劳。另外，不同的天气(如暴雨、阴天、雾天、雪天、风沙天等)不但影响着通视条件和能见度，而且影响着道路的物理性质和人的心理状态。

道路交通安全因素除上述 4 个方面外，还有道路绿化、路旁建筑、临时性广告标语牌设施、交通秩序等方面。

2.6.2.5　道路交通事故防范措施与对策建议

在对交通事故发生机理研究和我国道路交通事故特点及宏观规律研究分析的基础上，结合道路交通安全的相关理论，从人、车、道路、管理、科技、事故应急机制等方面给出道路交通事故防范与控制的对策建议，旨在建立一个道路交通事故防范与控制的系统理论、方法与技术体系。

(1) 控制人为因素、强化交通安全教育

人是交通活动的主体，因此，要想有效预防、控制人为事故的发生就必须依据人机工程学和交通安全心理学等原理，运用人为事故规律和预防、控制事故原理对交通事故进行超前预防与控制。同时，要强化对交通出行者尤其是驾驶员的交通安全教育和安全常识教育，提高交通出行者遵守交通法规的自觉性。

(2) 制定城市道路交通安全管理规划

通过制定城市交通安全管理规划，进一步明确当前乃至今后交通安全的发展方向，彻底改变安全工作的事后处理状态，做到防患于未然。同时，综合协调道路—交通流—管理者之间的关系，建立健全道路交通安全管理体系，将城市道路交通安全管理不断推向数字化和信息化。

(3) 建立城市交通事故紧急救援系统

交通事故紧急救援系统利用快捷的信息传递方式，使公安交通管理人员和救援人员能够迅速赶到现场，对突发事件进行及时有效的处理，减少交通事故对道路交通的影响，使整个路网的众多人员和车辆受益。

(4) 加强车辆和道路的安全化建设

车辆造成的交通事故及其损害后果与车辆性能是分不开的，而道路的安全化是保障道路交通系统安全功能得以正常发挥的重要组成部分。因此，应加强车辆的安全性研究和车辆日常维护与技术检查及道路的安全设计，协调道路与周边环境，完善交通标志标线，保障道路两旁交通标志的醒目。

(5) 加大交通安全的科学研究力度

要不断提高我国道路交通安全水平，必须大力加强科学研究。充分利用人类科技进步的成果，把一些高科技成果在资金和条件允许的前提下尽快应用到道路交通安全上来，以确保系统交通的安全功能，减少交通事故的发生频率和人员、财产损失。

2.6.3　城市交通的管理

现代文明城市的创建，交通管理是关键。随着现代城市步伐的加快，交通管理滞后问题应引起高度重视，特别是大规模的项目建设搞好后，更要加强管理，采取相应措施。城市道路交通管理规划是城市可持续性发展的前提和基础。为了保证城市交通合理、有序的可持续性发展，就必须从城市交通系统的内在机制及其与外部环境条件之间的相互作用关系出发来进行合理的交通管理规划。

当前，世界现代城市交通正进入以信息化为目标的新时期，一个包括道路建设、客货运体系和交通控制管理组成的快速、便捷、舒适、高效的城市交通系统，是衡量当前城市现代化水平的重要标志。加强城市交通管理，既是城市交通发展的客观趋势，也是现代化建设的必由之路。

本章小结

城市能量环境包括城市的光环境、城市温度、城市的风、城市噪声、城市火灾、城市交通等。

受城市建筑物的高低、方向、大小以及街道宽窄和方向影响，使城市局部地区太阳辐射的分布很不均匀。光污染是我国城市地区呈上升趋势的一种环境污染。

城市"热岛效应"是指城市气温高于郊区气温的现象。在城市人口密度大、建筑密度大、人为释放热量多的市区，形成高温中心。在园林绿地形成低温中心或低温带。城市植物能调节空气温度，提高湿度。

城市风是由于城市内的气温高于周围地区的气温，热气温上升，形成一个低压区，郊区冷空气随之侵入市区构成的空气流流。城市规划布局时也应考虑城市风向和风速的问题。

噪声属于感觉公害，对环境的影响不积累、不持久，传播的距离有限，按来源大致可分为交通噪声、工厂噪声和生活噪声。城市植物能够削减噪声。

城市火灾是一种发生频率最高且又难以预见的城市灾害，对城市设施的破坏和居民生命财产的威胁十分严重。合理的规划布局可以减少火灾的发生。

交通堵塞、停车场匮乏、交通秩序紊乱、交通公害、欠合理的规划理念、公共交通体系不完善、法规体系和各部门间的调整、交通道德文化和交通道德意识低下等是构成城市交通事故灾害的主要原因。

思考题

1. 城市光对植物有什么影响？城市植物如何适应光环境？
2. 什么是城市热岛效应？形成的原因是什么？
3. 城市风如何形成？有什么特点？
4. 根据城市风的特点，城市工业区布置与居住区的关系是怎么样？
5. 噪声污染能够产生哪些危害？
6. 如何预防减少城市火灾？
7. 城市交通有什么特点？

本章推荐阅读书目

1. 城市生态环境与绿化建设. 哈申格日乐，李吉跃，姜金璞. 中国环境科学出版社，2007.
2. 园林生态学. 冷平生. 中国农业出版社，2003.
3. 城市生态学. 宋学昌. 华东师大出版社，2000.
4. 城市生态学. 杨小波. 科学出版社，2006.
5. 城市地理学. 许学强. 高等教育出版社，2001.

3　城市生态系统的物质环境

　　基于生态系统的组成特点，环境可以从能量和物质两个方面加以认识表征。作用于生物的物质环境由水、大气、土壤和岩石组成。物质环境的组分具有两个明显的特征：其一为空间性，即提供了生物栖息、生长、繁衍的空间场所；其二为生物有机体组成和代谢需要提供大量元素和微量元素。

　　由于人类高度聚集生活于城市的一定空间范围内，城市所在地区的物质环境受到人类不同程度的影响与改造，因此人类活动极大地改变了城市地表形态与组成，自然环境（如天然植被、水量与水质）发生了明显的变化，地表土壤被覆盖取而代之为硬化地面和高楼林立等人工建筑；另外，城市生产性物质远超过生活性物质，且在城市生产与生活过程中积累大量的废弃物，导致了城市环境污染的系列问题。

　　研究城市物质环境，应该特别关注城市生态系统优势组成成分，即密集的人群及其影响调控下的人居非生物环境的基本特征，涉及城市水文、城市土壤和城市建筑对城市物质环境属性的影响。所以，本章集中讨论城市物质环境主要因子——城市水文、城市土壤和城市空气的生态作用，园林植物对城市物质环境的生态适应性及其生态调控改善功能。

3.1　城市水文、城市水环境与城市植物的生态关系

　　城市水文系指发生在城市及其邻近地区的包括水循环、水平衡、水资源和水污染在内的水移动及其影响和作用的总称。城市区域范围内所发生的一切生态过程（物理的、化学的和生物的）均离不开水的参与。水影响生态系统的平衡、营养物质的循环、土地利用的性质与方向。水还是城市存在与发展的基本物质条件，世界上几乎所有的历史名城都傍水而建，因水而发展或衰亡。同时，城市化过程明显地影响了城市区域的水文过程。城市水文与传统的流域江河水文主要有以下区别：①城市不透水面积的比重很大，径流系数明显偏高，降水大

部分直接进入排水管道或河道；②城区汇流时间很短，极容易产生低洼地段积水现象；③水体污染物相对集中，污水相应增多，从而对居民生活和城市河湖生态环境造成负面影响；④许多城市还同时面临水资源紧缺的严峻形势。因此，城市水文较之流域江河更为复杂。

3.1.1　城市水环境的基本特征

城市居民在城市生态系统中所处的地位是其他任何一种生物所不能同等对待的。城市人类通过自身的活动——城市化，对其所处的水文生态系统产生显著的影响。

城市化的主要特征表现为：人口密集、建筑物密度增加、地面硬化并镶嵌分布形状大小不一的城市绿地。由于土地利用的性质改变，城市兴建了大量的楼房、道路和排水管网，直接改变了城市地面雨洪、径流和地下径流的形成条件。与自然土壤相比，地面透水性下降，不透水的地面范围扩大；改变了降水、蒸散、渗透和地表径流；排水管道的修建，缩短了汇流的时间，增大了径流曲线的峰值；同时，城市居民生活和生产过程中需水量增加，减少了地下水补给，相伴随因污水排放量的增加而污染清洁水源。

随着城市化进程的推进，人类对自然的干扰强度日趋加剧，城市水文现象受人类活动的强烈影响而发生明显的变化。城市社会经济发展对清洁水源的需求和污水的排放已成为城市水文变化的基本特征，结果城市化进程对水的流动、循环、分布和水的物理化学性质以及水与城市植物的相互关系，产生了各种各样的影响。

3.1.1.1　城市化对水分循环过程的影响

水分循环可以理解为水分在大气、植被、土壤和水体不同库之间输入输出移动的往复过程。在天然流域，地表具有良好的透水性。雨水降落输入自然植被后，雨水分配与空旷地相比显著不同，如森林对降水量重新分配：即林冠截留、滴落与径流、贮藏于森林土壤、森林蒸散、林地枯枝落叶吸收和径流输出。

城市化后，在人类生活生产活动的影响下，天然流域被开发，自然植被受到程度不同的破坏，土地利用方式改变，自然景观受到深刻的改造，表现为钢筋水泥建筑、柏油水泥

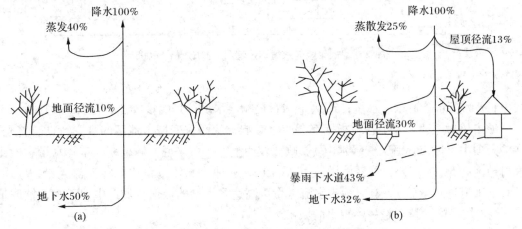

图3-1　城市化前(a)后(b)水分循环的变化（引自杨士弘，2003）

道路、工厂区、商业区、住宅区、运动场、停车场、街道等不透水地面大量增加，结果引起城市水文循环状况发生了变化。

　　分析图3-1可知，随着降水量增多，降水渗入地下的部分仅占降水量的32%，填洼量减少，地面蒸发减少至25%；相比较而言，地面径流所占部分增加，由地表排入地下水道的地表径流达43%。显然，随着城市化的发展，不透水面积比例不断增加。城市下垫面不透水面积的百分比越大，其贮存水量越小，地面径流量和径流系数呈不断增强的态势。

3.1.1.2　城市化对水量平衡的影响

　　基于流域水量平衡的原理，任何一个流域在任一时段内，输入水量与输出水量的差值，等于该时段区内流域内贮水量的变化，三者之和称之为水量平衡。

　　（1）流域水量平衡方程式

$$\Delta W = (P + R + G) - (E_1 + E_2 + R_1 + G_1 + S) \tag{3-1}$$

式中：ΔW 为时段内流域贮水量变化；P 为降水量；R，R_1 为地表径流流入量和流出量；G，G_1 为地下水提取量与渗入地下水量；E_1 为地表蒸发量；E_2 为植物蒸腾量；S 为生态系统组分内贮水量。

　　（2）城市水量平衡方程式

　　在城市地区，水分平衡则由2个部分构成：天然水循环和人工控制的上下水管道中的水循环，如图3-2所示。

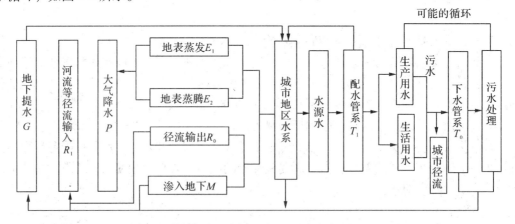

图3-2　城市化地区水循环过程（引自宋永昌，2000）

$$\Delta W = (P + R + G + T) - (E_1 + E_2 + R_1 + G_1 + S + T_1) \tag{3-2}$$

式中：T 为上水管道输入水量；T_1 为下水管道输出水量；其他参数含义同式（3-1）。

　　城市化对上述公式中各项指标都会产生影响，从而改变城市地区的水文特征。首先，在输入项中，城市化对大气降水（P）影响比较明显。一般来说，城市地区年降水量一般比农村地区高5%~15%，雷暴雨增加10%~15%；地表水流入量中除径流流入量（R）外，还有上水道进水量（T），有时地表水流入量可高达降水量的数倍；城市中地下水的抽取量（G）也是较高的，特别是一些缺水的城市。

　　其次，在输出项中，城市地下水位低，地下径流和土壤含水量减少，地表干燥温差变幅大，可供蒸发的水量减少，加之植被稀疏，风速小，蒸发和蒸腾(E_1，E_2)都比乡村少，下渗量(G_1)相应减少。由于城市耗水量一般比较大，径流输出量(R_1)比郊区小，增加了人工管道的出水量(T_1)。

由表 3-1 可以看出，城市地区的降水量、径流总量、地表径流量及地表径流系数均明显大于周围郊区；而蒸发量、地下径流量及地下径流系数则明显小于周围郊区。

表 3-1　北京城市中心区与郊区水量特征比较

地区	降水量（mm）	径流总量（mm）	地表径流（mm）	地下径流（mm）	蒸发量（mm）	地表径流系数	地下径流系数
城中心区	675	405	337	68	270	0.50	0.10
城郊平原	644.5	267	96	171	377	0.15	0.26

注：引自杨士弘，2003。

3.1.1.3　城市化对河流水文性质的影响

河流的水文性质包括水位、断面、流量、径流系数、洪峰、持续时间、水质、水温、泥沙含量等。城市化对河流水文性质的影响表现为多方面：流量增加，流速加大；径流系数增大；洪峰增高，峰值出现时间提前，持续时间缩短（见图 3-3）；径流污染负荷增加。

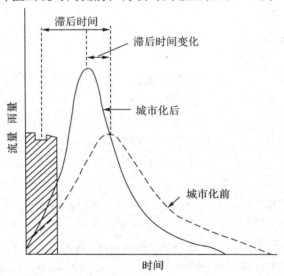

图 3-3　城市化前后流量过程线的变化（引自杨士弘，2003）

3.1.1.4　城市化对地下水的影响

对于多数城市而言，由于城市地表不透水性、人口数量的增加和工农业生产取水的增加，对清洁水源的过量利用，结果城市地下水逐渐发生了系列变化，表现为地下水位严重下降，局部水质恶化，水量平衡失调，进而由于地下水补给不足，引起地下含水层衰竭，导致城区地面下沉，城市建筑、桥梁、水闸等基础设施发生位移，沿海城市可能出现海水倒灌，排水功能下降，最终生态环境质量明显降低，如图 3-4 所示。

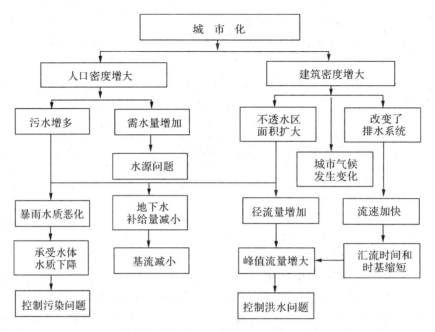

图 3-4 城市化水文问题普适模型（引自杨士弘，2003）

3.1.1.5 城市水环境

(1) 水污染严重、水质恶化

水污染（water pollution）是直接将污染物排入水体使该物质含量超过了水体的本底含量和水体的自净能力，从而破坏了水体原有性质，引起动植物生长条件恶化，人类生活和健康受到不良影响。城市地区工业和生活污水多，而且我国污水处理率低，相当数量污水直接排入水体，造成水体污染，水质恶化。1997 年调查表明，我国总河流长 65 406km，其中符合我国《地面水环境标准》Ⅰ、Ⅱ类标准的河流占 32.8%，Ⅲ类的占 23.6%，Ⅳ、Ⅴ类的占 27.7%，超Ⅴ类的占 15.9%。通过城市地区的河段往往是污染最严重的。上海苏州河、南京秦淮河、天津海河在治理前，污染最严重时实际就是排污河。地表水污染会导致地下水质的恶化，使地下水的硬度、矿化度和硝酸盐含量等大大增加。

城市水体污染类型主要有：①水体中氮、磷、钾等植物营养物质过多，致使水中的浮游植物过度繁殖的水体富营养化（eutrophication）。无锡的太湖、昆明的滇池均存在严重的水体富营养化问题。造成水体富营养化原因在于农业生产大量使用化肥、城市生活污水中的粪便和含磷洗涤剂大量使用。②汞、铬、铝、铜、锌等重金属和有机氯、有机磷、芳香族氨基化合物等化工产品所引起的有毒物质的污染。③工业生产过程中产生的废余热使水体温度明显升高，影响水生生物的正常生长发育，称为热污染。一般来说，越高级的微生物，其生存的上限温度越低，如真核微生物的上限温度比原核生物低，异养细菌与无机化能细菌的上限温度均超过 90℃。

此外，城市发展还对地表径流产生一定的污染效应。地表径流污染是指在降雨过程中，雨水及其形成的径流在流经城市地面时携带一系列污染物质（耗氧物质、油脂类、氮、磷和有害物质等）排入水体而造成的水体面源污染。实际上，当降雨达到地面和流经地表时，在雨水的冲击、冲刷和淋溶作用下，大气、植物体表、地面和土壤中的污染物质输入江河、湖泊、水库和海洋等水体而造成水环境污染。目前，城市地表径流是典型的非点源污染，具有地域范围广、随机性强、成因复杂等特点。非点源污染已经成为水环境污染的重要因素，美国60%的水污染起源于非点源污染物质的输入过程。

世界各国城市污水治理的实践表明，单纯控制污染点源，即使达到"零排放"水平，仍然不能保证水体水质不再恶化，因为面源污染对于水环境的威胁和影响占有不容忽视的地位。资料显示，在一些污水（点源污染）已做二级处理的城市，受纳水体中的BOD（生化需氧量）年负荷的40%~80%的来自雨水产生的径流。在强暴雨期间，94%~95%的BOD直接来自雨水径流。

（2）城市水资源短缺

城市水资源是指在当前技术条件下可供城市工业、郊区农业和城市居民生活所需的水资源，包括处理后的工业和城市生活污水重新用于工业、农业和城市其他用水。由于经济规模不断扩大，耗水量逐年增加，使城市地区人均水资源拥有量不断下降，而水污染严重又加剧了城市的水资源短缺。目前，我国700多个城市中，有一大半城市缺水，其中百万以上人口城市的缺水程度更为严重。特别是北方城市，对地下水超采现象严重，很多城市出现地下水区域下降漏斗，如北京漏斗面积达1 014km²。一些沿海城市过度开采地下水，导致地面沉降、海水倒灌，土地盐碱化加重。

近年，我国城市的绿化用水呈快速上升趋势，特别是草坪的盲目发展，消耗有限水资源，增加了养护成本。因此，水资源不足的城市应逐步发展节水生态型园林，通过节水灌溉技术、污水开发利用技术以及抗旱节水园林植物材料的选用来减少园林绿化用水量。

（3）城市径流量增加

郊区地表透水性良好和孔隙度较高，雨水降落到地表，一部分渗入地下，补充地下水，一部分为土壤孔隙吸收，一部分填洼和蒸发，其余部分形成地表径流。而在市区，由于自然植被受到破坏，土地利用方式为街道、广场、建筑物混凝土和沥青等，地表径流量明显增加，洪水高峰期提前。

3.1.2 城市植物对水分的适应

由于城市特殊的下垫面，导致仅有少量城市雨水为绿地植物吸收。晴天，由于缺乏地面蒸发和植物的蒸腾，空气湿度明显减小；再加上高温、气候干旱、城市地下设施阻断了地下水源，加上城市植物根系分布较浅，不利于水分的吸收。高层建筑物遮阴处相对湿度比市区高，在干旱期对于植物保持体内水分平衡则是有利的。由于城市下垫面、水分条件的不规则变动，植物种类及其发育阶段对水分要求的差异，几乎所有植物都不同程度地受到水分胁迫。水分胁迫分水分不足和水分过剩两个方面。

3.1.2.1 城市植物对水分不足的生态适应

（1）水分亏缺的种类

在整个生活史，植物的生长代谢活动都离不开水分的参与。但是，由于气候等因素，水分的供应不可能持续满足植物的需求。因此，植物水分亏缺是常见的生态现象。一般来说，水分亏缺主要体现在 2 个方面：大气水分亏缺和土壤水分亏缺。

大气中水分亏缺，即大气干旱（atmospheric drought），是由于环境中的气温高而相对湿度较低造成的。在这种情况下，植物的蒸腾量往往超过吸水量，破坏植物体内部的水分平衡，使植物发生暂时萎蔫现象。一般来讲，只要土壤中有可利用的水分，大气中的水分亏缺不会造成植株的死亡，但会对其生长产生抑制作用，降低植物体的生产量。如果大气中的水分亏缺持续时间延长，就会导致土壤中的水分亏缺。

土壤中的水分亏缺即出现土壤干旱（soil drought），它对植物的影响要远比大气中的水分亏缺严重，短期的水分亏缺会导致植物的暂时萎蔫，如果持续时间延长，超过了植物本身的耐受限度，植物就会发生永久萎蔫，从而造成植物部分构件死亡或整株死亡。

（2）植物的抗旱性及其划分

植物的抗旱性（drought resistance）是指植物忍受干旱时期的能力，即植物在水分胁迫下的生存能力和保持正常生长发育的能力。这种能力是一种复合性状，是一种从植物的形态解剖、水分生理生态特征及生理生化反应到组织细胞、光合器官乃至原生质结构特点的综合反映。植物对干旱的适应主要表现在形态上和生理上。

根据 Levitt 的定义，抗旱性 = 逃避干旱 + 耐旱性。逃避干旱是指沙漠短命植物和生长在有明显干湿季节地区的一年生植物在严重干旱胁迫发生之前具有完成其生命周期的能力，以种子或孢子阶段避开干旱胁迫，其特征主要是个体小，根茎比大，短期完成生命史。这是一种真正的逃避干旱。

而植物的耐旱性适应途径表现为：高水势条件下的延迟脱水耐旱和低水势条件下的忍耐脱水耐旱。

植物所处缺水环境的不同，也会形成不同的适应能力，亦即具有不同的抗旱性能。植物的抗旱性可通过不同方法测定，其中一种方法为测定延存时间法，即完全断绝水分供给后，植物因缺水而使气孔关闭，从此时起算，直到植物开始受害（不能恢复正常）为止便是植物的延存时间。缺水时气孔调节灵敏而关闭较早的或贮水能力强的植物比较耐旱，延存时间较长。方建初等在武汉遭遇大旱之年对不同树种的耐旱性进行调查后将其划分 5 级。

①耐旱力最强的树种：经过 5 个月以上的干旱和高温，未采取任何抗旱措施而正常生长或稍缓慢的树种，如雪松、黑松、响叶杨、加杨、垂柳、旱柳、杞柳、化香、小叶栎、白栎、石栎、苦槠、构树、柘树、山胡椒、狭叶山胡椒、枫香、桃、枇杷、光叶石楠、火棘、山合欢、葛藤、胡枝子、黄檀、紫穗槐、紫藤、臭椿、楝树、乌桕、野桐、算盘子、黄连木、盐肤木、木美蓉、君迁子、秤锤树、夹竹桃、栀子花、水杨梅等。

②耐旱力较强的树种：经过 2 个月以上的干旱和高温，未采取任何抗旱措施，树木生长缓慢，有黄叶、脱落及枯梢现象，如马尾松、油松、赤松、侧柏、千头柏、圆柏、柏木、龙柏、偃柏、毛竹、棕榈、毛白杨、滇杨、龙爪柏、麻栎、青冈栎、板栗、锥栗、白榆、朴树、小叶朴、榉树、糙叶树、桑树、崖桑、无花果、南天竹、广玉兰、樟树、豆梨、杜梨、沙梨、杏、李、皂荚、槐树、杭子梢、栾树、木槿、梧桐、杜英、厚皮香、柽柳、胡颓子、紫薇、石榴、八角枫、常春藤、羊蹄躅、柿树、粉叶柿、光叶柿、桂花、丁香、雪柳、金银花、六道木等。

③耐旱力中等的树种：经过 2 个月以上的干旱高温不死，但有较重的落叶和枯梢现象，如罗汉松、日本五针松、白皮松、刺柏、香柏、银白杨、小叶杨、钻天杨、杨梅、核桃、核桃楸、山核桃、桦木、栀木、大叶朴、木兰、厚朴、八仙花、山梅花、杜仲、木瓜、樱桃、樱花、海棠、刺槐、龙爪槐、柑橘、柚、橙、朝鲜黄杨、锦熟黄杨、三角枫、鸡爪槭、枣树、葡萄、椴树、茶树、山茶、金丝桃、喜树、紫树、灯台树、刺楸、杜鹃、野茉莉、女贞、小蜡、连翘、金钟花、黄荆、大青、泡桐、樟树、楸树、黄金树、接骨木、锦带花等。

④耐旱力较弱的树种：经过 1 个月以内的干旱高温期不会死亡，但会有严重枯梢现象，生长几乎停止，若不采取抗旱措施，则逐渐枯萎死亡，如粗榧、三尖杉、香榧、金钱松、华山松、柳杉、鹅掌楸、玉兰、八角茴香、蜡梅、大叶黄杨、糖槭、油茶、毛叶山桐、珙桐、四照花等。

⑤耐旱力最弱的树种：旱期 1 个月左右就会死亡，或相对湿度较低、气温高达 40℃ 以上死亡严重的树种，如银杏、杉木、水松、日本花柏、日本扁柏、棕树、珊瑚树等。

3.1.2.2 城市植物对水分过剩的生态适应

大气氧气含量为 21%（体积比）；通气不良的土壤空气中，氧气含量不足 10%；通气排水良好的土壤中，氧气含量为 10%~21%；而水中溶解氧含量仅为大气的 1/30 左右。所以，土壤水分过剩往往与通气不良相联系，此时植物耐涝性的反应实质是抗缺氧的特性。

正常生长的植物既需要有充足的水分供应，又需要不断与环境进行气体交换，气体交换常发生在根与土壤中的空气之间，当水把土壤中的孔隙填满后，这种气体交换就无法再进行，此时植物就会因缺氧而发生窒息，甚至可能被淹死。必须在有氧气的条件下，植物根系才能进行有氧呼吸，如果因水淹而缺氧，根系就不得不转而进行无氧代谢。土壤中无氧或缺氧会导致化学反应产生一些对植物有毒的物质。

长时间水淹会引起顶梢枯死或死亡，植物对洪涝所作出的反应与季节、水淹持续时间、水流和植物种类有关。生长在泛滥平原上的树木和生长在低地的硬木树种对季节性短时间的洪水泛滥有着极强的忍受性。静止不流动的水比富含氧气的流水对这些树木所造成的损害更大。根系被水淹的时间如果超过生长季节的 1/2，通常大多数树木就会死亡。

经常遭受洪涝的植物往往通过进化会产生一些适应，这些植物大都生有气室和通气组织，氧气可借助通气组织从地上枝和茎干输送到根部。像水百合一类的植物，其通气组织遍布整株植物，老叶中的空气能很快地输送到嫩叶。叶内和根内各处都有彼此互相连通的气室，这种发达的通气组织几乎可占整个植物组织的 1/2。在寒冷和潮湿的高山苔原，有些植物在叶内、茎内和根内也有很多类似气室的充气空间，可保证把氧气输送到根内。

另一些植物，特别是木本植物，原生根在缺氧时会死亡，但在茎的地下部分会长出不定根，以便取代原生根。所谓不定根就是在本不该长根的地方长出的根，不定根在功能上替代了原生根，它们在有氧的表层土壤内呈水平分布。

有些树木能够永久性地生长在被水淹没的地区，其典型代表是落羽杉、红树、柳树和池杉。落羽杉生长在积水的平坦地区，发展了特殊的根系，即露出水面的通气根。红树也有露出水面的通气根，它有助于气体交换并能在涨潮期间为根供应氧气。

方建初等对城市园林树木的抗涝性进行调查后，将其分为 5 个等级。

①耐水力最强的树种：能耐长期(3 个月以上)深水淹漫，水涝后生长正常或略见衰弱，树叶有枯黄脱落现象，有时枝梢枯萎，也有洪水没顶而生长如初，或生长势减弱还未死亡的树种，如落羽杉、垂柳、旱柳、榔榆、桑树、柘树、豆梨、杜梨、柽柳、紫穗槐等。

②耐水力较强的树种：能耐较长时间(2 个月以上)深水淹浸，水涝后生长衰弱，树叶常见枯黄脱落，新枝、茎叶常枯萎，但有萌芽力，水退后仍能萌发、恢复生长的树种，如水松、棕榈、栀子、麻栎、枫杨、榉树、山胡椒、狭叶山胡椒、沙梨、枫香、紫藤、楝树、乌桕、重阳木、柿树、葡萄、雪柳、白蜡等。

③耐水力中等的树种：能耐短期(1～2 个月)水淹，水涝后生长势衰弱，时间稍长即趋枯萎，即使有一定的萌芽力，也难恢复生长势的树种，如侧柏、千头柏、圆柏、龙柏、水杉、水竹、紫竹、竹、广玉兰、酸橙、夹竹桃、李、苹果、槐树、臭椿、卫矛、紫薇、丝棉木、喜树、黄荆、迎春、枸杞、黄金树等。

④耐水力较弱的树种：仅能忍耐 2～3 周短期水淹，超过此时间即趋枯萎，一般即使短期水涝后，长势也明显衰弱的树种，如罗汉松、黑松、刺柏、百日青、樟树、花椒、冬青、小蜡、黄杨、核桃、板栗、白榆、朴树、梅、杏、合欢、紫荆、南天竹、溲疏、无患子、刺楸、三角枫、梓树、连翘、金钟花等。

⑤耐水力最弱的树种：水淹浸地表或根系的一部分至大部分时，经过不到 1 周短暂时期，即趋枯萎而无法恢复生长可能的树种，如马尾松、杉木、柳杉、柏木、海桐、枇杷、桂花、大叶黄杨、女贞、构树、无花果、玉兰、木兰、蜡梅、杜仲、桃、刺槐、盐肤木、木槿、梧桐、泡桐、楸树、琼花等。

3.1.2.3　植物水分的生态类型

根据植物对水分的生态适应性差异，可将植物分为以下几种生态类型。

(1) 水生植物

水生植物的适应特点是通气组织发达，以保证体内对氧气的需要；叶片常呈带状、丝状或极薄，有利于增加采光面积和对二氧化碳、无机盐的吸收；植物体弹性较强并具抗扭曲能力以适应水的流动；淡水植物具有自动调节渗透压的能力，而海水植物则是等渗的。水生植物有 3 种类型。

①沉水植物：整个植株沉没在水下，为典型水生植物。根系退化或消失，表皮细胞可直接吸收水中气体、营养物质和水，叶绿体大而多，适应水中弱光生境，无性繁殖较有性繁殖发达，如狸藻、金鱼藻等。

②浮水植物：叶片漂浮水面，通常气孔在叶上面，维管束和机械组织不发达，无性繁殖速度快，生产力高，如浮萍(不扎根)、睡莲、眼子菜(扎根)。

③挺水植物：植物体大部分挺出水面，如芦苇、香蒲等。

(2) 陆生植物

陆生植物包括湿生、中生和旱生 3 种水分生态类型。

①湿生植物：抗旱能力弱，不能长时间忍受缺水；生长在光照弱、湿度大的森林下层，或生长在光照充足、土壤水分经常饱和的生境。前者如热带雨林的附生植物（如蕨类、兰科植物）和秋海棠等，后者如毛茛、灯心草等。

乔木树种尚有赤杨、落羽杉、枫杨、乌桕、池杉等，其特点根系不发达，叶片大而薄，控制蒸腾的能力弱，叶子摘后迅速凋萎。

②中生植物：适于生长在水湿条件适中的生境，其形态结构和适应性介于湿生与旱生植物之间，是种类最多、分布最广、数量最大的陆生植物。乔木树种有红松、落叶松、云杉、冷杉、桦、槭、紫穗槐和水杉等。

③旱生植物：泛指生长在干旱的环境中，经受较长时间的干旱仍能维持水分平衡和正常生长发育的一类植物。多分布在干旱的草原和荒漠地区，旱生植物的种类特别丰富。

3.1.3 城市植物对水污染的净化功能和对城市水文过程的调节作用

3.1.3.1 水污染对植物的危害及植物对水污染的净化作用

（1）水污染对植物的危害

当人类向水中排放污染物时，水体透光度不够影响水体植物光合作用，导致吸氧不足，水生植物窒息而死，水体因磷而富营养化产生淡水水华或海水赤潮，并且农药和工业废水中的重金属可以在植物体内累积，并最终通过食物链的富集作用到达人体内。

（2）植物对水污染的净化作用

植物通过对水体中的污染物质进行吸收、分解而净化水体。植物从水体环境吸收的物质，一般出现以下几种变化。

①植物通过体内新陈代谢利用污染物：在低浓度条件下，植物可以吸收利用有些污染物质，但污染超过一定浓度，则植物可能受到伤害。例如，少量的铬有利于植物的生长，但过量的铬对植物有害。植物对富营养化（主要是氮和磷）水体进行净化，亦是利用植物的吸收利用原理，如香根草、茭白净化富营养化水体，而慧菇、渣草和水花生对氮的净化效果显著，用满江红净化磷效果较好，但是浓度太高也会在植物体内富集。

②植物的富集作用（enrichment）：富集作用系指植物将吸收的物质积累在体内。通常，某种植物对一种特定的元素或化合物具有较强的富集作用，亦即对某种元素或化合物具有选择性吸收，如椒木具有富集钙的能力，其富集量可达到叶重的2%~4%。

应用植物的富集作用来净化水体显示出广阔的前景，如利用凤眼莲来净化炼油废水、利用苔菜来净化水体的镉污染。同时，在利用植物净化水体的过程中，越来越多的水生植物被利用，效果较为显著。但也应看到，植物在净化污染的同时，特别是浓度较高时，也会对植物造成毒害作用。因此，如何协调植物与环境中污染物浓度之间的关系，尚需深入研究。

植物对污染物的吸收富集随其器官不同而有一定的差异。一些重金属元素（如铅、铬等）在植物体内的移动较慢，因此根部含量较多，茎叶次之，其他部位较少；而硒元素由于比较活跃，可在植物体内各个部分有分布，但以叶片较多。因此，在利用各种植物净化水体时要注意植物不同器官积累差异，以免造成二次污染。

③植物将其吸收的物质进行转化或转移：有些污染物质进入植物体后，可被植物分解

或转化为毒性较小的成分，该类型的植物在净化水体的作用将会越来越重要。例如，某些有毒的金属元素进入植物体后与硫蛋白结合，形成金属硫蛋白，结果毒性显著降低；有些植物吸收苯酚等有机污染物后，可以将其完全分解，最后释放出二氧化碳。

3.1.3.2 城市植物群落对城市水分的调节作用

（1）城市植物群落的截留作用

城市植物群落的截留作用，使大量的水分直接蒸发到大气中，增加城市上空的湿度。植物群落面积越大，群落层次结构越复杂，截留效应越明显。

（2）城市植物群落的蒸腾作用

城市植物群落蒸腾作用可增加群落内部及其附近环境的空气湿度。如果植物群落在一个城市中均匀分布，则能够改善城市的空气湿度。

（3）城市植物群落增加城市水资源的作用

植物群落可增加城市自然土壤的面积。因此，自然降水会更多地渗入到土壤中，不会直接通过排水系统输出，结果增加了城市水资源总量，同时还能维持植物群落对水分的需求。合理选用本土植物，配置结构完善的植物群落，有利于充分发挥植物群落的节水理水功能。

3.1.3.3 水分在城市园林实践中的调控和利用

（1）合理灌溉的原则

水分调控表现在合理灌溉，即一方面适时灌溉，另一方面适度（量）灌溉。

根据植物的生态习性、生长发育阶段、所处的环境条件以及天气等因素，确定灌溉的方式。喜湿耐涝的植物采用一次多浇的方式，耐旱植物则应适当少浇，以防止浇水过多而引发涝害。在播种或扦插育苗期间，应该适当地多浇勤浇，出苗后可适当少浇。培育良苗壮苗，应在土壤干燥到一定程度再进行下一次灌溉。冬季植物的灌溉还需考虑植物对温度的适应性，如果温室或大棚不采取供暖，灌溉量和次数要适当减少，以提高植物对低温的抗性。

（2）园林花卉的水分管理

根据花卉的不同栽培方式，水分管理应采取不同的措施。

①地栽花卉：在多雨地区和雨后应及时为地栽花卉排水；缺水时期和缺水地区要根据区域特征与植物的生态学特性进行适当灌溉，保持土壤湿润。地栽花卉切忌大水漫灌，有条件时可采用喷灌和滴灌。盛夏季节，要多灌水，一般在早上进行，16:00左右再灌1次，切记"午不浇园"；冬季应少灌水，不干不灌。

②盆栽花卉：根据盆栽花卉的喜湿性和所处生长发育阶段以及生长势，"看天灌水，看花灌水"，选择适当的浇水时机和适宜的浇水数量；盆栽花卉的根系生长局限在一定的空间。因此，盆栽花卉还要特别重视"看盆浇水"。

"看天浇水"主要是看季节及天气的变化来决定是否需要灌水。从季节角度来看，春季叶芽迅速萌发，花芽膨大待放，盆花需水量开始增加，尤其是北方早春，盆花出室后的第一次水必须浇透。夏季花卉生长发育旺盛，应加大浇水的量和次数。秋季浇水量可与春季相当或稍少些。冬季大多数盆栽花卉要转入室内越冬，落叶花木地上转入休眠状态，一般盆土不太干就不需浇水。

3.2　城市土壤

3.2.1　城市土壤的概念、类型及生态功能

3.2.1.1　城市土壤的定义

　　土壤是在地球表面生物、气候、母质、地形和时间五大成土因素综合作用下所形成的能够生长植物，具有生态环境调控功能，处于永恒变化中的矿物质与有机质的疏松混合物。一般来说，土壤由矿物质、有机质、水分和空气4个部分构成。其中，矿物质是土壤的主体通常占土壤固体部分的95%，土壤有机质的含量高低是评价土壤肥力的重要指标。

　　中国的土地资源快速减少、土地资源质量不断下降，主要在于城市化和工业化进程的加快消耗了大量的土地资源，多种生态环境退化方式（如土地荒漠化、水土流失等）影响了土地资源的质量和数量，人为因素如固体垃圾的堆放和矿山开采占用了大量的土地资源，"三废"的不断排放和农业生产过程化使土地资源受到空前的污染。土壤的生物地球化学循环的自然进程极其缓慢，通常以每百年0.5~2cm厚度的速率进行，由此说明土壤资源一旦丧失或遭到污染，在短期内很难恢复。

　　显然，城市土壤受到人类生产、生活活动的干扰和影响，从而在物理、化学和生物性质上有别于自然土壤。首先，城市土壤的变化产生于地带性土壤背景的基础上，是在城市化过程中受人类活动影响而形成的一种特殊土壤。其特殊性在于，城市土壤是处于长期的城市地貌、气候、水文、污染以及其他人类干扰的环境背景下，经多次直接或间接的人为干扰而组装起来的具有高度时空异质性而现实利用价值较低的土壤。Stroganova将城市土壤定义为：具有由城市产生的物质的混合、填充、埋藏和污染而形成的，厚度大于50cm人为土表层的土壤。

　　除了那些已被人工彻底破坏和地表被各种建筑材料覆盖的土壤已完全丧失了土壤的基本功能外，即使仍然暴露的土壤，由于人类活动的影响，其物理、化学及其生物性质都发生了显著的变化。因此，认识城市土壤与园林植物的生态关系，应把握城市土壤的物理、化学和生物的性质，分析城市土壤的基本特点，针对城市土壤对园林植物生长发育所产生的不利生态效应，提出城市土壤的改良对策、途径和主要措施。

3.2.1.2　城市土壤的类型

　　城市土壤是一种人为扰动土。依据人类活动对城市土壤的影响方式的不同，城市土壤可分为动态土和静态土两类（何会流，2008）。①动态土：由于施工或建设，处于不断上下翻动、混合和迁移的土壤。该类土壤质量变化剧烈偶然性比较大。②静态土：主要分布在城市公园、花园和城郊农田、森林公园、动植物园、旅游区等。静态土局部受人为影响较大，但其过程相对缓和，且具有一定的规律性。

3.2.1.3　城市土壤的功能

(1) 城市土壤功能

城市土壤是城市生态系统的重要组成部分，具有多种功能。Blum(1998)认为土壤功能包括以下几个方面：①农业和林业生产的基地；②过滤、缓冲和转化能力；③生物基因库和繁殖场所；④原材料来源；⑤容纳基础设施建设。欧洲委员会2002年将土壤功能分为粮食和其他生物产品功能、存储过滤和转换功能、栖息地和基因库功能、自然和文化景观功能以及原材料来源功能。

(2) 城市土壤功能的演变

城市土壤功能是伴随着城市化进程而展开的。城市化导致的人为活动使土地覆盖、土地利用结构、地表特征发生变化以及固体、液体、气体污染的增加；在土壤功能多样化演进的同时，其部分功能出现消失现象，甚至土壤功能出现极限化。在土壤质量方面，由于以上2个原因，也发生了一定程度的退化。所有这些都可归结为土壤的生态环境效应，如绿地生长效应、蔬菜质量效应、水体环境效应和大气环境效应。

(3) 城市土壤的生态功能

①气候调节：城市土壤的气候调节功能主要体现在对热量的调节。首先，城市土壤是城市植物生长的介质和场所，城市土壤和植被共同调节小气候；其次，由于孔隙度小，城市土壤具有更大的热容量和导热率，但与建筑材料相比，热容量和导热率相对较小，其吸收的热量比上述建筑材料要小，所以在夜间以长波辐射形式辐射的热量较少，对于减少城市热岛效应具有重要的作用。

②水分调节：土壤水分调节功能指土壤对水分的入渗、截留和储存调节，表现为3个方面，首先，存储在土壤中的水分为城市植物生长提供了所需的水分；其次，通过入渗、截留和储存过程，土壤可以减少雨水形成的地表径流，对城市的洪涝灾害有一定的调节作用；再次，城市土壤中的水分为植物的蒸腾作用提供了必要的条件，为缓和城市的温度发挥了重要的作用。

③污染物净化：有机和无机污染物的大部分最终将进入城市土壤系统，"土壤—植物"系统对土壤污染的净化作用主要通过土壤的吸附、降解和根系的吸收实现，主要途径有3种，首先，植物根系的吸收、转化、降解和合成作用；其次，土壤中的真菌、细菌和放线菌等生物区系的降解、转化和生物固定作用；最后，土壤中动物区系的代谢作用。

3.2.2　城市土壤的特点

城市土壤由于受到城市废弃物、建筑物、城市气候条件以及车辆和人流的踏压等各种因素的影响，其物理、化学和生物特性都与自然状态下的土壤有较大差异。城市土壤的特殊性给植物的生长发育带来各种影响，所以城市植物对栽植养护提出了更高的要求。为此，需要认识城市土壤的基本特点。

3.2.2.1　城市土壤的基本特性

城市土壤形态多种多样，表土被剥去、心土外露，结果土壤的自然剖面受到翻动；另外的情况出现土壤物质的堆积。由于人类活动的践踏或机械作用，土壤的紧实度明显增加，土壤团粒结构被破坏，土壤结构不良，通气、透水性减弱，自然降水大部分流失，渗入到土壤中的降水仅有一小部分，土壤湿度下降，结果影响了土壤生物区系的组成和植物根系的生长发育。

在酸雨的影响下，城市土壤的 pH 值较低；有的地方由于尘埃、垃圾和废水的污染导致富营养化和碱化；生产和生活过程中产生的废弃物经常混入土壤，致使城市土壤中含有较多的人为侵入体以及重金属等物质。

从市中心向郊外，城市人口数量和建筑物的数量多呈同心圆形式逐渐减少，因此在人为干扰强度呈梯度递减的影响下，城市土壤亦呈同心圆的形式分布。市中心的土壤已不再是生产性的土壤，多半用作城市绿地、操场或其他用地。城市土壤常常混有生活和生产活动中排放的废弃物，以及较多的砖瓦、石砾、垃圾等非自然的新生体。由于大量使用混凝土，增加了土壤的钙含量，土壤的 pH 值和重金属含量均较高。在公园、学校、机关和住宅区的绿地上，土壤的污染物较少，土壤有机质含量较高、土壤水分状况较好和微生物活动旺盛。而道路两侧，由于汽车尾气排放、轮胎磨损等，进入土壤的污染物种类较多，重金属含量普遍增加，其中越靠近公路铅、锌含量越高，且集中在土壤的表层如图 3-5 所示。工厂周围土壤属性比较复杂，其基本特征是污染严重，污染物成分、浓度以及 pH 值、土壤微生物等指标视工厂类型而有所差异。

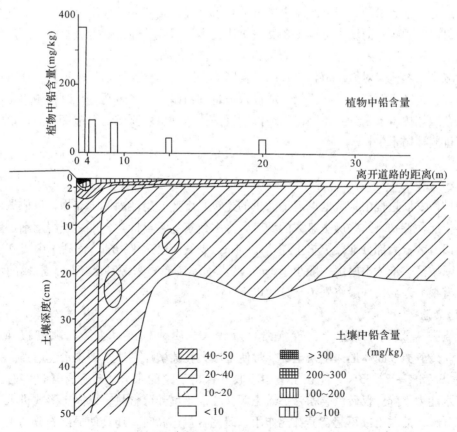

图 3-5　道路附近土壤中的含铅量（Ellenberg *et al*, 1981）

3.2.2.2　城市土壤的紧实度

土壤紧实度是指单位立方厘米土壤所能承受的重量。在城市地区,由于人的践踏和车辆的碾压,城市土壤的紧实度明显高于郊区土壤。一般越靠近地表,紧实度越大。人为因素对土壤紧实度的影响可达到 20~30cm 土层处;在某些地段,经机械多层压实后,影响深度可达 1m 以下。

土壤紧实度增大意味着土壤的孔隙度相应减小,结果土壤通气性下降。因此,土壤中氧气含量明显不足,进而抑制树木根系呼吸代谢等生理活动,严重时可使根组织窒息死亡。对通气性要求较高的树木,如油松、白皮松等树种更为明显。同时,随着土壤紧实度的增大,机械阻抗也加大,结果妨碍树木根系的延伸生长。所以,当土壤紧实度增大时,树木根系数量会显著减少。

城市土壤紧实度限制树木根系生长,结果改变树木根系的分布特性,如深根性变为浅根性,会减少根系的有效吸收面积,降低树木稳定性,从而使树木生长不良,易遭受大风或其他城市机械因子的伤害,而发生风倒或被撞倒。紧实度大的土壤,其保水性和透水性较差,降水时,下渗水减少,地表径流增大,低洼地段易积水;而在干旱时,由于土壤毛细管通畅,土壤蒸发过度,严重影响植物根系的水分供应。此外,土壤紧实度大还会使土壤微生物减少,有机物质的分解速率下降,土壤中有效养分减少,而且较难形成团粒结构;特别是菌根数量的锐减,既减少了可吸收水分和矿质营养的根系表面积,又减少了对空气中氮素的固定,而城市土壤中各类渣土比较多,碱性较强,通常氮素缺乏。所以,城市树木的生长普遍较差,一些树木的长势衰弱,甚至枯死。

为减少土壤坚实对城市植物生长的不良影响,除选择抗逆性强的树种外,还可通过掺入碎树枝、腐叶土等多孔性有机物,或混入适量的粗砂砾、碎砖瓦等,改善城市土壤通气状况。在园林树木根系分布范围内的地面设置围栏、种植刺篱或铺设透气砖等,以防止践踏,促进园林树木生长。

3.2.2.3　堆垫土

在城市发展过程中,就地填埋了大量的建筑、生产、生活固体废弃物,形成城市土壤的堆垫土层。特别是一些历史悠久的城市,许多建筑物几经拆建,堆垫土层逐渐加厚,如北京市旧城区,大部分地段堆垫土深达 2~4m,少数地段达 4~6m,而新中国成立后发展起来的新城区,堆垫土厚度一般小于 1m。城市固体废弃物来源种类不同,形成的堆垫土性状也有很大差异,一般将堆垫土分为以下 5 类。

(1)砖渣类

砖渣类来源于建筑渣土。砖渣类容重较大,质地较硬,通气孔隙度仅 4.8%~8.17%。砖渣类以固体形式侵入土壤,常使土壤大孔隙增加,透气、排水性增强。持水孔隙度为 29.78%~22.33%,能在土壤中吸收并保持一定的水分。砖瓦含量过多时,会使土壤持水能力下降。仅砖渣类粉末掺入土壤会增加土壤养分含量,以固态形式进入土壤不易破碎分解,故对土壤不起营养补充作用,砖瓦含量过高时,还会使提供养分的土壤容积减少,导致城市土壤的贫瘠化。

（2）煤灰渣

煤灰渣以煤球灰渣为主。煤球灰多为椭圆形的多孔体，粒径一般为 1～2cm，质地疏松。持水孔隙度为 31.25%～33.5%，通气孔隙度为 2.25%～39.7%，具有通气性和吸水性。煤灰渣含量适当时，可改善土壤的通气性和保水功能，有利于植物根系的穿透。煤灰渣含量过高时，由于球粒间空隙过多，土壤持水力下降。煤球炭类含有部分养分，磷、锰的含量都较其他夹杂物为高，能为土壤提供养分，具有一定的保肥作用。

（3）煤焦渣类

煤焦渣类为大型锅炉燃烧后的残余物，粒径大小不等。容重差异较大，不易破碎。大孔隙多，细孔隙少，通气孔隙度为 21.1%～40.5%，以固体状态存在于土壤时，可增强土壤通气及排水性。但持水孔隙度仅为 8.5%～11.5%，保水性极差。焦渣在土壤中含量过多时，其减少提供养分容积的作用与砖渣类相似，但降低土壤持水能力的作用比砖瓦类大。

（4）石灰渣类

石灰渣类由石灰石煅烧而成。石灰可增加土壤碱性。石灰土的持水孔隙度为 40.3%～46.8%，吸水性强，而且具胶结性。一般还原成碳酸钙后，不易破碎，容重为 1.14～1.4g/cm³。以固体存在于土壤时，可增大土壤孔隙。生石灰在土壤表层堆积经淋溶后会伤害植物的根系。

（5）混凝土块及砾石

混凝土块及砾石来源于道路、建筑废弃物。总孔隙度仅为 14.93%～19.43%，持水孔隙及通气孔隙均较低。在土壤中含量适当时增加大孔隙，改善透气排水状况。含量多时，会使土壤持水力显著下降。

总之，固体废弃物对植物生存条件产生有利或不利影响，随渣土类型、侵入土壤的方式和数量，侵入地原有土壤的机械组成等因素不同而异。在城区外力作用频繁的地区以及土壤黏重的地段，填埋适量的、且与土壤相间均匀混合固体废弃物，有利于改善土壤的通气状况，可以促进树木局部根系伸长，增加根量。但当渣土混入过多或过分集中时，又常会使树木根系无法穿越而限制其分布深度和广度。

对城市人工渣土的利用和改良可采取如下措施：①对细粒太少而持水能力差的土壤，应将大粒渣块挑出，使固体废弃物占土壤总容积的比例不超过 1/3，并可掺入部分细粒进行改良；②对粗粒太少，透气、渗水、排水能力差的土壤，可掺入部分粗粒加以改良；③对植物难以生长的土壤进行更换，同时针对土壤情况选择适宜的城市树种进行种植。

3.2.2.4 土壤贫瘠化

市区植物的枯枝落叶常被作为垃圾而运走，会产生土壤营养元素循环受阻中断，土壤有机质含量降低的生态后果。据测定，市区土壤有机质含量略高于 1%，相当于郊区菜园土的 1/4～1/2。有机质是土壤氮素的主要来源，城市土壤中有机质的减少又直接导致氮素的减少。

城市渣土中所含养分既少且难以被植物吸收。随着渣土含量的增加，土壤可供给的总养分量相对减少。石灰渣土可使土壤钙盐类和土壤 pH 值增加。对北京城区 211 个测点的监测数据表明，土壤 pH 值为 7.4 ~ 9.7，平均值为 8.1，明显高于郊区。由于 pH 值的增高，不仅降低土壤中铁、磷等元素的有效性，也抑制了土壤微生物的活动及其对养分的分解释放作用。

城市土壤除钾含量较高外，氮、磷含量都明显低于菜园土，特别是氮素含量偏低。针对城市植物养分贫乏的状况，应结合土壤改良进行人工施肥，特别施入有机肥，以增加土壤有机质，改善土壤结构，提高有效态养分的含量，还可选种具有固氮能力的园林植物，以改善土壤的贫氮状况，也可根据不同植物的需求进行合理灌溉、施肥等。

在城市行道树周围铺装混凝土沥青等封闭地面，会严重影响大气与土壤之间的气体交换，造成土壤缺氧。一方面不利于土壤中有机物质的分解，减少了养分的释放；另一方面不利于根系的呼吸代谢，影响根系的生长发育，严重时会导致植物死亡。

3.2.3　土壤对城市发展的影响

（1）土壤对城市经济发展的影响

城市发展初期，自然环境是起了决定性的作用，其中肥沃的土壤是城址选择时备受关注的主要条件之一。土壤的肥沃程度对于农业生产的影响非常大，也使得我国古代到近现代的城市在经济发展方面受到了土壤的影响。我国长江中下游地区水网密集、土壤肥沃，号称"鱼米之乡"，在满足自身需求外，将过剩的农产品进行交换，促进了商业、手工业及城市经济的发展。

（2）土壤对城市环境质量的影响

土壤是一个巨大的缓冲体系，具有一定的抗外界环境变化的能力。土壤能缓冲酸碱变化，对进入土壤的污染物进行代谢、降解、转化，消除或降低毒性或固定有毒物质，也可使有害物质的活性降低，从而保护生物、地下水和大气。

（3）土壤对城市雨洪削减效应的影响

城市种植植物的土壤对雨洪有一定的削减效应。研究发现，城市土壤的入渗率差异较大，以文教区和居民生活区为最大，其后依次为公园、商业活动区和道路交通区。土壤具有的容纳、传输水分的能力，是防治城市洪涝灾害的重要途径之一。城市绿地对雨水径流的蓄渗效应主要体现在雨水下渗和雨水蓄积 2 个方面。城市绿地土壤入渗率的大小和下洼程度是决定绿地蓄渗雨水效果的关键因素。

3.2.4　城市发展对土壤系统的影响

（1）城市发展对土壤资源的影响

城市快速扩张与新兴城镇建设导致了周边地区土壤资源（耕地资源）减少。中国在城市化发展较快的 1990 ~ 1995 年期间，全国净减少耕地资源超过 $200 \times 10^4 hm^2$，1983 ~ 2006 年净减少耕地 $1\ 222.16 \times 10^4 hm^2$（杨刚桥 等，1998；岳云华 等，2011）。在南京到上海一线，从 20 世纪 60 年代到 90 年代的末期，不到 40 年的时间内城市面积已经急剧增加了 400% 以上，结果该地区已有大约 40% 的土壤资源转化为城市用地（王莜明 等，2001）。

Tian 等（Tian G & Liu J，2005）通过遥感监测发现，1990 ~ 2000 年间我国的城市扩张用地中，85.6% 来自包括耕地、林地、草地、果园在内的农业土壤。杭州城市扩张占用的都是优质土壤，其中优质的黄松土的损失量占总量的43%（邓劲松 等，2009）。

（2）城市发展对土壤表面形态的影响

在城市发展过程中，绝大部分转化成为城镇建设用地的土壤表层密闭致密，结果失去了原有的生态功能，从而对区域环境的理水功能产生深刻的影响。由于不再具有良好的渗透、吸收以及容纳功能，密闭的地表不仅改变径流分布，而且对暴雨洪水形成的汇流特性带来明显的影响，加大了洪涝灾害发生的危险。研究结果表明，当地表密闭度达到12%，平均洪水流量为17.8m³/s，洪水汇流时间为3.5h；当密闭度达到40%时，平均洪水流量将增至57.8m³/s，洪水汇流时间将减至0.4h（陈杰 等，2002）。

此外，包括大气干湿沉降、路面老化、交通工具废气排放、制动与轮胎磨损、融雪化学制剂、绿化带施肥与农药喷洒7种来源的污染物质由于城市地表密闭而直接通过径流输入到流域地表水，引发区域性水环境问题，从而对整个地区的生态系统造成危害。

（3）城市化过程中的水土流失

水土流失包括水资源和土壤资源2个方面的损失。随着我国城市化进程的快速发展，城市所在地区水土流失现象日趋严重。有关部门曾对国内57个城市进行调查，水土流失面积约占调查城市建成区总面积的24%。城市是人类活动最为剧烈的地区，据统计城市水土流失的93.5%是由于人为因素导致的（孙志英，2004）。

城市水土流失的危害主要表现为：①恶化城市生态环境，破坏景观；②降低土壤生产力；③污染水源；④淤塞排洪渠道、河道，诱发洪涝灾害；⑤破坏生物多样性；⑥对城市基础设施构成威胁；⑦影响投资环境。严重的水土流失不但影响生态环境，而且还限制了一些对环境质量要求较高的行业的发展（邓岚 等，2001）。

3.2.5 城市土壤环境问题

城市土壤退化后其质量变化可从土壤环境问题的组成、土壤污染物的输入模式和土壤的污染效应3个方面加以分析。其中，土壤环境问题的组成则由土壤的物理退化和土壤的化学退化加以表征。城市土壤物理退化则在于广泛分布的大于2cm的粗粒物质的存在、压实现象显著（因土壤容重增大、孔隙度降低和紧实度增加而引起土壤的透气性、水分渗透性和导水率减小，结果土壤的水分调控能力下降）；城市土壤化学退化主要在于物质的聚集，如以磷素富集为主的养分积累，因而土壤出现富营养化现象，以重金属和有机污染物为代表的污染物积累。

其次，城市土壤污染物输入模式主要包括斑块污染（点状污染）、廊道污染（带状污染）和基质污染（面源污染）。斑块污染是指由非烟气排放的废弃物处理、垃圾填埋、采矿、制造业等所形成的一些有限范围的离散污染斑块。有烟气排放的工矿企业所造成的土壤重金属污染也可以归入此类。该类污染源除了形成一个污染程度较高的斑块外，还对周边更大的范围有梯度递减的污染影响。廊道污染系指由于道路网沿线土壤接纳汽车尾气沉降而形成的污染廊道、排污水道两侧的土壤富集污水中的无机和有机污染物而形成的污染廊道。基质污染是指由于地面扬尘、工业排烟、汽车尾气以及其他各种化石燃料燃烧等在城市区域形成弥散的污染性气团，其中污染物质沉降于城市和周边土壤中，形成基质污染类型。

　　一般来说，城市土壤污染有以下几个特点：①隐蔽性和潜伏性。土壤污染与水体、空气污染有所不同，在于水体、空气污染比较直观，严重时通过人的感官即能发现，而土壤受到污染后，污染物往往会沿着食物链逐级浓缩放大，结果处在营养级位序较高的异养生物则会受到极大的危害，而且土壤污染的治理难度相对较高。因此，土壤污染是一个逐步积累的过程，具有隐蔽性和潜伏性。②不可逆性和长期性。土壤一旦遭受污染后极难在短期内得到恢复，土壤重金属污染是一个不可逆过程，许多有机化学物质污染也需要相当长的降解时间。③后果严重性。土壤污染一般通过食物链危害动物和人类健康，如有机氯农药，由于其降解缓慢，虽世界各国政府已在较长时间前就已禁止生产和使用，但有机氯农药对环境和生物的危害还会在很长时间内存在。

　　根据污染物进入土壤的方式，城市土壤污染可分为以下几种类型：

　　①水污染型，主要是由污水灌溉所造成的污染。在日本已受污染的耕地中，80%的土地是由水污染造成的。在我国西安、北京、天津、广州和上海等城市也发现污水灌区的土壤都存在程度不同的重金属污染。

　　②大气污染型，城市工业生产、交通运输以及其他活动所排放的废气，最终以飘尘、降尘的形式降落，造成土壤污染。

　　③固体废弃物污染型，主要是城市垃圾、废渣等固体废弃物所造成的土壤污染。目前，我国城市垃圾年产量达1.5×10^8t以上，一半以上的垃圾在城郊土壤堆放，多数未进行无害化处理，而是随意还田，导致大量瓦砾、灰渣、碎片、金属盐类、病菌、虫卵、塑料等白色污染物进入土壤，使土壤的理化生物性质受到影响或改变。

　　其三，城市土壤的污染效应反映在土壤污染产生的水环境效应（污染土壤向地表水和地下水输送污染物质）、对城市空气的影响（土壤扬尘增加了大气的颗粒物含量）以及所带来的生物效应（通过城郊土壤蔬菜系统中污染物的积累与食物链的传递影响人体健康，直接通过呼吸道吸入土壤尘埃影响人体健康）。

3.2.6　城市土壤系统可持续发展

3.2.6.1　土壤系统可持续的含义及基本内容

　　土壤生态系统可持续可理解为：土壤系统持久地维持或支持其内在组分、组织结构和功能动态健康及其进化发展的潜在和显在的各种能力的总和。土壤生态系统可持续性由土壤生态整合性、自维持活力、抵抗力和自组织力等要素构成。

3.2.6.2　土壤可持续利用评价

（1）土壤可持续利用评价目标

　　研究认为，世界经济的增长已经超过了生态界限。其中，土地退化速度的加快和土壤肥力的下降是最为主要的两个因素。土壤可持续利用应使土壤生产力保持在较高水平，需要达到以下目标（李法云 等，1988）：①保持或提高土壤生产力；②减少土壤生产力降低的各种潜在危险性；③保持土壤资源的质量与潜力，防止土壤退化；④减少土壤利用对环境的负影响；⑤适应社会经济的可承受性。

（2）土壤可持续利用评价原则

为了更好地利用土壤资源需要对城市土壤进行可持续利用评价。在评价的过程中应遵循以下 3 个原则（J K Syers 等，1995）：①土壤可持续利用评价与时间尺度紧密关联，在一个不明确的时间尺度上预测可持续性是不现实的；②土壤可持续评价还需要注意空间尺度，只有在确定的空间范围，可持续性评价目标才更为明确；③应该根据土壤的物理、化学、社会、经济特性来制订土壤可持续性评价原则；④土壤可持续性评价需要多学科的专家参与。

（3）土壤可持续利用评价的框架

在进行土壤可持续性评价时，应进行系统逻辑分析，尽可能将影响土壤可持续性利用的所有因素考虑在内，并考虑评价区域的可持续利用指标及临界值。

3.2.7　恢复城市土壤生态功能的若干途径

（1）完善绿地系统

与城市土壤的生态关系最为密切的是城市植被，城市土壤是城市植被的生长载体。恢复城市土壤生态功能更多的是要从承载着城市植被的土壤入手。城市绿地系统必须形成整体结构，并从宏观到微观进行全方位的调控。完善绿地系统将提供良好的城市土壤空间分布格局，从而发挥土壤的生态服务功能。

（2）降低城市土壤封闭度

城市存在大量的不透水地表，此种地表结构严重影响了城市土壤的生态服务功能。在城市建设中，尽可能采用多种透水地面，如嵌草砖、无砂混凝土砖、多孔沥青路面等，最大程度减少城市地区的不透水面积。增加城市地表的透水能力，可发挥地表的一些重要生态功能（如滞留雨水、减少地面径流、补充地下水等），同时又能满足城市建设和人的需求（张甘霖 等，2006）。当然，还需要注意避免城市土壤压实现象的发生。

（3）合理施肥，科学培肥土壤

城市土壤养分失调现象较为普遍。合理施肥、调节有机肥与无机肥的比例、适当减少化肥的使用量和增加有机肥的使用量，有利于改善和提高土壤肥力，防止耕作土壤退化。具体可采用如下方法：①合理利用城市有机物，将枯枝落叶等堆积腐熟后施入土壤；②测土施肥；③直接购买施用农家肥；④无害化处理城市污泥以及废弃物后，施入土壤中（李佩萍，2010）。

（4）加强城市土壤的治理和改良

对污染土壤治理很困难，目前国内外采用的主要治理措施有如下几种。

①排土与客土改良：即挖去污染土层，用清洁土壤置换污染土壤，此法效果好，但是投入大。

②化学改良剂改良：施用化学改良剂，使重金属变为难溶性的化学物质，如在沈阳张士灌区，对镉污染土壤每亩*施用石灰 120 ~ 140kg 中和土壤的酸性，使镉沉淀下来而不易被植物吸收，使大米中镉的含量减少 50% 以上。一些重金属元素（如镉、铜、铅等）在

---

* 1 亩 = 666.67m²

土壤嫌气条件下易生成硫化物沉淀，灌水并施用适量硫化钠可获得预期的效果。此外，磷酸盐对抑制镉、铅、铜和锌亦有良好效果。

③生物改良：即栽种对重金属元素有较强吸收富集能力的植物，使土壤中的重金属转移到植物体内，然后对植物进行集中处理。例如，一些蕨类植物对许多重金属有极强的富集能力，植株内的重金属含量可达土壤中的几倍甚至十几倍，木本植物（如加拿大杨）对重金属也有较强的抗性和富集能力。生物途径是一种环境质量改善最安全的方法，近年来已经受到人们的关注。

城市树木受害后，阔叶树通常表现为叶片变小、叶缘和叶片有枯斑，呈棕色。严重时叶片枯萎脱落。有的树木则出现多次萌生新梢及开花，芽干枯。针叶树针叶枯黄，严重时全枝或全株枯死。

3.3　城市大气环境与城市植物的生态关系

地球表面的大气形成大气圈。大气圈指地球表面到高空 1 100km 或 1 400km 范围内的空气层。大气层中的空气分布不均匀，越往高空，空气越稀薄。在地面以上 12 ~ 16km 范围内空气层，其重量约占整个大气层重量的 95%，温度特点上冷下热，空气对流活跃，形成风、云、雨、雪、雾等各种天气现象，这就是对流层。大气圈是地球生物的保护圈，它维持了地球近地表面稳定的温度条件，减弱紫外线对生物的伤害。

空气是复杂的混合物，在标准状态下（0℃、101kPa、干燥）按照体积计算，氮气占 78.08%，氧气占 20.95%，氩占 0.93%，二氧化碳占 0.032%。其他为氢气、臭氧和氦气及灰尘、花粉等。

上述空气成分以二氧化碳和氧气的生态意义最大。二氧化碳是绿色植物光合作用的主要原料，氧气是一切生物呼吸作用的必需物质，氮转化为氨态氮，是绿色植物重要的养分。除这些直接作用外，大气还通过光、热、水等对植物产生间接的影响。因此，大气是植物赖以生存的必备条件，没有空气就没有生机。

工业革命之后，空气成分的相对比例发生变化及有毒、有害物质排放，引起了严重的空气污染，在城市地区表现得尤为凸显。城市空气污染危害人类和其他生物的生命代谢活动，同时城市植物具有净化城市空气的功能。研究污染物对植物危害的机制、后果和植物的净化作用、监测功能，是污染生态学涉及的重要内容。

3.3.1　城市空气污染

空气是人及其他生物生命代谢活动的生存条件。一个成年男子，平均每天吸入 15kg 空气，其吸收量远多于每天摄取 1.5kg 食物或 2.5kg 水。人离开空气 5min 生命就会结束，植物离开空气无法进行光合作用。随着城市化和工业化的快速发展，城市大气污染引起了人们的普遍关注和高度重视。

由于集中的工业、密集的人口以及化石燃料的大量使用，城市空气中增加了许多有害成分，而高密度的建筑物则不利于空气污染物的稀释与扩散，反而加重了空气污染物浓度和滞留时间，当污染物超过一定数量时，就会对生物有机体产生不良的影响以致伤害。

大气污染是环境污染的一个方面。相当数量的大气污染物是人类卓越才能施展过程中的一种不幸表现。现代工业的发展不仅带来了巨大的物质财富，同时也带来环境污染。当向空气中排放的有毒物质种类和数量越来越多，超过了大气的自净能力，便产生了大气污染。

大气污染是指大气中的烟尘微粒、二氧化硫、一氧化碳、二氧化碳、碳氢化合物和氮氧化合物等有害物质在大气中达到一定浓度和持续一定时间后，破坏了大气原组分的物理、化学性质及其平衡体系，超过大气及生态系统的自净能力，使生物和环境受害的大气状况。大气污染由大气污染源、大气圈和受害生物3个环节组成。

大气污染形成有自然原因和人为原因2种。由此，大气污染源可分为自然污染型和人为污染型。大气污染源是指向大气环境排放有害物质或造成有害影响的区域、设施等。自然污染源主要是由于某些自然现象向环境排放有害物质或造成有害影响的区域，主要包括火山爆发、森林火灾、自然粉尘等；人为污染源主要是由于人类的生产和生活活动向大气输送有害物质的发生源，如化石燃料、工业生产过程排放、交通过程排放、农业生产活动的排放等。

一般来说，由自然现象所产生的污染物种类较少，浓度较低，在自然环境的物理、化学和生物过程作用下自然污染物逐渐得到稀释和自然净化，被污染环境在一定的时间得到恢复。因此，自然污染物一般对环境的影响较小，可以说大气污染主要是人为造成的。

3.3.1.1　污染源类型

(1)点源与面源

点源是指集中在一点或小范围内向空气排放污染物的污染源，如多数工业污染源。面源是指在一定空间范围内向空气排放污染物的污染源，如居民普遍使用的取暖锅炉、炊事炉灶，郊区农业生产过程中排放空气污染物的农田等。面源污染分布范围广、数量大，一般较难控制。

(2)自然污染源与人为污染源

大气污染物除小部分来自火山爆发、尘暴等自然污染外，主要来源于人类的生产和生活活动所产生的人为污染。

(3)固定源与流动源

固定源是指污染物从固定地点排出，如火力发电厂、化工厂、纺织厂、造纸厂、水泥厂等。固定源排出的污染物主要是煤炭、石油等化石燃料以及生产过程中排放的废气和粉尘等。流动源主要是指汽车、火车、轮船等交通工具，虽然排放量小且分散，但是数量庞大，活动范围大，排放的污染物总量不容低估。

3.3.1.2　大气污染物种类

大气污染物(air contaminants)是指由于人类活动或自然过程排入大气并对环境和生物产生有害影响的物质。大气污染物的种类复杂，但是危害严重的污染物仅有几十种，通常分为化学性物质、放射性物质和生物性物质。依据污染物的存在形态，可将大气污染物分为气态污染物和颗粒污染物；若依据与污染源的关系可将大气污染物分为一次污染物和二次污染物。

①一次污染物（primary contaminants）：若大气污染物是从污染源直接排出的原始物质，进入大气后其性质和状态没有发生变化，则称为一次污染物。常见的大气一次污染物包括尘埃、石棉和无机金属粉尘等颗粒物，二氧化硫、一氧化碳、二氧化碳、硫化氢和氮氧化物等有害气体。

②二次污染物（secondary contaminants）：由一次污染物与大气中原有成分或几种一次污染物之间发生了化学变化或光化学变化反应，形成与原污染物性质不同的新污染物，称为二次污染物。常见的大气二次污染物包括由烟尘、二氧化硫与空气中的水蒸气混合并发生化学反应所形成的硫酸烟雾（组成为：SO_2、H_2SO_4、MSO_4，M 代表金属元素），由汽车、工厂等排入大气中的氮氧化物或碳氢化合物，经光化学作用所形成的光化学烟雾。

根据大气污染物的性质将大气污染分为还原型（煤炭）大气污染和氧化型大气污染2 种。

①还原型（煤炭）大气污染：还原型（煤炭）大气污染常发生在使用煤炭和石油为燃料的地区，主要污染物为二氧化硫、一氧化碳和煤、油颗粒物。在低温潮湿的静风天气和逆温存在的条件下，一次污染在低空聚积，形成还原性烟雾。"伦敦烟雾"事件就是这种污染类型的典型代表，因此还原型（煤炭）大气污染又称为伦敦烟雾型污染。

②氧化型大气污染：氧化型大气污染多发生在以石油燃料为主的地区，主要一次污染物为一氧化碳、氮氧化物、碳氢化合物等，这些污染物在太阳辐射的作用下引发光化学反应，形成二次污染物臭氧、过氧乙酰硝酸酯（PAN）、醛类等具有强氧化性的气体或离子，该类次生污染物比一次性污染物的污染性更强，对人体器官具有明显的刺激作用，会使植物坏死，使橡胶老化，降低织物强度等，洛杉矶光化学烟雾事件就属于此类型。

根据燃料性质和大气污染物组成将大气污染分为煤烟型污染、石油型污染、混合型污染和特殊型污染。

①煤烟型污染：煤烟型污染是由于燃烧煤炭排放出的烟气、风尘、二氧化硫等一次污染物以及再由这些污染物发生化学反应而生成硫酸和硫酸盐类气溶胶等二次污染物所构成的污染。主要污染源为工业、企业烟气排放，其次为家庭生活排放。我国北方城市冬季的大气污染主要是煤烟型污染。

②石油型污染：石油型污染主要污染物来自石油化工产品，如汽车尾气、油田和石油化工厂的排放物。主要一次污染物为烯烃、二氧化氮、醇、羟基化合物等，以及在大气中形成的臭氧、各种自由基及其反应形成的一系列中间产物和最终产物。"石油之城"日本四日市的"哮喘病事件"和在石油产地发生的"科威特哮喘"，都属于该类型污染。

③混合型污染：混合型污染包括以煤炭为主要燃料而排放出的烟气、粉尘、二氧化硫及其氧化物形成的气溶胶，以石油为燃料而排放出的烯烃和二氧化氮为主的污染物，以及工厂企业排放的各种化学物质等。

④特殊型污染：特殊型污染主要产生于工厂生产过程中排出或发生意外事故而释放的一些特殊污染物，如氯气、氟化物、金属蒸气或酸雾等所构成的污染，该类污染常限于局部范围。

3.3.2 城市空气污染分析及其对城市植物的影响

3.3.2.1 影响城市大气污染的环境因素

大气污染对城市植物危害程度除与污染物种类、浓度、溶解性、树种、树木发育阶段有关外，还与城市及其周围的气象、地理因素等有密切关系。

(1)风

在气象因子中，风和湍流是直接影响大气污染物稀释和扩散的重要因素。风对污染物的影响表现在2个方面：其一，输送污染物，污染物的去向决定于风向，污染源下风方向空气污染比较严重；其二，风对大气污染物具有自然稀释功能，风速越大对污染物的稀释作用越强。风速大于4m/s，可以移动并吹散被污染的空气；风速小于3m/s，仅能使污染空气移动。就风向而言，污染源上风向的污染物浓度要比下风向低。

大气的湍流强度与气温的垂直分布及大气稳定度有直接关系。如果大气温度随着高度增加而逐渐降低的程度越大，即气温垂直递减率越大，大气越不稳定，这时湍流得以发展，大气对污染物的稀释功能越强；相反，气温递减率越小，大气越稳定，尤其是出现逆温层，持续时间延长，对污染物的扩散极为不利。我国部分城市空气污染严重，就是与此类逆温天气出现有关。

(2)光照

光照强度影响树木叶片气孔开闭。白天光照强度引起气温增加，气孔张开，而夜间气孔关闭。通常，有毒气体是从气孔进入植物体内，所以树木的抗毒性夜间高于白天。

一般而言，夏季垂直温差较大，冬季温差较小且容易出现逆温，所以大气污染较易发生；晴朗的白天垂直温差较大，阴天或多云的天气条件下或在夜间气温垂直递减率较小时，大气污染程度较重。

(3)降水和大气湿度

降水能减轻大气污染。但在大气稳定的阴水条件下，使叶片表面湿润，容易吸附溶解大量有毒物质，从而使植物受害加重。

(4)地形

特殊的地形条件能使污染源扩大影响，或使局部地区大气污染加重。例如，海滨或湖滨常出现海陆风，陆地和水面的环流把大气污染物带到海洋，污染水面。又如，山谷地区常出现逆温层，而有毒气体密度一般都大于空气，故有毒气体大量集结在谷地，发生严重污染。国外发生的几起严重的污染事件多形成于谷底和盆地地区。我国兰州市地处山谷地形，空气污染较为严重就是空气污染物不易扩散的缘故如图3-6所示。

3.3.2.2 城市大气污染分析

(1)城市大气污染空间格局分析

城市大气污染空间格局系指大气污染源的排放装置、点源及面源空气污染物排放量、大气污染物各类及总体的空间分布特征。确定大气污染的空间分布格局，可为及时、全面、准确地掌握空气污染源的排放现状，开展针对性的治理提供科学依据。

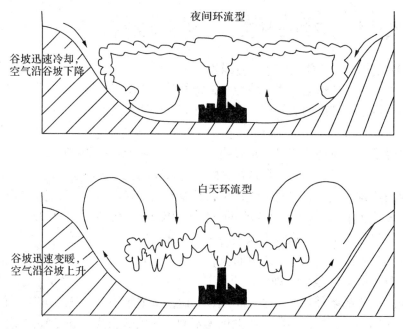

图 3-6　谷地昼夜空气环流示意图（引自宋永昌 等，2000）

（2）城市街道灰尘铅污染分析

道路交通扬尘是城市扬尘的主要来源，城市街道灰尘具"媒介"和"污染源"的双重功能，对儿童血铅的影响远远大于城市土壤。此种影响效应在市区街道明显高于郊区街道。

（3）城市环境空气质量变化规律及污染特征分析

分析大气污染物的变化规律及污染特征，对于城市大气质量的改善具有基础性意义。分析天津市 2005 年的二氧化硫、二氧化氮和 PM_{10}（可吸入颗粒物）的监测数据的时间序列及其相关性，揭示了 3 种污染物的时间变化趋势和规律（姚从容 等，2007）。就全年、采暖期和非采暖期 3 个时期而言，天津市的二氧化硫在 14∶00～16∶00 时间段出现最小值，相关分析结果表明污染物浓度与风速之间呈负相关。3 种污染物的相关性呈如下规律：PM_{10} 和二氧化硫时间变化具有高度的相关性，二氧化氮和二氧化硫的时间变化在全年和采暖期具有较高的相关性，二氧化氮和 PM_{10} 的时间变化具有较高的相关性。

（4）城市大气污染对人的健康的影响及带来的损失分析

大气污染严重影响城市居民的身体健康，进而产生较为严重的经济损失。2004 年联合国环境署发表的报告指出，大气污染诱发居民患呼吸道疾病和孕妇早产的可能性增加 60%。

大气污染物主要由大气颗粒物构成，通常分为可吸入颗粒物、可入肺颗粒物和总悬浮颗粒物。可吸入颗粒物又称为 PM_{10}，指 $2.5\mu m <$ 直径 $\leqslant 10\mu m$，可以进入人的呼吸系统的颗粒物；$PM_{2.5}$ 是指大气中直径 $\leqslant 2.5\mu m$ 的颗粒物，亦称为可入肺颗粒物。虽然 $PM_{2.5}$ 只是地球大气成分中含量很少的组分，但它对空气质量和能见度等有重要的影响。$PM_{2.5}$ 粒径小，富含大量的有毒、有害物质且在大气中的停留时间长、输送距离远，因而对人体健康和大气环境质量的影响更大；总悬浮颗粒物也称为 PM_{100}，即直径 $\leqslant 100\mu m$ 的颗粒物。阈

海东（2003）对大气污染物（大气颗粒物）浓度与上海市居民健康及带来的损失进行了分析，结果表明 2003 年大气的 PM_{10} 污染与 8 220 例居民死亡相关，同时还与 386 600 次内科门诊相关。

（5）大气污染对市民社会生活影响分析

严重的大气污染不仅严重影响城市居民的身体健康，甚至还影响市民的正常的休闲活动和日常生活。因此，城市环境质量的恶化会对人类的心理、生理和行为产生各种负面的影响。如兰州市受访居民对于环境污染的一般性负面影响的认识主要为：使人产生烦躁心理（59.92%），造成心胸郁闷（41.96%），降低工作效率（32.87%），出现失眠（23.34%），诱发神经衰弱（13.98%）等。此外，环境污染对人们的购房、工作单位的选择和迁居行为等也有一定的影响。

3.3.3　城市植物受害机制及其症状

大气污染物对树木的危害，主要是从气孔进入叶片，扩散到叶肉组织，然后通过筛管运输到植物体其他部位。影响气孔关闭、光合作用、呼吸作用和蒸腾作用，破坏酶的活性，损坏叶片的内部结构；同时，有毒物质在树木体内进一步分解或参与合成过程，形成新的有害物质，使树木的组织和细胞坏死。花的各种组织，如雌蕊的柱头也很易受污染物伤害而造成受精不良和空瘪率提高。植物的其他暴露部分，如芽、嫩梢等也会受到侵袭。

大气污染危害一般分为急性危害、慢性危害和隐蔽危害。急性危害是指在污染物高浓度影响下，短时间使叶表面产生伤斑或叶片枯萎脱落；慢性危害是指在低浓度污染物长期影响下，树木叶片褪绿；隐蔽危害系指在低浓度污染物影响下，未出现可见症状，只是植物生理机能受损、生长量下降、品质恶化。

大气污染物对植物危害最重的有二氧化硫、氟化氢；氯气、氨和氯化氢等虽对植物产生毒害，但一般是由事故性泄漏引起的，其危害范围较小。

（1）二氧化硫

二氧化硫进入叶片，改变细胞汁液 pH 值，使叶绿素去镁，抑制光合作用，降低光合作用的有机物质的生产速率；同时，与同化过程中有机酸分解产生醛类和酮类，形成羟基磺酸，此物是一些酶的抑制剂，特别对乙醇酸氧化酶有抑制作用，因此，叶片细胞功能被破坏，整个代谢活动被抑制，叶片失绿。有些植物叶片的坏死区在叶子边缘或前端。同一株植物上，刚刚完成伸展的嫩叶最易受害，中龄叶次之，老叶和未伸展的嫩叶抗性较强。

（2）氟化氢

氟化氢毒性极强，对环境危害很大。氟化氢的毒性大约是二氧化硫毒性的几十倍至几百倍，一般浓度在 0.003mol/L 时植物就会受到毒害。氟化氢通过气孔进入叶片，很快溶解在叶肉组织溶液内，转化成有机氟化合物，阻碍顺乌头酸酶合成。氟化氢还可使叶肉组织发生酸型伤害。浓度低时常常在叶尖和叶缘出现褪绿斑，有时在叶脉间出现水渍斑。

（3）臭氧

在太阳辐射的作用下，汽车尾气等排放物质所形成光化学烟雾的主要成分是臭氧。臭氧是强氧化剂，破坏植物叶片栅栏组织细胞壁和表皮细胞，促使气孔关闭，降低叶绿素含量等而抑制光合作用；同时，臭氧能将细胞膜上的氨基酸、蛋白质的活性基团和不饱和脂肪酸的双键氧化，增加细胞膜的透性，大大提高植物呼吸速率，使细胞内含物外渗。

(4)氯气

氯气通过气孔进入叶肉组织，使园林植物原生质膜和细胞壁解体，叶绿体受到破坏。木本植物受到氯气危害之后，主要症状为受害后出现水渍斑。氯气浓度较低时，叶脉间水渍斑变为褐色斑或褪绿斑；浓度较高时，叶脉间失绿变黄，叶缘处出现褐色坏死斑。

针叶树受害后叶的典型症状为叶色褪绿变浅，针叶顶端产生黄色或棕褐色伤斑，然后症状逐渐向叶基部扩展，最终针叶枯萎脱落。阔叶树受氯气危害后，树冠下部叶片和生理活动旺盛的叶片受害最重，树冠顶部尚未展开的叶片受害较轻或基本不受害。

(5)大气飘尘和降尘等颗粒物对园林植物的危害

大气飘尘和降尘等颗粒物落到植物叶片上会堵塞气孔，减弱植物的光合、呼吸和蒸腾速率。同时，大气颗粒物含有较多的重金属等污染物质，对植物产生毒害作用。

3.3.4　城市植物的抗性

城市植物的抗性指在污染物的影响下，能尽量减少受害，或受害后能很快恢复生长，继续保持旺盛活力的特性。

树种对大气污染的抗性取决于叶片的形态解剖结构和叶细胞的生理生化特性。根据研究，叶片的栅栏组织与海绵组织的比值和树种的抗性呈正相关；气孔下陷、叶片气孔数量多但面积小，气孔调节能力强，树种的抗性较强；此外，在污染条件下，抗性强的树种细胞膜透性变化较小，能够增强过氧化酶和聚酚氧化酶的活性，保持较高的代谢水平。

就树种的抗性而言，一般来说，常绿阔叶树 > 落叶阔叶树 > 针叶树。

确定树种抗性强弱的方法，主要有野外调查、定点对比栽培和人工熏气。

3.3.5　城市植物的监测作用

众所周知，大气污染可以利用理化仪器进行监测。同样地，依据某些植物种对大气污染物种类和浓度的敏感反应，可达到相同的监测目的。例如，二氧化硫浓度为 $1 \sim 5 \mu mol/mol$ 时，人才会闻到气味，$10 \sim 20 \mu mol/mol$ 时，才会受刺激、咳嗽、流泪，而一些敏感植物处在二氧化硫浓度为 $0.3 \mu mol/mol$ 下几个小时，就会出现症状；有机氟毒性极大(气体)，但无色、无臭，某些植物却能及时作出反应。所以，利用某些对大气污染物特别敏感的指示植物来监测指示环境的污染程度，既经济又可靠。

(1)指示植物能够反映环境污染对生态系统的影响强度和综合作用

环境污染物质对生态系统产生的复(综)合影响，不是完全都可以用理化方法直接测定的。例如，几种污染物共存时，其影响分为增效作用(如二氧化硫和臭氧、二氧化氮和乙醛共存时对树木的影响)和拮抗作用(如二氧化硫与氨气共存时对树木的危害)。

(2)指示植物能够早期发现大气污染物

许多指示植物对污染物的反映比动物和人要敏感，如二氧化硫浓度为 $1 \sim 5 \mu mol/mol$ 时，人可闻到气味，而紫花苜蓿在二氧化硫浓度小于 $0.3 \mu mol/mol$(一定时间内)就会产生受害症状。

（3）指示植物能够检测出不同的大气污染物

植物受不同的大气污染物的影响，在叶片上往往出现不同的受害症状。根据植物体表（叶片）受害症状可初步判断污染物的种类。

（4）指示植物能够反映出一个地区的污染历史

当然监测大气污染的植物，必须敏感而且容易产生受害症状，才能及时反映大气污染，此外，大气污染的指示植物还应具备下列优点：①受害症状明显，干扰症状少；②生长期长，能不断长出新叶；③栽植繁殖管理容易；④有一定的观赏和经济价值。

3.3.6 城市植物对空气的净化作用

城市植物的净化效应通过 2 个途径实现。其一，吸收分解转化大气中的有毒物质。通过叶片吸收大气有毒物质，减少大气有毒物质的含量，并使某些有毒物质在植物体内分解转化为无毒物质。其二，富集作用。吸收有毒气体，贮存在体内，贮存量随时间不断增加。

由于城市植物的净化效应和光合作用生理代谢过程气体交换特点，使环境的空气质量得到改善；利用园林绿化防护带对噪声的衰减、遮挡、吸收作用，从而起到减弱噪声的功能。

（1）吸收有毒气体

因为城市植物呼吸和光合代谢生理过程，有毒气体被吸收转化为毒性较小的物质（降解）或富集于植物体内，从而减少空气中有毒气体的浓度。

根据资料，每年每公顷柳杉吸收二氧化硫 720kg，吸收量和吸收速率与相对湿度有关，相对湿度 80% 时对二氧化硫的吸收比相对湿度 10% ~20% 时快 5 ~10 倍。二氧化硫被叶片吸收后，在叶内形成亚硫酸和毒性极强的亚硫酸根离子，后者被植物本身氧化转变为毒性小 30 倍的硫酸根离子。不同树种对有毒气体的吸收能力不同。

（2）滞尘作用

根据统计，许多工业城市每年每平方千米降尘量为 500t 以上，个别高达 1 000t。森林降低大气中的粉尘量在于：森林降低风速；植物叶表面粗糙，多绒毛、分泌黏液和油脂，滞尘力较强，而且蒙尘后经雨水淋洗又可恢复滞尘功能。各树种的滞尘力差别很大，桦树比杨树大 2.5 倍，而针叶树比杨树大 30 倍。

（3）杀菌作用

园林植物具有杀菌功能。由于园林植物的滞尘作用，减少了细菌的载体，使细菌不能在空气中单独存在和传播；园林植物分泌植物杀菌素（挥发性物质，如萜烯类），可杀死周围的细菌。根据试验，若将 0.1g 稠李冬芽磨碎，1s 便能杀死苍蝇。

园林植物中分泌植物杀菌素很强的种类有：新疆圆柏、冷杉、稠李、松、桦、橡、槭、椴。城市中绿化树种中杀菌力很强的种类有：圆柏属、复叶槭、白皮松、稠李、雪松。

（4）吸收二氧化碳放出氧气

二氧化碳和氧气平衡失调在重工业城市尤为严重，绿色植物由于其特有的代谢过程（光合作用），对恢复和保持大气中二氧化碳和氧气的平衡极为重要。据不完全统计，

$1hm^2$阔叶林在生长季每天能生产 720kg 氧气，吸收约 1t 的二氧化碳。

(5) 减弱噪声

噪声是人们不喜欢或不必要的音响。实际上没有污染物质，不会积累，其能量最终转变为空气中的热能，传播距离一般不远。20 世纪 80 年代，噪声被公认为一种污染，主要影响人类的休息、睡眠，损伤听觉、引起疾病。

树木控制噪声的作用在于风吹树叶沙沙作响和鸟语虫鸣所产生的压制效应；树叶、枝条和树干分散噪声，然后林地对噪声进行强有力的吸收。所以，森林减弱噪声是森林各成分的综合结果。

已有研究指出，阔叶树减弱噪声的能力强于针叶树。国外报道，利用防护林带衰减、遮挡、吸收噪声。园林绿地减弱噪声取决于声源、植被的组成与结构、气象条件 3 个因素。就园林绿地而言取决植物种类、密度和搭配，一般乔灌木、草坪、绿篱配置一定宽度（3~7m）的绿化带对噪音衰减可达 3.5~7.5dB。

本章小结

城市物质环境是城市环境的重要组成部分，城市密集人群及其生活、生产活动影响改变了城市物质环境的基本特征。人类通过改变自然环境的下垫面构成及其性质，向环境排放输入大量的各类物质，从而引起城市环境重要组分（如土壤、水文和大气）发生较为显著的变化。

城市水文条件、城市土壤和城市空气组成变化特征的形成源自人类改变城市所在地区自然地理条件，如地面硬化、植被人工化、建筑物密集以及人类生活和生产活动的系列影响，结果引起地表下垫面植被组成的变化、水分循环过程发生显著改变、城市土壤受到废弃物的填充，城市水分、土壤和空气受到程度不同的污染。

城市水文系指发生在城市空间范围内及其邻近地区的包括水分循环、水分平衡、水资源和水分污染在内的水分运动及其影响的综合。由于城市下垫面性质的变化，城市水文条件主要体现在城市地区水量与水质的改变，水量的变化在于水分迅速输出城市生态系统，导致城市生态系统水分储量明显减少、地下水位下降，城市水分条件出现长时间极端缺水和短期水分过剩的生态现象；水质变化在于地表水和地下水受到程度不同的污染。此外，城市植物的生长与城市水分条件存在密切的生态关系。

城市土壤是一种人为扰动性极强的土壤，表现在土壤结构组成和生态功能发生了明显的变化。土壤结构的变化在于土壤紧实度增加、混杂填埋了大量的人工建筑和生活垃圾等，土壤表面被覆盖，土壤肥力严重下降。因此，城市土壤严重制约了园林植物的生长和存活，城市土壤的科学管理需要改良土壤，恢复土壤的生态功能。

城市大气质量显著低于周围乡村，主要在于人类生活和生产活动排放污染物的双重影响，因此城市分布地区出现较为严重的空气污染现象。研究分析城市空气污染需关注城市污染源的类型、主要污染物质的种类、影响空气污染危害的环境因素以及空气污染对城市园林植物的危害程度；同时还应分析城市园林植物对空气污染的净化效应、抵抗性和监测功能。

思考题

1. 怎样认识城市地区的水文条件的基本特征？引起城市水文条件变化的主要原因有哪些？

2. 城市化过程对城市水文的影响应如何表征和评价分析？未来城市建设应如何合理调控影响城市水文极端变化的不利因素？

3. 如何认识分析城市土壤的基本特征？

4. 城市土壤环境问题应该如何分析与评价？

5. 土壤对城市发展的影响及城市发展对土壤的影响应该如何分析？

6. 引起城市空气质量下降的主要因素有哪些？城市空气污染源及其污染物质应如何归类分析？

7. 试分析影响城市污染的环境因素和城市污染物对城市园林植物的危害程度。

8. 分析城市地区水分条件、土壤条件和空气质量的时空变化规律及其生态学效应，并概述园林植物对城市水分、城市土壤和城市空气变化的生态适应性及其形成的生态类型。

本章推荐阅读书目

1. 城市生态环境学．杨士弘．科学出版社，2003.

2. 城市生态学．王祥荣．复旦大学出版社，2011.

3. 城市生态环境：原理、方法与优化．沈清基．中国建筑工业出版社，2011.

4 城市生态系统的人文环境

我国当前正处于城镇化快速发展阶段，2010 年底我国城市化率已经达到 47.5%。预计到"十二五"末，这一比例将超过 51%。在未来几十年，中国城市化的冲击波将超过人类历史上的任何时期，由于庞大的人口基数和城市化进入加速期，涌入人口对城市冲击将会更加猛烈、更持久，由此引发一系列的生态环境问题将对城市的规划和建设提出更为严峻的考验和挑战。如何保障城市环境与人类活动的和谐发展，则是每位研究城市的学者、建设者、管理者所必须面对的问题。如何开展城市人文环境建设，也正逐渐摆上许多城市政府工作安排的进程中。

4.1 城市人文环境的概念及发展

城市是人类文化的凝聚点和闪光点。马克思和恩格斯在《德意志意识形态》中给予城市非常高的评价：城市的建造是一大进步。城市环境包括人文环境与城市自然环境两大部分。城市人文环境是指以城市文化积淀为背景，以物质设施为载体，以人际交往、人际关系为核心的城市社会环境。它涵盖的面非常宽泛，涉及政治宣传、教育事业、文化氛围、文体设施、文艺娱乐、公益景观、绿化美化、广告信息、旅游环境等许多方面，是城市环境建设中不可缺少的重要内容。城市人文环境反映着城市社会的文化氛围，它是人文精神的生存基础。与城市自然环境相比，人文环境具有更大的复杂性、变动性和可塑性。

随着工业技术与经济力量的渗透，人类的生存环境正日益恶化。在现代工业技术诞生发展没有多久便有有识之士预见，并就此作过多种人文城市模式的探讨。无论是 Kroptkin 的《田园、工厂和车间》还是 Howard 的《花园城市》，都曾寄希望于社会改良，以期城市更具人性化。20 世纪 30 年代，芝加哥学派（Chicago school）更实际地创立"人文生态学（human ecology）"，希望城市有更尊重自然的发展模式。20 世纪 50 年代"Team 10"的诞生并主张城市设计中基本出发点是对人的关注和对社会的关注则又一次掀起了城市人文主义复兴与再生的宣言。之后，环境科学进入城市规划领域，如环境社会学、环境心理学、社会生态学、生物气候学、生态循环学等学科彼此相互渗透结合，成为一门研究"人、自然、建筑、环境"的新学科，要求把建筑、自然、环境和社会（人群）结合在一起，使自然环境与人工环境密切结合，并从社会与人群的角度考虑环境问题。20世纪60～70年代，人类生存环境问题成为社会关心的主要问题。1972年，联合国通过著名的《人类环境宣言》，并在以后20多年历年的"世界环境日"主题上反复强调"为了地球上的生命"。1980年，联合国大会又提出：必须研究自然的、社会的、生态的、经济的以及利用资源过程中的基本关系，确保全球的可持续发展。至此，可持续发展成为十多年来世界发展的主题，较《理想国》《乌托邦》以及《花园城市》来说，针对人类目前的发展状况和趋势，人们提出了更低调、更现实的人文要求。自1980年提出"可持续发展"的概念以来，1987年联合国在以环境与发展为主题的报告中正式定义了可持续发展：既满足当代人的需求，又不影响子孙后代满足他们自己需求的能力的发展。1992年6月，联合国又召开了"环境与发展"的全世界首脑会议，与会各国一致承诺把走可持续发展的道路作为未来的长期共同的发展战略，同时各界从不同方面分别作了研究。可持续发展的城市研究最早始于北美以及欧洲，可持续的西雅图（sustainable Seattle 1993）、健康的城市多伦多（healthy city Toronto 1993）以及安大略省的"展望2020（Vision 2020）"都是较早的"可持续发展的城市"研究。可持续发展的城市研究涉及面很广，其基本点仍是着眼于城市的本质内涵，对城市的构成因子分类分项深入研究，首先对各因子确立一个度为临界点，界内可持续，界外不可持续，然后研究物质表象背后深层的社会经济或文化因素影响。可持续发展研究根本的一点是"为了城市人民"，正如自20世纪70年代以来人类反复关心的问题"为了地球上的生命"一样，可持续发展是自觉为人着想的开端，是经济发展型社会转向人文发展型社会的前奏。如果说自1980年联合国提出"可持续发展"表明人类对现行的经济发展型社会管理表示担忧的话，十多年来人类在此基础上又有更进一步的认识，1996年联合国教科文组织两大重点科研项目——社会转型管理（MOST）与人和生物圈（MAB）——便表明人类拉开了社会发展与管理模式转向人文时代的序幕。在1996～2001年，MOST和MAB与各非政府组织、各地方当局以及基层组织合作，设计和实施了若干试验性行动，并将以此为基础推出建议，以期改进城市政策。MOST的三大优先研究课题之一是城市作为加速进行的社会转型领域，其中有一系列研究项目，诸如从社会角度着眼可持续发展的城市，为21世纪的城市管理建立知识基础等，诸如此类的发展动态说明21世纪是一个崭新的发展时代，如同19世纪、20世纪以工业技术革命为起点的经济时代一样，21世纪将进入以环境革命为起点的人文发展时代。这时候"城市即人民"这一意识浮出水面。如果这一观点渗入城市时，城市人文主义将得到完全意义的复兴与再生，城市的人性化与人道化将使城市能自觉地运用文化以教化为先，成为社会生活方式的核心。因此，可持续发展不再是环境与土地资源、能源结构与利用效果、生产模式与消费模式等强制性节制，而是城市内在运作机制的可持续性。城市回归正轨，社会人文因素成为城市文明的灵魂，城市通过各种情感上的交流、理性上的传递和技术上的熟练而扩大城市生活的各个方面并使之完善，城市将再次成为"文明中最伟大的创造"。

4.2 城市人文环境的特点

4.2.1 城市人文环境的 3 个层次

历史实践证明，城市的出现是人类发展和文明进步的产物。反之，城市又对人类文化具有积留、聚合、选择、发展的功能。城市在发展过程中，把各种文化兼容并包，融为一体，历史地形成并构筑着各具特色的人文环境。城市人文环境作为城市巨大系统中的子系统，主要表现为物质文化、制度文化和精神文化 3 个层次。

(1)城市人文环境的物质层次

一个城市的建筑，各种公共设施及基础设施，乃至一个城市的商品都构成了一个城市的外壳，这是城市人文环境的表层，是物质文化层面。这些城市的物质文化不仅具有满足人们物质生活的实际功能，同时也具有审美、传递知识和陶冶艺术情操的功能。例如，一座文化内涵很深厚的城市建筑，不仅可以实用，而且可以给人以精神的启迪。古有北京故宫、巴黎圣母院、埃及金字塔等，今有纽约自由女神像、巴黎埃菲尔铁塔等无不是实用功能和文化功能完美结合的典范。此外，城市人的物质生活方式所创造的服饰文化、饮食文化、娱乐文化等都属于城市物质文化层面。

(2)城市人文环境的制度层次

一座城市往往是一个地区政治、文化和经济中心，所以从社会的上层建筑看，一个城市里拥有大批的政府机关和企事业单位的组织机构。这一系列组织机构中的规章、管理、人际位次等，均构成了一个城市的制度文化。各种组织机构设置的合理性，各种管理机能的有效性，具体规章制度的科学性和权威性，人际关系的融洽程度，以及整个城市运转的效率及协调性，是衡量城市人文环境中制度层面发展水平的主要标志。

(3)城市人文环境的精神层次

精神层次是城市人文环境的深层，包括人们的理想、信念、信仰、价值取向、政治观念、道德水准等方面。开展都市意识大讨论，唤起人们的现代都市意识，归根结底都是为了创造一个良好的城市人文环境中的精神文化氛围。因为，城市的人际交往和人际关系直接受到人们精神状态水平的制约，而这种精神状态水平又是关系城市人文环境的核心问题。

纵观城市人文环境的 3 个层次，从物质层面到制度层面再到精神层面，都是一种城市大文化中的不同层次，层层深入，构成了既各具特色又相互依存的文化群落。

4.2.2 城市人文环境的基本特征

(1)城市人文环境具有表现形式多样性的特征

城市人文环境是城市精神文化生活的综合背景，它不仅以建筑、雕塑、广场、绿地等物质的形式存在，还表现为城市的价值取向、民族意识、居民的精神风貌、社区的文化活动等。

(2)思想和文化内涵是城市人文环境的灵魂

城市人文环境固然以多种形式存在，但这些只是人文环境的外在表现形式，其中蕴含的文化和思想内涵才是它内在的灵魂，城市人文环境缺少了文化和思想内涵，就丧失了存在的必要。

（3）创造精神财富是城市人文环境建设的最高价值和最高准则

良好的人文环境是城市的一笔可观的资产，能创造巨大的经济效益，其价值远远超过它创造的物质财富，它创造的精神财富更具特色，对城市影响更深远，是城市人文环境建设成就的重要标志。城市人文环境固然是吸引投资的重要手段，但城市人文环境蕴含的城市精神代表了城市未来的发展方向，带来了城市文明素质的提高，起到引导舆论，凝聚人心的作用，成为城市人文环境建设的最高价值和最高准则。

4.3　城市人文环境对城市的作用

人文环境对于人类社会的发展产生过巨大的不可替代的作用。纵观我国历史，春秋战国时期出现了"百家争鸣"，学派纷呈，学说丰富多彩，为中国社会尤其是封建社会的发展产生了巨大的影响。19世纪初发生的轰轰烈烈的"五四"运动，掀起了以"科学""民主"为中心的人文思潮，为中国新民主主义革命的到来与胜利埋下了伏笔。再看西方世界，14~16世纪，欧洲先后发生了文艺复兴与思想启蒙运动，期间形成的同中世纪封建宗教势力相悖逆的人文环境，即具有浓重近代色彩的人文精神，有力地推动了欧洲诸国的工业化进程，并为资本主义的发展铺平了道路。

改革开放以来，我国城市化进程高速进行。高速的城市化过程大大拉动了城市的基础性建设，大批的住宅楼、商业楼拔地而起，经济增长点不断攀升。而城市人文环境的建设，也随之日渐受到重视。且不说北京、上海这些大城市对人文环境建设如何重视，深圳、广州等这些以往都以经济发展为第一目标的城市，也开始在很大程度上提高了对城市人文环境建设的重视。与此同时，西部大开发过程中，国家和政府也极其关注其城市人文环境的建设。

城市人文环境建设涉及城市建设的方方面面，表现在城市环境的各个角落，也是保证城市功能发挥的基础之一。城市人文环境对城市的作用主要有以下几个大的方面。

4.3.1　有利于城市经济建设的顺利发展

人文社会环境虽然有时以物质的形式表现出来，但根本上还属于意识形态范畴，它对经济基础有着积极的促进作用。健全的人文社会功能，容易形成健康向上的社会氛围；优美高雅的环境，可以营造人们良好的社会心态；多功能的文化教育，能够培养高素质的劳动者；科学进步的城市气息，必然造就人们先进的发展观念。它们都从不同的角度促使城市的经济充满活力，基础更加稳定，并吸引人才和资金，带动城市经济的繁荣。

纵观我国历史，"文景之治""贞观之治""井冈山精神""延安精神""改革开放"的成功之处，与"大跃进"时期的浮夸冒进、"文革"时期的"阶级斗争扩大化"，"市场经济"以后的"信仰危机""诚信缺乏"也从正反两个方面说明了只有良好的人文环境才能促进经济的快速、高效、可持续发展。

目前，我国对GDP（国内生产总值）的迷恋甚至是崇拜到处弥漫，GDP成为衡量一切、涵盖一切的唯一指标，为了 GDP 数字的增长忽视了社会成本，忽视了效益、效率、质量，不计增长的代价和方式，因此而陷入"增长的异化"就成为必然。根据中国科学院可持续发展战略课题组牛文元教授的统计："中国的高速增长是用生态赤字换取的，扣除这部分损失，纯 GDP 只剩下 78%。"这其实就是人文精神缺失，金钱主义成了衡量社会价值标准的后果。

以江苏省为例，2003 年江苏新增外资跃居全国第 1 位，达到 158 亿美元，增速超过50%。外资的巨大贡献使得江苏的经济飞速发展，2003 年江苏省全部工业实现增加值6 004.65 亿元，比 1998 年增长 89%，年均增长 13.6%，占全国的份额达 11.2%。但是，江苏 GDP 增长与资本投入之比，"九五"期间为 1:1.1，而"十五"变为 1:1.3，2003 年更达到了 1:2。能源消耗比，"九五"为 1:0.6，而"十五"是 1:1.65。"九五"期间，GDP 每增加一个百分点，耗电 $2.5 \times 10^4 kW \cdot h$，而"十五"是 $4.5 \times 10^4 kW \cdot h$。从这一角度看，江苏近年来的经济效益不是提高，而是下降了。交通、电力全面告急，钢材、棉花、石油等工业基础原材料价格持续攀升，"高投入、高消耗、高排放、难协调、低效率"成了巨额外资推动下的江苏经济不容忽视的现实，也是整个中国不得不面对的问题。

"不谋全局者，不足以谋一隅；不谋长远者，不足以谋一时"。国人终于从生态恶化的惨痛教训中明白"增长不等于发展"，我国明确提出了以人为本，全面、协调、可持续的科学发展观，指出："坚持以人为本，树立全面、协调、可持续的发展观，促进经济社会和人的全面发展。要按照统筹城乡发展、统筹区域发展、统筹经济社会发展、统筹人与自然和谐发展、统筹国内发展和对外开放的要求。"这些表明我国已开始反思过去，重新认识到了人文环境的优化、美化和科学化的重要性，并将此付诸行动。

4.3.2　有利于城市的稳定与可持续发展

积极向上的、先进的城市文化与城市居民的良好结合形成和谐持续的人文环境，能够对城市竞争力的提升起到重要的影响和推动作用。良好的人文环境可以反映一个城市的文明程度，决定一个城市的形象，有利于从宏观环境上培养居民的法律意识及现代科技意识、维护城市形象意识，使之具有先进的思想、良好的道德、文明的举止、丰富的知识、健康的身心，只有这样才能创造出一个守法有序、安定和谐、充满朝气和活力的现代文明城市。

良好的人文环境是城市可持续发展的精神力量。从环境的角度看，运用人文环境的宣传作用，教育人们合理地处理经济与文化的关系，重视环境保护的重要性，警示破坏环境的恶果，对社会的可持续发展有着积极意义。

4.3.3　有利于民族事业的保护与进步

城市人文社会环境可以充分体现民族特色，通过各个角度表现、保护和挖掘各民族的文化传统、风俗习惯、风土人情，建设浓郁的民族氛围，使城市建设的民族特色突显出来，从而激励民族意识，稳定民族集聚，提高民族凝聚力，促进民族团结，吸引民族人才，保护和发展民族经济。

全球知识一体化后，民族文化迎来了发展的机遇，但更大的还是挑战。在各种纷繁复杂的文化的冲击下，坚持、发扬和发展民族文化是非常艰巨且至关重要的。实践证明，一个国家的现代化的必要条件是要建立"文化民族国家"。所谓文化民族，就是文明民族，就是理性民族。它包括民族素质的更新和民族个体整体的提高。民族素质和民族个体的现代化历来是国家发展的关键所在。当今世界发展所提出的文化民族和文化个体理论，是各个民族文化国家在一体化发展中的经验概括和总结，可谓是国际的先进文化。根据不同学者对文化民族国家概念和内容理解，文化民族国家应该包括三大基本要素：民族经济、民族政治、民族文化。其中一个至关重要的主题是尊重本民族的文化，使本民族变为适应新时代的"文化民族"，国家才能成为拥有领先人类的文化国家。

城市是社会发展的高级形式，城市人文环境建设中民族精神的体现、民族精神氛围的营造，对生活在其中的人们无论从精神上还是从审美上都有着极大的导向作用。

4.3.4　有利于社会文化和思想道德的建设和发展

通过人文社会环境潜移默化的影响，可以建立健康、科学、现代的文化氛围，形成各具特色的城市区域文化，弘扬中华民族优秀文化。文明健康的大众公共设施、优美卫生的街区环境、喜闻乐见的大众传媒、全面有序的社区管理、健全的教育网络、丰富的文体活动等，都可以传播先进文化，提高人们的文化品位，形成公民高雅、健康的审美情趣。同时，政治方向上，坚持正面宣传，把握舆论导向，建设文化阵地，倡导积极向上的社会气氛，能对公民思想道德建设起潜移默化的作用，形成高尚的思想品质，塑造美好的心灵，促进符合时代发展的道德文明进步，建立健康文明的生活方式，有利于城市经济建设的顺利发展。

4.3.5　有利于城市生态环境的保护

城市自然环境保护问题，归根结底反映到城市人文环境上。城市的自然环境保护，无非是保护城市的空气、水、地面不被污染。污染来自生产与生活自身，都是"现代化"过程的副产品。城市自然环境保护问题的提出，基于各种污染直接威胁人的生存这样一个严峻的事实。进入后工业时代(20世纪60年代)之后，人的攫取财富的迫切心情导致了对环境问题的漠视。结果，英国出现了酸雨，日本出现了水俣病(慢性水银中毒)，欧洲一些城市出现了交通堵塞等问题，被统称为"城市病"。这一切恶果因过于重视效率因素而忽视了"人"的因素。人文环境恶化导致了对人自身的伤害。一个城市如果具有良好的人文环境，就不惧怕自然生态环境的"决堤"，因为人文环境可以覆盖自然环境。在人文环境健全的情况下，自然环境可以变为纯技术性问题。

有了良好的人文环境，城市生态环境自然可以得到修正，趋于和谐。莫斯科城市的发展现状是人文环境覆盖自然环境的绝好例证。虽然，现代化运动如火如荼，然而莫斯科城的原貌并未被现代化浪潮吞噬。至今，莫斯科的2/3地域被原始森林所覆盖。虽经沧桑巨变，莫斯科并未失去本色，这正是让世人惊叹不已的地方。原始森林都能保住，遑论那些美轮美奂的东正教教堂。如果说莫斯科是座花园式古老城市(莫斯科有800多年历史)的话，圣彼得堡则是一座充满传统美的古城。彼得保罗要塞、国立艾尔米塔日博物馆、彼得宫、珍宝陈列馆、缅希科夫宫、亚历山大·涅夫斯基大修道院、战神广场、冬宫广场、十二月党人广场等是传统遗存的代表。实践证明，人文环境可以有力地保护自然环境，可以对自然环境进行"指引"。如果有雄厚的人文主义基础，如果"人文景观"能够得以完好保留，就不怕现代化浪潮冲击，不怕社会政治制度的变迁。圣彼得堡至今完好保留着古迹，这一切充分说明，人文环境与人文主义精神对一个民族的文化延续具有提纲挈领的作用。相反，陷入一般的环境保护误区，而忽视对人文主义精神的追求，即使具体措施头头是道，也注定得之玑羽，失之鹏鲸。

4.4　城市人文环境建设现状与基本途径

4.4.1　我国城市人文环境建设现状和存在问题

（1）重视经济环境、轻视人文社会环境建设

许多小城镇的建设从城市的规划开始就只顾考虑经济方面的指标，忽视了对城市的人文环境建设。

（2）人文环境建设高度有待提高

为了提高城市建设的品位，许多城市加大了人文环境建设的力度，有的城市人文社会环境建设具有一定的特色，甚至引起国际上的关注，如上海、北京、大连、青岛、威海、连云港等城市。当前在许多城市的人文环境建设中存在较大的盲目性和随意性，严重地影响了整体建设效果，使城市建设的水平达不到应有的高度。

（3）缺少我国和本民族本地区的特色

我国是一个历史悠久的多民族国家，有着丰富的民族特色资源，历史上也形成了许多具有民族特色的城市，表现出东方文明传统的人文环境特色。但是，随着现代化城市建设的大规模开展，人们更多地把目光转向国际发达国家和国内大都市的建设模式上，许多城市不顾本地区的环境条件和民族基础，无原则地套用和照搬别国模式，按照国内大都市的人文社会环境来建设自己。无意中丧失了本民族和本地区的人文特色，往往造成畸形发展，毫无特点。

（4）没有从精神文明建设的高度来开展城市人文社会环境的建设

"以德治国"是中国特色社会主义的治国方略，应当有针对性地体现在人文社会环境建设中。但是，现实中这种理念并没有得到很好的贯彻，人们把环境建设仅仅理解为物质环境，对人文社会环境的作用视而不见，更没有从精神文明的角度来认识问题。由此，在城市建设的进程中带来的失误和损失也随处可见。

4.4.2　城市人文环境建设的理念创新

4.4.2.1　弘扬原生理念，重视文化传承

原生理念是坚持某些东西不动或保持其原貌，实现城市人文环境的历史传承。这方面最具代表性的要算罗马旧城了，古罗马市场、帝国大道、古罗马斗兽场、君士坦丁凯旋门、罗马市政厅、万神庙、圣彼得教堂等古城文化遗迹、建筑、城市风貌等，都被意大利政府以立法的方式保护起来。

　　原生理念不仅表现在对人类文化遗产的保护和传承，也表现在对自然景观的保护和模拟。在莫斯科、基辅和圣彼得堡，令人惊奇的是，城市里面有纵横的河流和大片的森林。这3个城市都依河而建，涅瓦河贯穿圣彼得堡，莫斯科河在莫斯科市内蜿蜒，第聂伯河将基辅一分为二，水给这些城市带来了灵气；这3个城市都有大片的森林，城市周边都有数公里宽的环城林带，是名副其实的"城在林中，林在城中"，极大地改善了这些城市的生态环境。原生理念强调城市人文环境建设中对自然景观和文化遗产的保留、保护与模拟，并不意味着保留一切，这中间有一个价值认定的问题。也就是说，要有选择地保留、保护或模拟价值较高的文化遗产或自然景观。要正确处理好原生理念与城市发展的关系，保护传统格局并不排斥城市的现代化功能和城市的发展。原生理念主要是强调保留、保护和模拟价值较高的、具有代表性的文化遗产和自然景观，如北京的四合院、闽南土楼等传统特色民居，可选择具有代表性的若干个建筑群或一个街区保留传统特色，并不需要全部保留，不能因为保留而妨碍城市的整体发展。

　　20世纪50年代以来，旅游业曾被人们誉为"无烟工业""朝阳产业"而备受青睐。进入20世纪80年代后期，生态旅游更成为大家关注的热点，城市生态旅游也逐渐发展成为许多古老名城的重要产业，甚至成为支柱产业。城市生态旅游的支点在于城市所特有的景观生态和城市所特有的历史积淀，从而给旅游者以全方位的精神享受和情操陶冶。因此，在城市规划、设计和建设中，弘扬原生理念，重视文化传承，将给城市发展带来新的生机，也为城市人文环境建设提供了深厚的物质基础。纵观近20年来国内外城市建设和发展现状，这方面的成功典型不在少数，国内的苏州、杭州、西安等城市更成为这方面的成功典范。

4.4.2.2　坚持人本理念，实现人格本位

　　所谓人本理念，就是以人为本，强调人格本位。以物役人与以人役物是两种迥然不同的思路，前者让人去适应物、服从物，而后者则是让物去适应人、服从人。城市人文环境建设，应该有利于城市人群的身体发展和心理发展，围绕身心健康来建设城市人文环境。

　　（1）建设人格本位的物质环境

　　城市居民高密度聚居于城市，物理环境直接影响居民的身心健康。因此，围绕城市居民的生活和工作，建设人格本位的物质环境，是人本理念的重要内容。人格本位的物质环境具体表现在以下3个方面。

　　①环境舒适性：环境舒适性包括城市景观的美感、生活和工作环境的体感、休闲游憩环境的情调等城市居民接触和感受到的一切物质环境的良好感觉。对于不同个体来说，舒适与否是一个见仁见智的问题。但城市人文环境建设是针对城市人群总体，大众化是环境舒适性的衡量标准，即主要考虑大多数人的感觉。

　　②出行便利性：出行便利性主要依赖于城市道路系统和城市交通设施。城市道路系统应具有良好的通达性、持续的通畅性、较好的路面状况、完备而醒目的道路指示标志和特色化的道路绿化系统，方便居民出行。城市交通要求具有多样化的交通设施，全面满足居民近距离出行、市内出行、市外出行等不同的出行需求，并满足不同层次、不同目的的出行消费。此外，居民点400m以内必须有公共汽车站。

③材料安全性：材料安全性是指城市人群吃、穿、用、住等各类生活消费的物质材料，以及日常生活和工作中所接触到的各种物质材料，不应含有或散发具有健康危害的物质，保护城市居民和身体安全和健康。无公害食品、绿色消费等是体现了城市居民对生活消费品的安全性需求；大气污染、水体污染、土壤污染的防治，以及噪声控制、固体废弃物的合理处理处置等环境保护措施，则是维护城市人群所处的公益环境安全性的重要途径。

（2）营造有利于心理发展的文化氛围

人类的心理发展既包括伦理道德和观念意识的定向发展与改变，也包括智力、性格、意志、情感等的培养与导向，还包括心理素质的培养和良好心理状态的维持。营造有利于心理发展的文化氛围，必须从城市人文环境的物质层、形式层、体制层和观念层进行综合调控，全面提升城市品位。从城市人文环境建设的物质表层来看，提升城市的建筑品位，优化景观格局，既关系到城市文脉传承，又同宜人的城市环境休戚相关，对人的心理健康发展具有积极的意义。

从人文环境建设的形式浅层来看，城市和社区居民的生活、分配、交换、消费等活动的方式和行为，以及美食文化、服饰文化、器皿文化、娱乐文化等，对人的心理发展起着潜移默化的作用。从人文环境建设的体制中层来看，城市和社区的上层建筑，各种规章制度、管理体制以及人际关系等，构成了心理发展的体制规范，在一定程度上强制规定着城市居民心理的定向发展与改变。从人文环境的观念深层来看，城市或社区居民的具体行为方式和抽象的规范、准则、观念、心理状态等，促进城市居民个体心理的趋同发展，即以大众化的行为方式和规范、准则、观念和心理状态等作为个体心理发展的看齐标准和努力目标。

城市文化是城市之魂，是民族文化的重要组成部分。纵观中外高品位城市，其超越时空的辉煌和令人难忘的巨大魅力，不仅在于以城市景观的多姿多彩去满足人们的感官享受的需要，更在以博大精深的文化意蕴去熏陶人们的精神世界，引发人们对民族历史的追怀和对未来发展的遐想。良好的城市文化氛围，是培养城市居民的伦理道德观念，形成正确的人生观、世界观、价值观的立地条件，也是城市品位的重要指标。

4.4.2.3　构建生态理念，重视协调发展

生态理念强调城市的和谐、协调，追求城市生态系统的可持续发展。城市生态系统内自然、社会、经济系统间的协调发展，具体表现在城市人群与城市自然环境的和谐协调、城市社会关系的协调发展，以及城市发展与城市经济支撑的协调统一。

（1）城市生态系统的可持续发展

可持续发展已成为21世纪城市发展的方向和战略。可持续发展的核心思想是：健康的经济发展应建立在生态可持续发展、社会公正和人民积极参与自身发展决策的基础上，包括生态可持续发展、经济可持续发展和社会可持续发展，其间相互关联不可分割，生态持续是基础条件，经济与社会持续是目的。城市是人类活动高度密集的场所，人类的生存以及经济和社会系统的发展都是以资源和环境产品的消费为基础的，强调人与自然的和谐协调是城市可持续发展的重要前提，也是城市人文环境建设的重要内容。虽说人与自然的

和谐协调是一个理想化的概念，但也是城市人文环境建设中的生态理念的追求目标。当然，城市人群与城市自然环境的协调发展，不可能像自然生态系统中的生物与环境协调发展一样达到一种"顶极"，它只能根据现实社会发展和经济条件，在现实环境中实现人与自然的协调发展，达到人与自然的"协同进化"。

城市生态系统中人与自然协调与否，可以从以下几个方面来衡量：①城市人群数量与城市的现实条件和资源承载力协调；②城市人群数量的动态变化与城市的社会、经济发展状况相互协调；③城市人群的身心发展的需求与城市人文环境建设的速度相互协调。城市社会关系包括城市人群的各类社会关系和城市的上层建筑与意识形态等内容。城市社会关系的基本单元是家庭；家庭成员彼此之间，以及家庭成员与亲戚朋友、同学同事、左邻右舍、上级下属等，所构成的社会关系则是城市社会关系的具体内容；城市上层建筑与意识形态领域，是规范社会关系的制约机制；城市人群在生产、生活活动中的行为表现，则是实现城市社会关系的具体途径。城市经济体系是城市发展的物质基础，也是城市人文环境建设的物质表层。产业革命所带来的工业文明构建了现代城市的物质文明，同时也带来了诸如环境污染、资源衰退、能源紧张、人口剧增等问题。反思工业文明所带来的利弊，通过优化城市功能分区、调整产业结构、加强污染治理、建设生态工业园区和创建自净生产体系等措施，重构城市经济体系，协调城市生态系统中的自然、社会、经济亚系统之间的关系。

生态城市理论产生于 20 世纪 80 年代，是人们对人与自然关系的认识不断升华的结果。王如松先生对生态城市进行了深入的研究，1994 年提出了建立天城合一的中国生态城思想，认为生态城市的建设要满足以下标准：①人类生态学的满足原则：包括满足人的生理需求和心理需求，满足现实需求和未来需求，满足人类自身进化的需要；②经济生态学的高效原则：最小人工维护原则（城市在很大程度上是自我维持的，外部投入能量最小），时空生态位的重迭作用（发挥城市物质环境的多重利用价值），社会、经济和环境效益的优化；③自然生态学的和谐原则：共生原则（人与其他生物共生，生物与自然共生，邻里之间的共生），自净原则，持续原则（生态系统持续运行）。生态城市理论反映了人类谋求自身可持续发展的美好意愿，体现了人类对人与自然关系更深层次的认识。虽然生态城市的概念及其相关理论尚无明确的概念界定，但多数人已将生态城市作为实现城市可持续发展的范式。

（2）城市与区域经济的协调发展

城市化发展的结果，使现代城市已成为区域的经济中心、文化中心、政治中心、交通中心、信息中心、教育中心，城市发展对周边地区和区域经济的这种辐射作用和中心地位，决定了城市在区域经济中具有非常重要的意义。城市与区域经济的相互关系表现为：城市的发展直接影响和带动区域经济的发展，而区域经济的发展又成为城市发展的重要支撑条件。

城市发展要与城市的经济支撑相互协调。工业革命以前，全世界的城市发展速度均很缓慢，这与当时的生产力低下、城市经济支撑有限密切相关。现代都市的发展，呈现出惊人的速度，使城市化进程迅速加快，这也是现代科学技术成果的应用、现代经济的高效率和高效益运作的必然结果。近十年来，我国各地的城市都以迅猛的速度发展，对加速我国城市化进程、强化城市的中心效应、促进社会发展等方面，都起到了非常重要的作用。然而，我国目前的城市发展现状，大多数都是体现超前发展，或称为"跨越式"发展。2003年，联合国发展署专家组对中国发展现状调查的结果认为，目前中国城市发展水平已接近或达到发达国家的城市发展水平，但中国农村的现状却与非洲农村相差无几。这可以引起我们的思考，也有不同的评说。目前，我国城市"跨越式"发展的经济依托主要是：通过城乡"剪刀差"集中区域财力发展城市，利用市政建设投资主体多元化和融资体系来筹措发展资金，采取国有资源有偿使用和租赁以及国有资产的转让等措施拓展城市发展资金来源。从另一种意义上来说，这些措施的实施，为我国城市的高速发展提供了良好的经济支撑，是中国具体国情下形成的一种城市发展与城市经济支撑的相互协调。

4.5　城市社区环境

4.5.1　社区发展的根本宗旨

社区发展是社区居民在政府机构的支持下，依靠自己的力量，改善社区经济、社会、文化状况的一个过程。在这一过程中，社区工作者协助居民组织起来参与行动。通过研究社区的共同需要，协调社区各界力量，充分利用社区内外资源，采取互助、自治行动等，以达到解决社区共同问题，增强社区凝聚力，提高居民生活水平和促进生活协调发展的目标。

不可否认，社区发展正代表着时代的潮流，已经成为了国家现代化的强劲走势。这一局面的形成同样经历了一个认识逐步深化的过程。20世纪六七十年代，"经济增长第一"的战略表明对工业经济发展的片面追求而在政治、科教、文化、环境治理等方面的滞后，最终会带来无法清除的恶果。70年代以后，"增长第一"的传统发展观受到了广泛的批评，各种"替代发展战略"应运而生。全面考虑改革政体、保护环境、提高科教水平等方面的社会发展战略，被社会普遍关注。然而，综合协调的、可持续的发展观虽然摆脱了单纯以经济增长为目标的发展局限性，却又相应地带来了另一个问题，即这些社会发展的目标如何才能得到有效地落实，怎样找到实现这些目标的最佳承载体。关注国家与社会宏观的、整体发展的社会发展策略，忽视了每一个具体的、生动的个人，从而使这一问题悬而未决。随着发展实践的不断深入，世界各国逐渐认识到，社会发展必须"以人为本"，而以人为核心的全面发展观只有落实到社区发展的层面，才能得到真正的体现。

首先，社区是一个功能完整的社会单位，虽然比起社会来，它的异质性与复杂性要少，但是社区却涵盖了一些基本的社会关系。有学者说，社区就是一定地域上的社会，社区实际上就是一个社会的细胞。由于社区与社会具有的个别与一般的关系，因此可以通过个别来实现一般，即通过实现社区发展的目标来实现社会发展的目标。

其次，社区的精神内涵表明，社区成员对本社区在心理上的归属与认同感远远大于其作为一个社会成员对社会的归属和认同。因此，社会发展目标中的现代公民意识，如民主观、法治观、自治观、参与观等更容易在社区中迅速渗透和覆盖。而社区的空间外延表明其有特定的地域范围，社会发展的各项工作能够在社区中得到更为具体而及时的落实。

其三，社区发展表明了它是一个动态的变迁过程。这一过程是通过社区建设对社区文化、经济、政治等方面具体目标的实现来完成的。而社区建设区别于社会建设的根本之处，是前者能够更为直接的反映社区人的需要和主观意见。因此，社区建设能够充分调动社区人的积极性和主动性，更有效地实现社区发展的目标。

最后，社区发展的核心工作——社区服务，是基于人的需要，充分表现了对人的关怀。社区建设的各项工作是由社区居民广泛参与、民主决策、自主完成的。人作为独立的个体在其中找到了情感与尊严的双重满足。作为个人与大社会联结的一个缓冲过渡地带，社区发展就是为了避免社会的"中空化"，削弱现代社会对人的异化和物化，避免人们失去归属感和安全感，希望建立一个离"人"更近、更可感、更有人情味，也更明确的生活共同。

4.5.2　城市生态社区的特征

社区是组成城市的基本单元，是城市居民生活、聚集的地方。城市社区的生态建设与提高居民的生活质量、改善人民群众的居住环境直接相联系，起着凝聚群众的巨大作用。同时，社会的生态建设也是社区物质文明和精神文明建设的重要内容。近些年来，国内外不少城市已开始了生态社区建设的探索，并将其作为生态城市建设的重要基础。联合国人居委员会认为，今后人类居住地，都要求逐步改造成为既能满足当代和子孙后代的需求，又不影响生态平衡的可持续发展的人类居住区。这意味着社区的建设，应以强化社区的自然生态和人文生态性能为主旨，以整体环境观来组合相关的建设和管理要素，将其建设成为具有现代化水准的，且可持续发展的人类聚居地。所以，生态社区应具有以下基本特征。

①贯彻以人为本的思想，强化居住功能，并为之提供相应的社会保障、生活保障、环境保障和心理保障，使生态社区具有温馨的家园特征。生态社区强调环境对人的养育作用，新型的生态社区应成为优化居民身心素质和育人的基地，实现从幼教到老年业余大学的社会服务。

②生态社区是街道生产与生活综合开发的经济文化型居住区，既应创造安全、舒适、方便的智能化的人类生活住所，又要提供便利的就业条件和满意的社区服务设施。

③生态社区应有一流的、洁净的环境，舒畅的住房空间，和睦的邻里关系，亲切的乡土感情，育人的活动场所，方便的文化社会设施，宜人的居住景观。

④居住区是居民各项社会活动的起点和终点，便捷的交通显得尤为重要。

⑤生态社区的环境建设要与社区经济发展水平相适应，具有良好的可持续发展的功能。

4.5.3　生态社区建设的途径

（1）合理规划

生态社区注重内在各系统的协调发展和各种生态流的畅通，这些都需要有良好的生态规划，使社区由无序、不平衡的简单攀比式发展向有序、平衡的理智型发展。

（2）加强社区管理

社区管理的重点应强调维护社区生态环境和提高全民生态意识、促使社会发展符合生态学规律。加强社区管理职能和职责，形成综合管理型和综合服务型的管理机构，实现服务、协调、高效、参与的四大功能。

（3）提高社区环境质量

节约能源，改变能源结构，提高能源利用率。控制污染排放，提高生活污水集中处理率及生活废水回收率。运用功能区划分、交通道路改造、道路绿化、噪声源控制等手段促使噪声达标率100%。

（4）加强绿地系统建设

社区绿地系统式由宅间绿地、道路绿地、街区公园等组成的点线面结合的系统，建设中应遵循生态系统整体性规律，增加绿地面积，提高绿地质量，优化设计人工群落组合，发挥绿地多种功能，达到改善生态环境质量的目的。

（5）全面提高社区的精神文明和物质文明

生态社区应当满足人的多种需求，这就要求物质形态不断发展，物质形态和生活质量统一、协调地发展提高。社区教育以青少年基础教育为主，向公众教育拓展，实现多层次、多形式的普及教育以满足多方面的需求。增加科教文卫设施的投入，创造丰富多彩的社区精神文化生活。在社区内逐步形成积极向上的精神状态和健康的文化氛围。

（6）加强环保法制建设

在生态社区的建设中，应采取多种方式，在积极观测国家有关环保政策的前提下，进一步加强环保法制建设，争取做到"有法可依、有法必依，执法必严"。为此，可以通过多种方式强调环保法规的严肃性，建立公众参与制定，环境状况评价结果的听证制度和公告制度，以有利于确保环保法规的真正落实。

本章小结

城市的出现是人类文明的一大进步，人文因素成为城市文明的灵魂，城市通过各种情感上的交流、理性上的传递和技术上的熟练而扩大城市生活的各个方面并使之完善，城市将再次成为"文明中最伟大的创造"。

本章共分5个部分。第一部分阐述了城市人文环境的概念及发展。第二部分指出了城市人文环境的物质、制度和精神三个层次以及三大特点。第三部分说明了城市人文环境对城市经济、稳定等方面发挥的巨大作用。第四部分在分析了我国城市人文环境建设现状后提出了城市人文环境建设的基本原则，重点阐述了城市人文环境建设的理念创新。第五部分介绍了城市社区环境相关内容。

思考题

1. 根据我国城市人文环境建设的现状，如何实现城市人文环境建设的理念创新？
2. 结合社区发展的宗旨，建设城市生态社区的途径有哪些？

本章推荐阅读书目

1. 人文空间的新视野：中国近代城市文化的动态发展. 苏基朗. 浙江大学出版社, 2012.
2. 城市生态学. 宋永昌. 华东师范大学出版社, 2000.
3. 城市发展科学精神和人文精神. 1 版. 上海社会科学界联合会. 上海人民出版社, 2010.

第3篇

城市生态系统的生物环境

5 城市种群生态学基础

种群是特定时间内一定空间中同种个体的集合。生命系统包含有不同的组织层次，种群是物种存在的基本单位，是生物进化的基本单位，也是生命系统更高组织层次——生物群落的基本组成单位。本章中，我们将探讨种群动态及其调节因素，物种的生活史对策和种内、种间关系。

5.1 种群及其基本特征

5.1.1 种群的概念

种群(population)是在一定空间中同种个体的组合。这是最一般的定义，表示种群是由同种个体组成的，占有一定的领域，是同种个体通过种内关系组成的一个统一体或系统。

种群概念既可以从抽象的理论意义上理解，即将其理解为个体所组成的集合群，这是一种学科划分层次上的概念；也可以应用于具体的对象上，如某地的某种生物种群。这种意义上的种群概念，其空间和时间上的界限多少是由研究是否方便而划分的，如全世界的人口种群和某一地区的人口种群等。

5.1.2 种群的基本特征

(1)空间特征

种群都要占据一定的分布区，组成种群的每个有机体都需要有一定的空间进行繁殖和生长。因此，在此空间中要有生物有机体所需要的食物及各种营养物质，并能与环境进行物质交换。不同种类的有机体所需空间性质和大小是不相同的。大型生物需要较大的空间，如东北虎活动范围需 $300 \sim 600 km^2$，体型较小、肉眼不易看到的浮游生物，在水介质中获得食物和营养，需要的空间很小。种群数量的增多和种群个体生长的理论说明，在一个局限的空间中，种群中个体在空间中是越来越接近，而每个个体所占据的空间也越来越小，种群数量的增加就会受到空间的限制，进而产生个体间的争夺，出现领域性行为和扩散迁移等。所谓领域性行为是指种群中的个体对占有的一块空间具有进行保护和防御的行为。衡量一个种群是否繁荣和发展，一般要视其空间和数量的情况而定，亦即一个种群所占有的生存空间越充足，则其发展繁衍的潜势也越大，反之也一样。

（2）数量特征

种群的数量特征是以占有一定面积或空间的个体数量，即种群密度来表示的，它是指单位面积或单位空间内的个体数目。另一种表示种群密度的方法是生物量，它是指单位面积或空间内所有个体的鲜物质或干物质的质量。种群密度可分为绝对密度和相对密度。前者指单位面积或空间上的个体数目，后者是表示个体数量多少的相对指标。

（3）遗传特征

种群内个体可相互交配，具有一定的基因组成，系一个基因库，以区别于其他物种。当然，地理空间跨度较大的广布种，不同种群间发生一定的地理变异，使该物种的遗传多样性增加。种群的个体在遗传上不一致，种群内的变异性是进化的起点，而进化则使生存者更适应变化的环境。如果环境在地理空间上连续变化，则导致种群基因频率或表型的渐变，表型特征或等位基因频率逐渐改变的种群叫作渐变种群。

种群生态学研究种群的数量、分布以及种群与其栖息环境中的非生物因素和其他生物种群，例如捕食者与猎物、寄生物与宿主等的相互作用。简单地说，种群生态学是研究种群动态、特征及其生态规律的科学。与种群生态学有密切关系的种群遗传学研究种群中的遗传过程，包括选择、基因流、突变和遗传漂移等。20世纪60年代，很多生物学家认识到分别研究种群生态学和种群遗传学的局限性，发觉种群中个体数量动态和个体遗传特性动态有密切的关系，并力图将这两个独立的分支学科有机地整合起来，从而提出了种群生物学，生态遗传学和进化生态学就是在这种思想影响下迅速发展起来的。

5.2 种群动态

种群动态是种群生态学的核心问题。种群动态研究种群数量在时间上和空间上的变动规律。简单地说，就是：①有多少（数量或密度）；②哪里多、哪里少（分布）；③怎样变动（数量变动和扩散迁移）；④为什么这样变动（种群调节）。

种群动态的基本研究方法有野外调查掌握资料，试验研究证实假说，以及通过数学模型进行模拟研究。一般来说，首先是通过野外观察获得经验资料，经过分析提出解释或假说，然后通过试验研究证实假说；有时也通过建立数学模型进行模拟研究，加深对生态观察的解释和提出更完善的假说，并需进一步从观察或试验上加以验证。

对种群动态及影响种群数量和分布的生态因素的研究，在生物资源的合理利用、生物保护及病虫害防治等方面都有重要的应用价值。

5.2.1 种群的密度和分布

5.2.1.1 大小和密度

一个种群的大小是一定区域种群个体的数量，也可以是生物量或能量。种群的密度是单位面积、单位体积或单位生境中个体的数目。严格来说，密度和数目是有区别的，在生态学中应用数量高、数量低、种群大小这些意义时，有时虽然没有指明其面积或空间单位，但也必然将之隐含在其中。否则，没有空间单位的数量多少也就成为无意义的了。

在调查分析种群密度时，首先应区别单体生物和构件生物。单体生物的个体很清楚，如蛙有 4 条腿，昆虫有 6 条腿等，各个体保持基本一致的形态结构，它们都由一个受精卵发育而成。构件生物与它们不同，由一个合子发育成由一套构体组成的个体，如一株树有许多树枝，一个稻丛有许多分蘖，并且构件数很不相同，从构件产生新的构件，其多少还随环境条件而变化。高等植物是构件生物，大多数动物属单体生物，但营固着群体生活的珊瑚、薮枝虫、苔藓虫等也是构件生物。

如果说对于单体生物以个体数就能反映种群大小，那么对于构件生物就必须进行 2 个层次的数量统计，即从合子产生的个体数(它与单体生物的个体数相当)和组成每个个体的构件数。只有同时有这 2 个层次的数量及其变化，才能掌握构件生物的种群动态。

不仅如此，构件生物的构件本身，有时也分成 2 个或若干个水平。例如草莓的叶排列呈莲座状，随着草莓生长，莲座数和莲座上的新叶数都有增长，具典型的 2 个水平的构件。乔木可能有若干个水平的构件：叶与其腋芽，以及不同粗细的枝条系统。

对许多构件生物，研究构件的数量与分布状况往往比个体数(由合子发展起来的遗传单位)更为重要。一丛稻可以只有一根主茎到几百个分蘖，个体的大小相差悬殊，所以在生长上计算稻丛数量意义不大，而计算杆数比之区分主茎更有实际意义。果树上的枝节还具有不同年龄，有叶枝与果枝的区别，每一果座上花数与果实数也有变化。许多天然植物都是无性繁殖的，个体本身就是一个无性系的"种群"。由此可见，研究植物种群动态，必须重视个体以下水平的构件组成的"种群"的重要意义，这是植物种群区别于动物种群的重要一点。

5.2.1.2　种群的数量统计

研究种群动态规律，首先要进行种群的数量统计。进行统计前，还要确定被研究种群的边界。因为许多生物种呈大面积的连续分布，种群边界不很清楚，所以在实际工作中往往随研究者的方便来确定种群边界。数量统计中，种群大小的最常用指标是密度。密度通常以单位面积(或空间)上的个体数目表示，但也有应用每片叶子、每个植株、每个宿主为单位的。最直接方法是计数种群中每一个体，如一片林子中所有树，繁殖基地上所有海豹。用航空摄像可计数所有移动中的羚羊，或间隔较远的大型仙人掌。这种总数量调查适用范围有限。最常用的是样方法，即在若干样方中计数全部个体，然后以其平均数推广来估计种群整体。样方必须有代表性，并通过随机取样来保证结果可靠，并用数理统计法来估计其变差和显著性。

由于生物的多样性，具体数量统计方法随生物种类和栖息地条件而异；大体分为绝对密度统计和相对密度统计 2 类。绝对密度是指单位面积或空间的实有个体数，而相对密度则只能获得表示数量高低的相对指标。例如，每公顷有 10 只黄鼠是绝对密度，而每置100 铗日捕获 10 只是相对密度，即 10% 捕获率。相对密度又可分为直接指标和间接指标，如 10% 捕获率以黄鼠只数表示是直接指标，而每公顷鼠洞数则是间接指标。

5.2.1.3　种群的空间结构

组成种群的个体在其生活空间中的位置状态或布局，称为种群的内分布型或空间格局，简称分布。种群的内分布型大致可分为 3 类：①均匀型（uniform）；②随机型（random）；③成群型（clumped）（图5-1）。

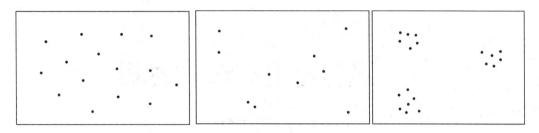

图5-1　种群的 3 种空间格局

均匀分布的产生原因，主要是由于种群内个体间的竞争。例如，森林中植物为竞争阳光（树冠）和土壤中营养物（根际），沙漠中植物为竞争土壤水分。分泌有毒物质于土壤中以阻止同种植物籽苗的生长是形成均匀分布的另一原因。

随机分布中每一个体在种群领域中各个点上出现的机会是相等的，并且某一个体的存在不影响其他个体的分布。随机分布比较少见，因为在环境的资源分布均匀一致、种群内个体间没有彼此吸引或排斥时才易产生随机分布。例如，森林地被层中的一些蜘蛛，面粉中的黄粉虫。

成群分布是最常见的内分布型。成群分布的形成原因是：①环境资源分布不均匀，富饶与贫乏相嵌；②植物传播种子方式使其以母株为扩散中心；③动物的社会行为使其结合成群。成群分布又可进一步按群本身的分布状况划分为均匀群、随机群和成群群，后者具有两级的成群分布。

构件生物的构件包括地面的枝条系统和地下根系，其空间排列是一重要生态特征。枝叶系统的排列决定光的摄取效率，而根分支的空间分布决定水和营养物的获得。虽然枝叶系统是"搜索"光的，根系统是"逃避"干旱的，但是与动物依仗活动和行为进行搜索和逃避不同，植物靠的是控制构件生长的方向。

植物重复出现的构件的空间排列，成为建筑学结构，它是决定植物个体与环境相互关系和个体间相互作用的。

5.2.2　种群统计学

种群具有个体所不具备的各种群体特征。这些特征多为统计指标，大致可分为 3 类：①种群密度，它是种群的最基本特征；②初级种群参数，包括出生率、死亡率、迁入和迁出；③次级种群参数，包括性比、年龄结构和种群增长率等。种群统计学就是关于种群的出生、死亡、迁移、性比、年龄结构等的统计学研究。

（1）年龄结构

种群的年龄结构是指不同年龄组的个体在种群内的比例或配置情况。研究种群的年龄结构和性比对深入分析种群动态和进行预测预报具有重要价值。年龄组可以是特定分类群，如年龄或月龄，也可以是生活史期，如卵、幼虫、蛹和龄期。年龄锥体(age pyramid)是以不同宽度的横柱从上到下配置而成的图如图 5-2 所示。横柱高低的位置表示由幼到老的不同年龄组，宽度表示各年龄组的个体数或百分比。按锥体形状，年龄锥体可划分为 3 个基本类型。

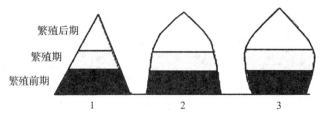

图 5-2　年龄锥体的 3 种基本类型(仿 Odum)

1. 增长型　2. 稳定型　3. 下降型

①增长型种群：锥体呈典型金字塔形，基部宽、顶部狭，表示种群中有大量幼体，而老年个体较小。种群的出生率大于死亡率，是迅速增长的种群。

②稳定型种群：锥体形状和老、中、幼比例介于 1、3 两类之间。出生率与死亡率大致相平衡，种群稳定。

③下降型种群：锥体基部比较狭而顶部比较宽。种群中幼体比例减少而老体比例增大，种群的死亡率大于出生率。

种群的年龄结构对于了解种群历史，分析和预测种群动态具有重要价值。图 5-3 为 2005 年中国人口的年龄结构。

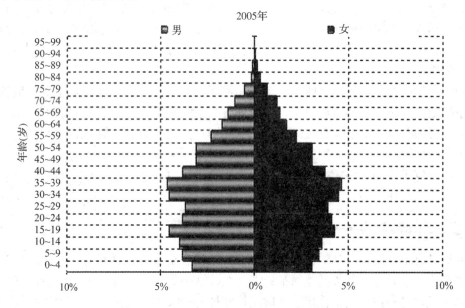

图 5-3　2005 年中国人口的年龄结构

由图 5-3 可知：①人口基本上是稳定型；②0～4 岁、5～9 岁、10～14 岁、20～24 岁和 25～29 岁共 5 个年龄组的横柱较狭，说明 1976～1985 年和 1991～2005 年的计划生育有成效；③15～19 岁年龄组横柱相当宽，主要与 30～34 岁和 35～39 岁年龄组人口比重大密切相关，而这 2 个年龄组人口多是在当时的人口政策下的结果。由此可见，人口动态中各种社会和自然因素的影响，将在年龄锥体中反映出来，并保持相当持久，影响以后的发展趋势。

（2）性比

性比是种群中雌雄个体所占的比例。大多数动物种群的性比接近 1:1。人口统计中常将年龄锥体分成左右两半，分别表示男性和女性的年龄结构。性别比在个体不同的生长阶段具有不同的特征，如受精卵的性比大致为 50:50，这是第一性比；到幼体出生，第一性比就会改变，这一阶段的性别比称为第二性比；此阶段后的充分成熟的个体性比称第三性比。

性比和种群的配偶关系以及个体性成熟的年龄对种群的繁殖力以至数量的变动都有着重要的影响。

5.2.3　种群的增长

种群增长是指随时间变化种群个体数目增加的情况，体现着种群的动态特征。在自然界，决定种群数量变动的基本因素是出生率和死亡率，以及迁入和迁出等。出生和迁入使种群数量增加，死亡和迁出使种群数量减少。

种群大小随时间的变化可以按如下方法计算：t 时间种群原来数量（N_t），加上新出生的个体数（B）和迁入个体数（I），减去死亡个体数（D）和迁出的个体数（E），就可以得到 $t+1$ 时间种群的数量（N_{t+1}），这可以用方程表示：

$$N_{t+1} = N_t + B + I - D - E \tag{5-1}$$

种群的实际增长率成为自然增长率，用 r 来表示。r 可用公式 $r = \dfrac{\ln R_0}{T}$ 计算。式中：T 表示世代时间，它是指种群中子代从母体出生到子代再产子的平均时间；R_0 为净增值率，即存活率与生殖率的乘积之和。从这一公式可以得知，控制人口有两条途径：①降低 R_0 值，即降低世代增值率，也就是要限制每对夫妇的子女数；②增大 T 值，通过推迟首次生殖时间或晚婚来达到。

在一组特定条件下，一个体具有最大的生殖潜力，成为内禀自然增长率 r_m。这是种群在不受资源限制的情况下，于一定环境中可达到的理论最大值。在资源量受限制的情况下，r 值可能是正值、负值或零，分别表示种群数量上升、下降和不变。

现代生态学家在提出生态学一般规律中，常常求助于数学模型研究。数学模型是用来描述现实系统或其性质的一个抽象的、简化的数学结构。在数学模型研究中，人们最感兴趣的不是特定公式的数学细节，而是模型的结构：哪些因素决定种群的大小？哪些参数决定种群对自然和人为干扰的反应速度等？

种群增长模型很多。按模型涉及的种群数，分为单种种群模型和两个相互作用的种群模型。按增长率是一常数还是随密度而变化，分为与密度无关和与密度有关增长模型。按种群的世代彼此间是否重叠，分为连续和不连续（或称离散）增长模型。按模型预测的是确定性值还是作概率分布，分为决定型模型和随机型模型。此外，还有具时滞的和不具的，具年龄结构的和不具的等。

(1)非密度制约性种群增长模型

种群在无限的环境中，即假定环境中空间、食物等资源是无限的，因而其增长率不随种群本身的密度而变化。这种无限增长可用连续型种群模型来描述，以在 t 时间时，种群数量的变化率来表示。

t 时间种群大小的变化率 = 内禀增长率 × 种群大小

$$\frac{\mathrm{d}N_t}{\mathrm{d}t} = rN$$

以种群大小 N_t 对时间 t 作图，得到种群的增长曲线（见图5-4）。显然曲线呈"J"字型，如果以 $\lg N_t$ 对 t 作图，则变为直线。

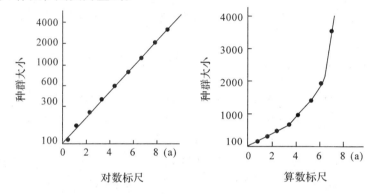

图5-4　种群增长曲线（仿 Krebs，1978）

$N_0 = 100，r = 0.5$

r 是一种瞬时增长率（instantaneous rate of increase），$r > 0$ 种群上升；$r = 0$ 种群稳定；$r < 0$ 种群下降。

r 值能表示物种的潜在增殖能力。例如，恒温箱中培养细菌，如果从一个菌开始，通过分裂按2，4，8，16，…在短期中能表示出指数增长。许多具简单生活史的动物在实验培养中也有类似指数增长。在自然界中，一些一年生昆虫，甚至某些小啮齿类，在春季优良条件下，其数量也会呈指数增长。值得一提的是16世纪以来，世界人口表现为指数增长，所以一些学者称为人口爆炸。

(2)密度制约型种群增长模型

实际上，上述按生物内在增长能力即生物潜力呈指数方式的增长，在自然界从来不可能完全实现。这是因为环境中许多限制生物增长的生物与非生物因素，如食物不足、疾病流行、天敌捕猎、种内和种间竞争、空间有限和气候条件不良等，必然影响到种群的出生率和存活数目，从而降低种群的实际增长率，使个体数目不可能无限制地增长下去。

因此，具密度效应的种群连续增长模型，比无密度效应的模型增加了2点新的考虑：①有一个环境容纳量（通常以 K 表示），当 $N_t = K$ 时，种群为零增长，即 $\mathrm{d}N/\mathrm{d}t = 0$；②增长率随密度上升而降低的变化。

按此2点假定，种群的增长可用如下方程描述：

$$\frac{\mathrm{d}N}{\mathrm{d}t} = rN\left(1 - \frac{N}{K}\right)，\quad \text{其积分式为} \quad N_t = \frac{K}{1 - \mathrm{e}^{a-rt}}$$

这就是生态学发展史上著名的逻辑斯谛方程。新出现的参数 a，其值取决于 N_0，是表示曲线对原点的相对位置的。在此情况下，种群增长曲线将不再是"J"型，而是"S"型的。"S"型曲线同样有 2 特点：①曲线渐近于 K 值，即平衡密度；②曲线上升是平滑的。

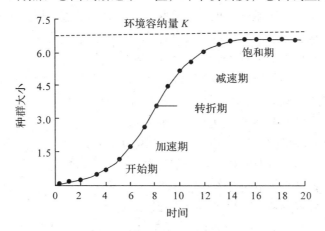

图 5-5　种群增长模型图（仿 Kendeigh，1978）

逻辑斯谛曲线（见图 5-5）常被划分为 5 个时期：①开始期，也可称潜伏期，由于种群个体数很少，密度增长缓慢；②加速期，随着个体数增加，密度增长逐渐加快；③转折期，当个体数达到饱和密度 1/2（即 $K/2$ 时），密度增长最快；④减速期，个体数超过 $K/2$ 以后，密度增长逐渐变慢；⑤饱和期，种群个体数达到 K 值而饱和。

逻辑斯谛模型的 2 个参数 r 和 K，均具有重要的生物学意义。如前所述，r 表示物种的潜在增殖能力，而 K 则表示环境容纳量，即物种在特定环境中的平衡密度。虽然模型中的 K 值是一最大值，但作为生物学含义，它应该可以随环境（资源量）改变而变化。

逻辑斯谛增长模型的重要意义是：①它是许多 2 个相互作用种群增长模型的基础；②它也是渔捞、林业、农业等实践领域中，确定最大持续产量的主要模型；③模型中 2 个参数 r、K，已成为生物进化对策理论中的重要概念。

5.3　生态对策

各种生物在进化过程中形成各种特有的生活史，人们可以把它想象为生物在生存斗争中获得生存的对策，称为生态对策，或生活史对策。例如，生殖对策、取食对策、逃避捕食对策、扩散对策等，而 r – 和 K – 对策关系到生活史整体的各个方面，广泛适用于各种生物类群，因而更为学者所重视。

1954 年，英国鸟类学家 Lack 在研究鸟类生殖率进化问题时提出：每一种鸟的产卵数，有以保证其幼鸟存活率最大为目标的倾向。成体大小相似的物种，倘若产小卵，其生育力就高，但可利用的资源有限，高生育力的高能量消费必然降低对保护和关怀幼鸟的投资。这就是说，在进化过程中，动物面临着两种相反的，可供选择的进化对策。一种是低生育力的，亲体有良好的育幼行为；另一种是高生育力的，没有亲体关怀的行为。

1976 年，MacArthur 和 Wilson 推进了这个思想，他们按栖息环境和进化对策把生物分

成 r - 对策者和 K - 对策者两大类。前者属 r - 选择，后者属 K - 选择。K - 选择的生物，通常出生率低、寿命长、个体大、具有较完善的保护后代机制，一般扩散能力较弱，但竞争能力较强，即把有限能量资源多投入于提高竞争能力上。r - 对策者相反，通常出生率高、寿命短、个体小，一般缺乏保护后代机制，竞争力弱，但一般具很强的扩散能力，一有机会就入侵新的栖息生境，并通过高 r 值而迅速增殖。它们是机会主义物种，通常栖息于气候不稳定，多难以预测天灾的地方。因为其种群数量变动较大，经受经常的低落、增大、扩展，是高增长率的，所以称为 r - 对策者。K - 对策者的种群密度通常处于逻辑斯谛模型的饱和密度 K 值附近，其种群稳定而少变，所以称为 K - 对策者。比较狮、虎等大型兽类与小型啮齿类的这些特征，就可清楚地看到这两类进化对策的主要区别：在进化过程中，r - 对策者是以提高增殖能力和扩散能力取得生存，而 K - 对策者以提高竞争能力获得优胜。鸟类、昆虫、鱼类和植物中，都有很多 r/K 选择的报道。从极端的 r - 对策者到极端的 K - 对策者之间，中间有很多过渡的类型，有的更接近 r - 对策，有的更接近 K - 对策，这是一个连续的谱系，可称为 r - K 连续体。

r - K 对策的概念已被应用于杂草、害虫和拟寄生物，以说明这些生物的进化对策，农田生态系统是人类种植并进行喷药、施肥等活动的场所，人类关心的是作物生长和去除杂草和害虫，所以杂草害虫必须有较高的增殖和扩散能力，才能迅速侵入和占领这类系统，它们一般都是 r - 对策者。杂草中如狗尾草、马唐、飞蓬和豚草，害虫如褐飞虱、黏虫、蟆虫等；而飞蝗可以被视为具有两种对策交替使用的特殊类型，即群居相是 r - 对策的，散居相是 K - 对策的。蚜虫的有翅和无翅世代交替也是这样。至于选择拟寄生物作为防治害虫天敌，同样要考虑 r - K 对策者的不同作用。表 5-1 为 r - 选择和 K - 选择相关特征的比较。

表 5-1　r - 选择和 K - 选择相关特征的比较

	r - 选择	K - 选择
气候	多变，难以预测，不确定	稳定，可预测，较确定
死亡	常是灾难性的、无规律、非密度制约	比较有规律、受密度制约
存活	存活曲线 C 型，幼体存活率低	存活曲线 A、B 型，幼体存活率高
种群大小	时间上变动大、不稳定、通常低于环境容纳量 K 值	时间上稳定、密度临近环境容纳量 K 值
种内种间竞争	多变，通常不紧张	经常保持紧张
选择倾向	发育快、增长力高、提早生育、体型小、单次生殖	发育缓慢、竞争力高、延迟生育、体型大、多次生殖
寿命	短，通常小于 1 年	长，通常大于 1 年
最终结果	高繁殖力	高存活力

r - 和 K - 两类对策，在进化过程中各有其优缺点。K - 对策的种群数量较稳定，一般保持在 K - 值附近，但不超过它，所以导致生境退化的可能性较小。具亲代关怀行为、个体大和竞争能力强等特征，保证它们在生存竞争中取得胜利。但是一旦受到危害而种群下降，由于其低 r 值而恢复困难。大熊猫、虎、豹等珍稀动物就属此类，在物种保护中尤应

注意。相反，r-对策者虽然由于防御力弱、无亲代关怀等原因而死亡率甚高。但高r值能使种群迅速恢复，高扩散能力，又使它们迅速离开恶化的生境，并在别的地方建立起新的种群。r-对策者的高死亡率、高运动性和连续地面临新局面，可能使其成为物种形成的丰富源泉。

5.4 种内关系与种间关系

生物在自然界长期发育与进化的过程中，出现了以食物、资源和空间为主的种内与种间关系。我们把存在于各个生物种群内部的个体与个体之间的关系称为种内关系，而将生活于同一生境中的所有不同物种之间的关系称为种间关系。

种内个体间或物种间的相互作用可根据相互作用的机制和影响来分类。种内关系包括密度效应、动植物性行为（植物的性别系统和动物的婚配制度）、领域性和社会等级等。种间关系则有多种多样，最主要的有（表5-2）中的9种相互作用类型，可以概括为两大类，即正相互作用与负相互作用。在生态系统的发育与进化中，正相互作用趋向于促进或增加，从而加强2个作用种的存活，而负相互作用趋向于抑制或减少。

表5-2 生物种间关系基本类型

序号	类 型	物种1	物种2	特 征
1	偏利共生	+	○	种群1偏利者，种群2无影响
2	原始合作	+	+	对两物种均有利，但非必然
3	互利共生	+	+	对两物种都必然有利
4	中性作用	○	○	两物种彼此无影响
5	直接干涉型竞争	—	—	一物种直接抑制另一种
6	资源利用型竞争	—	—	资源短缺时的间接抑制
7	偏害作用	—	○	种群1受抑制，种群2无影响
8	寄生作用	+	—	种群1寄生者，通常较缩主2的个体小
9	捕食作用	+	—	种群1捕食者，通常较猎物2个体大

注：○表示没有有意义的相关影响；+表示对生长、存活或其他种群特征有利；—表示种群生长或其他特征受抑制。引自《生态学基础》(E. P. Odum 著，孙儒泳、钱国桢等译)

5.4.1 密度效应

动物种群和植物种群内个体间的相互关系，其表现有很大的区别。动物具活动能力，个体间的相容或不相容关系主要表现在领域性、等级制、集群和分散等行为上，而植物除了有集群生长的特征外，更主要的是个体间的密度效应，反映在个体产量和死亡率上。在一定时间内，当种群的个体数目增加时，就必定会出现邻接个体之间的相互影响，称为密度效应。目前，发现植物的密度效应有2个基本的规律。

(1)最后产量恒值法则

Donald(1951)对三叶草密度与产量的关系做了一系列研究后发现，不管初始播种密度如何，在一定范围内，当条件相同时，植物的最后产量差不多总是一样的。最后产量恒值法则可用下式表示：

$$Y = \overline{W} \times d = K_i \tag{5-2}$$

式中：Y 为单位面积产量；$\overline{W}$ 为植物个体平均产量；d 为密度；K_i 为常数。

最后产量恒值法则的原因为：在高密度下，植物间对光、水、营养物、空间等资源的竞争十分激烈。在有限的空间、资源中，植物株生长率降低，个体变小。

（2）–3/2 自疏法则

随着播种密度的提高，种内竞争不仅影响到植物生长发育的速度，也影响到植株的存活率。同样，在年龄相等的固着性动物群体中，竞争个体不能逃避，竞争的结果也是使较少的较大个体存活下来。这一过程叫作自疏。自疏导致密度与生物个体大小之间的关系，该关系在双对数图上具有典型的 –3/2 斜率，这种关系叫作 Yoda 氏 –3/2 自疏法则，简称 –3/2 自疏法则。该法则可用下式表示：

$$\overline{W} = C \times d^{-3/2} \tag{5-3}$$

两边取对数得：$\lg \overline{W} = \lg C - \dfrac{3}{2}\lg d$

式中：$\overline{W}$ 为植物个体平均产量；d 为密度；C 为常数。

5.4.2 种间竞争

种间竞争是指具有相似要求的物种，为了争夺空间和资源而产生的一种直接或间接抑制对方的现象。在种间竞争中，常常是一方取得优势，而另一方受抑制甚至被消灭。

（1）高斯假说

前苏联生态学家 G. F. Gause（1934）选择在分类上和生态习性上都很接近的原生动物大草履虫（*Paramecium caudatum*）和双核小草履虫（*P. aurelia*）进行竞争试验，当分别在酵母介质中培养时，双核小草履虫比大草履虫增长快，当把两种加入同一培养器中时，虽然在初期两种草履虫都有增长，但由于双小核草履虫增长快，最后排挤了大草履虫的生存，双小核草履虫在竞争中获胜如图 5-6 所示。这种种间竞争情况后来被英国的生态学家称为高斯假说。近代人们又用竞争排斥原理来表示这种概念，即在一个稳定的环境内，2 个以上受资源限制的、具有相同资源利用方式的种，不能长期共存在一起，也即完全的竞争者不能共存。

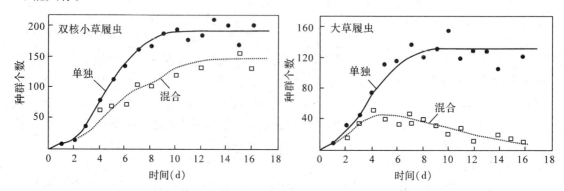

图 5-6　两种草履虫单独和混合培养时的种群动态

　　不对称性是种间竞争的一个共同特点。不对称性是指竞争各方影响的大小和后果不同，即竞争后果的不等性。种间竞争的另一个共同特点是：对一种资源的竞争，能影响对另一种资源的竞争结果。以植物间竞争为例，冠层中占优势的植物，减少了竞争对手进行光合作用所需的阳光辐射。这种对阳光的竞争也影响植物根部吸收营养物质和水分的能力。

（2）Lotka-Volterra 模型

　　美国学者 Lotka（1925）和意大利学者 Volterra（1926）分别独立地提出了描述种间竞争的模型。它们是逻辑斯蒂模型的延伸。

　　现假定有 2 个物种，当它们单独生长时其增长形式符合逻辑斯蒂模型，其增长方程为：

物种 1：
$$\frac{\mathrm{d}N_1}{\mathrm{d}t} = r_1 N_1 \left(K_1 - \frac{N_1}{K_1} \right)$$

物种 2：
$$\frac{\mathrm{d}N_2}{\mathrm{d}t} = r_2 N_2 \left(K_2 - \frac{N_2}{K_2} \right)$$

式中：N_1，N_2 分别为 2 个物种的种群数量；K_1，K_2 分别为 2 个物种种群的环境容纳量；r_1，r_2 分别为 2 个物种种群增长率。

　　如果将这 2 个物种放置在一起，它们就要发生竞争。设物种 1 和物种 2 的竞争系数分别为 α 和 β（α 表示每个 N_2 对于 N_1 所产生的竞争抑制效应，β 表示每个 N_1 对于 N_2 所产生的竞争抑制效应），并假定 2 种竞争者之间的竞争系数保持稳定，则物种 N_1 在竞争中种群增长模型为：

$$\frac{\mathrm{d}N_1}{\mathrm{d}t} = r_1 N_1 \left(\frac{K_1 - N_1 - \alpha N_2}{K_1} \right) \tag{5-4}$$

物种 N_2 在竞争中种群增长模型为：

$$\frac{\mathrm{d}N_2}{\mathrm{d}t} = r_2 N_2 \left(\frac{K_2 - N_2 - \alpha N_2}{K_2} \right) \tag{5-5}$$

　　方程式（5-4）、（5-5）即为 Lotka-Volterra 的种间竞争模型。

　　从理论上讲，2 个物种的竞争结果是由 2 个种的竞争系数 α、β 与 K_1、K_2 比值的关系决定的，可能有以下 4 种结果：

　　当 $\alpha > K_1/K_2$ 和 $\beta > K_2/K_1$ 时，两个种都可能获胜；

　　当 $\alpha > K_1/K_2$ 和 $\beta < K_2/K_1$ 时，物种 1 被淘汰，物种 2 获胜；

　　当 $\alpha < K_1/K_2$ 和 $\beta > K_2/K_1$ 时，物种 2 被淘汰，物种 1 获胜；

　　当 $\alpha < K_1/K_2$ 和 $\beta < K_2/K_1$ 时，物种 1 与物种 2 共存。

5.4.3　生态位理论

　　生态位是生态学中的一个重要概念，是指在自然生态系统中，一个种群在时间和空间上的位置及其与相关种群间的功能关系。明确这个概念对于正确认识物种在自然选择进化中的作用，以及在运用生态位理论指导人工群落建立中种群的配置等方面具有十分重要的意义。

生态位理论有一个形成与发展的过程。1910 年，美国学者 R. H. Johnson 第一次在生态学论述中使用生态位一词。1917 年，J. Grinell 的《加州鸫的生态位关系》一文使该名词流传开来，但他当时所注意的是物种区系，所以侧重从生物分布的角度解释生态位概念，后人称之为空间生态位。1927 年，C. Elton 著《动物生态学》一书，首次把生态位概念的重点转到生物群落上来。他认为：一个动物的生态位是指它在生物环境中的地位，指它与食物和天敌的关系。所以，C. Elton 强调的是功能生态位。1957 年，英国生态学家 G. E. Hutchinson 建议用数学语言、用抽象空间来描绘生态位。例如，一个物种只能在一定的温度、湿度范围内生活，摄取食物的大小也常有一定限度，如果把温度、湿度和食物大小 3 个因子作为参数，这个物种的生态位就可以描绘在一个三维空间内；如果再添加其他生态因子，就得增加坐标轴，改三维空间为多维空间，所划定的多维体就可以看作生态位的抽象描绘，称之为基础生态位。但在自然界中，因为各物种相互竞争，每一物种只能占据基础生态位的一部分，称这部分为现实生态位。G. E. Hutchinson 的生态位概念目前已被广泛接受，有如下一些重要观点：

①生态位与生境具有不同的含义。生态位是物种在群落中所处的地位、功能和环境的特征值；而生境是指物种生活的环境类型的特征，如地理位置、海拔、温湿条件等。

②G. E. Hutchinson 将种间竞争作为生态位的特殊的环境参数。无竞争时，某物种所占据的生态位为基础生态位，这是物种潜在的可占领的空间；有竞争时某物种所占据的生态位为现实生态位，其范围是由竞争因子所决定的。G. E. Hutchinson 认为物种的基础生态位由于竞争的原因而一部分将受到损失。

③物种的生态位也将被生境所限制，生境会使生态位的部分内容缺失。

生物在某一生态位维度上的分布，如以图表示，常呈正态曲线如图 5-7 所示。这种曲线可以称为资源利用曲线，它表示物种具有的喜好位置（如喜食昆虫的大小）及其散布在喜好位置周围的变异度。例如，(a)图各物种的生态位狭，相互重叠少，$d > w$，表示物种之间的种间竞争小；(b)图各物种的生态位宽，相互重叠多，$d < w$，表示种间竞争大。

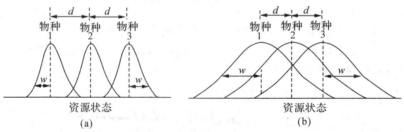

图 5-7　3 个共存物种的资源利用曲线（仿 Begon，1986）

(a)生态位狭，相互重叠少　(b)生态位宽，相互重叠多

(d 为曲线峰值间的距离，w 为曲线的标准差)

比较 2 个或多个物种的资源利用曲线，就能分析生态位的重叠和分离情形，探讨竞争与进化的关系。如果 2 个物种的资源利用曲线完全分开，那么就有某些未利用资源。扩充利用范围的物种将在进化过程中获得好处；同时，生态位狭的物种，如 5-7(a)图，其激烈的种内竞争更将促使其扩展资源利用范围。由于这两个原因，进化将导致两物种的生态位靠近，重叠增加，种间竞争加剧。另一方面，生态位越接近，重叠越多，种间竞争也就

越激烈；按竞争排斥原理，将导致某一物种灭亡，或者通过生态位分化而得以共存。后一种情形是导致 2 共存物种的生态位分离。总之，种内竞争促使 2 物种的生态位接近，种间竞争又促使 2 竞争物种生态位分开，这是 2 个相反的进化方向。

将前面讲述的竞争排斥原理与生态位概念应用的自然生物群落，则有以下一些要点：①一个稳定的群落中占据了相同生态位的 2 个物种，其中 1 个种终究要灭亡；②一个稳定的群落中，由于各种群在群落中具有各自的生态位，种群间能避免直接的竞争，从而又保证了群落的稳定；③一个相互作用的、生态位分化的种群系统，各种群在它们对群落的时间、空间和资源的利用方面，以及相互作用的可能类型方面，都趋向于互相补充而不是直接竞争。因此，由多个种群组成的生物群落，要比单一种群的群落更能有效地利用环境资源，维持长期较高的生产力，具有更大的稳定性。

本章小结

种群是一定区域内同种生物个体的集合。种群的重要群体特征包括密度、初级种群参数（出生率、死亡率、迁入和迁出率）、次级种群参数（性比、年龄分布和种群增长率等）。种群的空间分布型可分为随机型、均匀型和成群型 3 类。

指数增长模型 $dN/dt = rN$ 描述的是在资源无限制条件下，种群增长与密度无关的情形，其增长曲线呈"J"型。逻辑斯谛方程描述的则是一个在有限资源空间中的简单种群的增长，其模型式为 $dN/dt = rN(1 - N/K)$，种群增长呈现"S"型。r - 选择和 K - 选择理论描述了 2 种明显不同的生活史对策。r - 选择种类适应使其种群的增长率最大，而 K - 选择种类适应使其有强的竞争性。

植物的密度效应有 2 个基本规律，最后产量恒值法则和 - 2/3 自疏法则。种间相互作用包括竞争、捕食、寄生和共生（包括偏利共生和互利共生）。种间竞争的竞争排斥原理表明，在一个稳定的环境内，2 个以上受资源限制的具有相同资源利用方式的物种，不能长期共存在一起。

生态位主要是指在自然生态系统中一个种群在时间、空间上的未知及其与相关种群之间的功能关系。由多个种群组成的生物群落，各种群因生态位分化使得它们在群落的时间、空间和资源的利用方面，以及相互作用的可能类型方面，都趋向于互相补充而不是直接竞争，也使得群落具有更大的稳定性。

思考题

1. 什么是种群？种群的基本特征是什么？
2. 比较种群指数增长模型和逻辑斯谛增长模型，并思考这 2 类模型在人口预测中的应用价值？
3. 比较 r - 选择和 K - 选择的主要异同点，r - K 选择理论在实践中有何价值？
4. 生物密度效应的基本规律有哪些？其主要特征是什么？
5. 什么是生态位？举例说明你对生态位理论的认识。

本章推荐阅读书目

1. 生态学基础. 5 版. Odum E P, Barrett C W. 陆健健，等译. 高等教育出版社，2008.
2. 生态学. 2 版. 杨持. 高等教育出版社，2008.
3. 基础生态学. 2 版. 牛翠娟，娄安如，孙儒泳，等. 高等教育出版社，2007.

6 城市人口

城市化表现为农业人口转化为非农业人口，并向城市集中的聚集过程。城市人口问题是人类社会协调发展与环境关系的最主要问题。本章中，我们将探讨城市人口的基本特征、人口迁移与分布、环境人口容量、人口流动与管理。

城市人口一般指城镇人口。我国的城镇人口定义自1949年以来经过多次变化。1982年人口普查中将城镇人口定义为城镇范围内的所有人口，包括农业人口与非农业人口。2010年第6次人口普查中城镇人口是指"居住在我国境内城镇地域上的人口"，城镇是按2008年国家统计局《统计上划分城乡的规定》划分的。从城市规划、管理和建设的角度来考察，城市人口应包括居住在城市规划区域建成区内的一切人口，包括一切从事城市的社会经济、社会和文化等活动，享受着城市公共设施。城市的一切设施和物质供应，活动场所必须考虑容纳这些人口，并为他们提供各种各样的服务。它的定义同城市范围有关。城市地区包括除市辖县以外的市的范围，加上各个县的镇的范围。

6.1 城市人口的基本特征

人口结构是城市人口的基本特征。人口结构又称人口构成，是指依据人口所具有的各种不同的自然的、社会的、经济的和生理的特征，把人口划分成的各个组成部分所占比重及其相互关系。具体来说，就是按照人口的不同标志研究一定地区、一定时期人口的内部结构及其比例关系。根据人口结构所形成的性质，人口结构大体上可以分为人口的自然结构、人口的社会经济结构和人口的地域结构。

6.1.1 人口的自然结构

人口自然结构是人口自然属性的反映，是按人口的自然标志(性别、年龄等)将人口划分为各个部分而形成的人口结构，是人口最基本的结构。包括人口的性别结构、年龄结构。

6.1.1.1　人口性别结构

(1)人口性别结构的衡量指标

人口性别结构是按人口的性别来划分的人口结构，反映总人口中男性人口和女性人口结构状况，是一定时点、一定地区范围的人口总体中男女人口数的比例关系。它直接影响婚姻和家庭的组合状况，从而影响人口再生产。其衡量指标一般为性别比，计算公式为：

$$性别比 = \frac{男性人口数}{女性人口数} \times 100\%$$

在人口的性别比变动过程中，随年龄的递增，呈现阶段性的升高或下降趋势。我们可以把这一过程分成3个阶段，第1阶段为0~14岁，男性人口多于女性人口；第2阶段为15~64岁，男女人口数大致相当；第3阶段为65岁以上，女性人口多于男性人口。一般情况下，由于年龄结构相对稳定，总人口的性别比也经常维持在1:1左右。

(2)人口性别结构对社会经济发展的影响

人口的性别结构特别是育龄人口的性别结构对婚姻家庭的组成有直接影响，是婚育率高低的决定性因素，从而给人口再生产以重大影响。如果性别结构正常，大部分青壮年都能通过婚姻组织家庭。人口再生产将会正常进行。如果人口的性别结构失调，将使一部分男性或女性找不到配偶，不能组成家庭，必然会使生育率下降。

城市人口性别构成是城市人口自然结构的基本要素之一。这一要素不仅与恋爱、婚姻、家庭和人口再生产有直接关系，而且与城市经济结构的调整、城市建设和规划有密切关系。城市中男女数比例，甚至各年龄段男女比例应大体保持平衡，同时也要求城市产生结构调整应适合男女劳动的比例大体相同。性别结构特别是分行业的性别结构不平衡，更会对社会经济发展有重要影响。不同产业、行业对就业人员的性别要求不同。一般在矿山、重工业部门，需要男工多，青壮年性别比一般比较高。如果青壮年性别比不高，则说明妇女不少，容易造成妇女劳动力过剩。反之，在纺织、服装等轻工业部门，需要女工较多，青壮年性别比一般比较低；如果不低，则容易造成男劳动力过剩。所以在生产布局上，尽量做到重工业与轻工业的工厂及服务性行业合理搭配，这样比较容易使青年人组织家庭，有利于生产和社会稳定。反之，则容易造成大批青年不易在当地组织家庭，而是大批青年长途探亲，也不利于生产和社会稳定。

6.1.1.2　人口年龄结构

人口年龄结构是以人口的年龄为标志的结构，表明不同年龄的人口在总人口中的分布情况和比例关系。

(1)人口年龄结构的计算方法

人口年龄结构的计算方法有3种：一是逐年计算，以1岁为年龄组距，分别计算各年龄组人口数及其在总人口中的比重；二是以5岁作为年龄组距来划分人口年龄组，计算人口年龄结构；三是根据实际需要，单独从总人口中划出特殊年龄组来分析人口年龄结构。例如，0~6岁为学龄前儿童组(不满周岁的列入0岁组)，7~12岁为学龄儿童组，15~49岁(女)为育龄年龄组，16(或15)~64岁(或59)为劳动力年龄组，65岁(或60岁)及以上为老年人组等。以上3种计算方法中，第一种为最基本的方法，第二种为人口统计的常用方法。严格来说人口年龄结构是指各年龄组人口的相对比重(百分比),有时把按年龄分组的人数也一并称为人口年龄结构。

(2)人口年龄结构类型

不同年龄人口在总人口中的比重说明这个人口群体属于哪种人口结构的类型。所谓人口年龄结构类型,是指根据反映人口年龄构成的一定指标,按照一定的标准,将人群分为不同类型。一般把人口划分为3种类型,即年轻型人口、成年型人口和老年型人口。划分人口年龄结构类型的指标有:少年儿童人口系数、老年人口系数、老少比、平均年龄、年龄中位数。表6-1为划分人口年龄结构的标准数值。

表6-1　划分人口年龄结构的标准数值

人口年龄结构类型	少年儿童人口系数(%)	老年人口系数(%)	年龄中位数(岁)
年轻型	40以上	5以下	20以下
成年型	30~40	5~10	20~30
老年型	30以下	10以上	30以上

从上述标准可以看出,年轻型人口的特征是青少年人口所占比例大,老年人口所占比例小,因而处于生育年龄和潜在生育年龄的人口较多,人口增长势头旺盛,所以年轻型人口也称增长型人口;反之,老年型人口的特征是青少年人口所占比例小,老年人所占比例大,处于生育期或潜在生育期的人口相对较少,是一种减少状态人口,所以老年型人口又称为减少型人口;成年型人口是处于年轻型和老年型人口之间的类型,处于相对稳定状态,因而又称为稳定型人口。

划分人口年龄结构的意义在于:①可以判断不同国家或地区的人口年龄结构年轻或老化的现状;②根据不同的人口年龄结构类型来预测可能出现的社会经济问题,以采取不同的政策,如年轻型国家面临的是青少年的抚养、教育、劳动力就业等问题,老年型国家面临的是老年人的赡养、医疗、社会福利和劳动力缺乏等问题;③预测未来人口的变动趋势,如年轻型人口结构的国家,未来人口增长迅速,人口规模继续扩大,老年型人口结构的国家则人口增长速度低甚至负增长。

(3)人口年龄金字塔

人口年龄结构经常与性别结构结合使用,称为性别年龄结构,表示男女人口在不同年龄组的分布情况,一般是依据分年龄组的人口数进行计算。人口年龄金字塔是用人口性别年龄结构资料来表示人口年龄结构类型的一种条形图。它的画法是将各年龄男性与女性人口数或百分比从纵轴左右画成并列的横的条形,按年龄增长顺序自下而上排列。在绝大多数情况下,画出的图形是下宽上尖的塔形。3者的大致图形如图6-1所示。

同一时期不同国家(或地区)或同一国家(或地区)在不同时期,人口年龄结构可能会差别很大,可以通过人口年龄金字塔来反映:①年轻型人口,金字塔呈下宽上尖的正三角形,即增长型;②成年型人口,金字塔呈吊钟型,塔身较宽,只在高龄部分收缩,即静止型;③老年数人口,金字塔呈壶型,塔形下窄上宽,青少年人口越来越少,开始收缩。中国1990年人口普查的人口年龄属于增长型,但在低年龄开始收缩,表明自1973年以来我

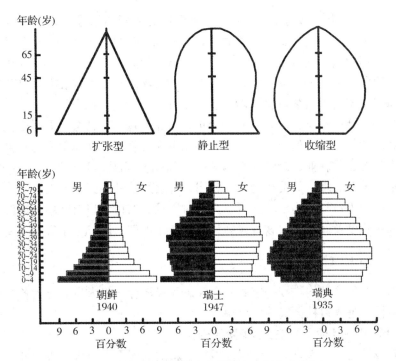

图6-1 3种类型人口年龄金字塔的示意图与实际图

国实行的计划生育政策起到了控制人口增长的作用，人口年龄结构处于从年轻型向成年型
过渡状态。到2000年底我国65岁及以上的老年人已占总人口的7%，表明我国已开始进
入老年型社会，但仍在低速增长，大约于2030年以后才能逐渐达到静止。

（4）人口年龄结构对社会经济发展的影响

①对劳动力资源的影响：主要是对当前和未来劳动适龄人口现状和就业人口内部年龄
结构2个互相联系的方面的影响。劳动适龄人口一般指15~64岁人口。如果一个人口的
劳动适龄人口比重大，说明它的劳动力资源丰富，有利于社会经济发展。但如果劳动力超
过了生产力所能容纳的程度，就会出现劳动力人口过剩。人口中的儿童少年比重大，说明
未来劳动力充足，有利于社会经济发展；如果过大，也会造成未来就业压力大，容易形成
一系列不利于社会经济发展的社会问题。反之，如果劳动人口不足，或未来劳动力资源不
足，会影响社会经济发展。

就业人口的年龄结构不同，对社会经济发展的影响也不同。一般来说，较年轻的劳动
力身强力壮，接受新事物、新知识、新技术快、劳动强度的承受能力较大，但劳动经验欠
缺和熟练程度较差。相反，年龄较大的劳动者经验较为丰富、技能较高、责任性较强，但
体力较差，接受新事物、新知识、新技术能力弱。就业人口内部结构合理，各种年龄段和
劳动者可以优势互补，取长补短，有利于推动社会经济发展。反之，如果结构不合理，将
不利于社会经济发展。

②对人民生活水平的影响：一般来说，只有青壮年人口才能直接成为生产者，创造社
会财富：而儿童少年人口和老年人口属于被抚养人口。儿童少年人口和老年人口在总人口
中的比重大，家庭负担和社会负担重，不利于人民生活水平的提高。儿童少年一般需被抚

养 15 年左右，而且随着教育水平的提高抚养时间有后延的趋势；老年人口一般需赡养 10 年左右，随着人均寿命的延长，赡养时间也有延长的趋势。因此，要通过降低出生率来降低儿童少年人口比重，通过调整生育政策，降低老年人口比重，提高人民生活水平。

③对教育的影响：人口的年龄结构对教育的发展影响很大。在普及九年制义务教育的情况下，每年 7 岁的人口数量就是确定基础教育规模的重要依据。

④对社会生活的影响：人口中儿童少年人口比重过大，社会就要承受抚养、入托、入学、升学和就业等各方面的压力；老年人口比重大，就会带来老年人的社会保障、老年医疗、老年人学习、再就业、老年人婚姻等一系列社会问题。不同年龄、不同性别的人口，其消费需求、消费心理、消费行为都不相同，都会影响社会经济的发展。

因此，城市人口年龄构成的分析研究，对于预测城市人口自然增长速度、劳动力资源的数量、利用程度及其潜力、教育设施计划、老年保健、医疗卫生等有重要意义。

6.1.2 人口的社会经济结构

人口的社会经济结构是按一定的社会标志和经济标志将人口划分为各个组成部分而形成的人口结构，是人口社会属性的反映。

(1) 人口的阶级(阶层)或社会集团结构

进入阶级社会后，人口的社会属性增加了新的内容。人口按阶级划分，形成人口的阶级结构。所谓人口阶级结构，是指总人口中各个阶级人口之间的比例及其相互关系。人口的阶级结构是以阶级划分为前提的。在不同的阶级社会中，有不同的人口阶级结构。研究历史上各个阶级社会的人口阶级结构，可以帮助我们分析和掌握社会人口变动和发展规律。

(2) 人口的民族结构

人口的民族结构是各个民族在总人口中所占的比重。因为不同的民族在经济文化生活、居住地域、语言和传统习俗等各个方面都有不同的特点，人口出生率和死亡率也有差别。研究人口的民族结构及其分布，是制定民族区域规划、社会经济和人口政策的重要依据。

(3) 人口的宗教结构

人口的宗教结构指信仰各种宗教的人口占总人口的比重。许多宗教在历史上对其信徒的婚姻、家庭和生育都曾有过不同的干预，至今仍影响着其信徒的人口增殖和人口迁移。研究人口的宗教结构及有关问题，有助于解决有关人口问题和社会问题。

(4) 人口的文化结构

人口的文化结构是在一个国家中各种文化程度的人口在全国总人口中所占的比重，也称人口的教育结构。它是衡量一个国家人口质量高低的重要指标之一，同生产力发展水平密切相关。研究人口文化结构，对于提高一个国家人口的受教育程度，发展社会生产力具有重要作用。

(5) 人口的婚姻家庭结构

人口的婚姻家庭结构说明一个国家或地区内人口所处的婚姻状况和家庭规模状况。婚姻状况指未婚、已婚、有配偶、丧偶、离婚；家庭规模表示具有各种人口数的家庭占全部家庭的比重，也包括一代人户、二代人户、三代人户等各种代数家庭占全部家庭的比重。人口的婚姻状况和家庭规模与人口生育率密切相关，也是研究社会问题的重要内容。

（6）劳动力资源结构

劳动力资源结构表示一个国家或地区内有劳动能力的人口的内部结构，如在劳动适龄人口中已参加和未加社会劳动的人口各占的比重；未参加社会劳动的人口中，从事家务劳动、学生及因其他原因未参加社会劳动的人口各占比重；劳动适龄人口外的人口参加社会劳动情况等。研究劳动力资源结构对国家制定劳动政策，发展社会经济具有重要作用。

（7）在业人口的产业结构

在业人口的产业结构是指在国民经济各部门和各行业的就业（或在业）人口之间的比例关系及相互关系。人口产业结构是由产业结构决定的，并随着产业结构的变化而变化，人口产业结构的形成和发展对社会经济发展起着重要作用。

（8）在业人口的职业结构

在业人口的职业结构是指在业人口本人所从事工作的种类，也即所做的具体工作来划分的在业人口的结构。它与在业人口的产业结构不同，在业人口的产业结构是按在业人员本人所处的产业来划分的结构，而不管在业本人从事工作种类的性质。人口的职业结构反映社会分工和社会生产力发展的水平，是研究国民经济结构的重要内容。随着生产的发展和科技的进步，以智力型为主的人口职业结构逐渐代替以体力型为主的人口职业结构。具体来说，与工业和服务型职业相联系的智力型职业，其比重越来越大，而以农业劳动为主的体力型职业所占比重越来越小。

6.1.3　人口的地域结构

人口的地域结构是按人口的地域标志把人口划分为各个组成部分而形成的人口结构，包括人口的自然地域结构、人口行政区域结构和人口的城乡结构。

（1）人口的自然地域结构

人口的自然地域结构又称人口的自然地理结构，是指居住在不同自然地域的人口占总人口的比例及其相互关系。人口的自然分布，包括人口在陆地和岛屿的分布，内地和沿海分布，以及在温带、热带、寒带、亚热带等不同气温带区的分布等。

（2）人口的行政区域结构

人口的行政区域结构是在一个国家或地区中各行政区人口占该国或该地区总人口的比重及其相互关系。人口行政区域是当人类社会发展到产生国家行政权力之后才出现的产物，只有国家产生并存在时，才有人口的行政区域结构。同时，它随着国家的发展而发展。

（3）人口的城乡结构

人口的城乡结构是指在一个国家或地区中，城镇人口与乡村人口占总人口的比重及其相互关系。它是这个国家或地区社会经济发展的产物，并随着现代化、人口城市化的发展而发展变化。

各类人口结构相互依存、相互制约，共存于同一人口总体，体现着人口内部各种不同的比例关系，是研究人口运动规律不可缺少的依据。人口结构既是过去人口运动的积累，又是今后人口运动的基础。一定的人口结构形成以后，便只有相对稳定性，并形成一种不以人的意志为转移的客观存在。它既制约人口的变动和发展，又影响社会经济的发展。

6.2　城市人口的动态

城市人口动态指城市和城镇中人口数量、构成和在地域分布上的变化状态。它包括由于人口的出生、死亡及其引起的人口自然增减情况；人口的迁入、迁出及其引起的人口机械增减情况和由此造成人口数量的变化；人口年龄、性别和职业等构成的变化情况及其在地域分布上的反映。

6.2.1　人口规模

6.2.1.1　人口规模的概念

城市人口规模，指生活在城市和城镇地区的实际人口数量。城市合理人口规模是每个城市的经济、社会、人口健康发展的基础。城市首先是产生聚集效益的人口集中区域，在此基础上才有可能产生经济和科学文化的聚集效益，同时城市的用地规模、各种建筑和工程设施规模、生产力规模和消费力规模等均与城市人口规模有着密切的联系。在城市人口的发展规模研究领域中，城市人口动态研究是主要的内容之一。

一个城市的人口始终处于变化之中，它主要受到自然增长与机械增长的影响，两者之和便是城市人口的增长值。

(1) 自然增长

自然增长是指人口再生产的变化量，即出生人数与死亡人数的净差值。通常以1年内城市人口的自然增加数与该城市总人口数（或期中人数）之比的千分率来表示其增长速度，称为自然增长率。

出生率的高低与城市人口的年龄构成、育龄妇女的生育率、初育年龄、人民生活水平、文化水平、传统观念和习俗、医疗卫生条件以及国家计划生育政策有密切关系。死亡率则受年龄构成、卫生保健条件、人民生活水平等因素影响。

城市人口自然增长率是反映城市人口出生和死亡相互作用下的人口自然增减状况的一项指标，较长时间的资料，可以表示一定社会条件下城市人口再生产规律，是编制城市社会经济发展战略、城市规划的重要依据。

(2) 机械增长

机械增长是指由于人口迁移所形成的变化量，即一定时期内，迁入城市的人口与迁出城市的人口的净差值。机械增长的速度用机械增长率来表示，即一年内城市的机械增长的人口数对年平均人数（或期中人数）之千分率。城市人口机械变化，主要与城市发展，特别是经济发展有直接关系，与城市规模、职能变化、劳动力状况变化、政府决策以及国家的城市发展方针也有密切关系。新兴城市一般人口机械增长较快。目前，我国城市人口增长的另一个更重要的动因是征用城市临近地区的土地，并同时吸纳当地人口，这占到过去15年城市人口增长量的近40%。

6.2.1.2　人口规模的预测

目前，进行城市人口发展规模的研究方法主要有两大类型：一类是根据城市发展中对经济活动人口的增长要求和经济活动人口占总人口的合理比例，确定规划期末的城市总人口；另一类是根据人口增长的速度、人口构成的特点及人口政策等社会因素，确定合理的人口自然增长率，计算城市人口自然增长数。再根据城市发展的可能条件，城市人口的承载力等确定合理的机械增长率，计算机械增长人口和预测城市人口的发展规模。

6.2.2　人口迁移流动

人口迁移流动是一种重要的人口现象，它会改变一个地区的人口分布形势，同时也会导致人口的质量、结构发生变化，从而影响到社会经济生活的各个方面。自从人类社会产生以来，迁徙活动随时都在发生，尤其是随着现代交通运输工具的发达以及商业活动、社会活动的频繁，人口迁移流动现象更加突出。

6.2.2.1　人口迁移

随着社会经济的发展和城市化进程的加快，人口的迁移和流动已经成为非常普遍的现象。在国际上，迁移和流动并无实质上的区别，联合国《多种语言人口学词典》将人口迁移定义为："人口在 2 个地理单元之间的空间移动，通常会涉及居住地的永久性的变化。"其中的关键要素有 2 点：地理区间的改变和居住地的永久性改变。所谓"地理区间的改变"，通常以跨越某种特定的行政区域界限作为是否迁移的标准。我国公安系统的年度人口迁移统计以跨越乡镇以上的行政区域为标准，而在人口普查中则以跨越县、市以上的行政区域为标准。关于"永久性"如何界定，目前尚无统一标准，联合国把定居 1 年以上的移民现象视为人口迁移，国家统计局在进行统计时，把在一个地方居住达半年以上的人口，无论其户口在何地，都算作这个地方的常住人口。

由于我国独特的户籍制度的存在，与国际上通用的定义相比，我国对人口迁移的定义是与户籍联系在一起的，迁移人口是指改变了定居地的人口，通常并不再返回原来的常住地。

6.2.2.2　人口流动

在我国，人口流动与人口迁移是 2 个不同的概念。人口流动是指人们不以改变常住地为目的的越过一定区域界限并会返回原地的移动。人口离开定居地而到其他地方的一切活动，均可视为人口流动。就空间上而言，只要人口发生了空间上的变更，不是迁移行为就是流动行为，非此即彼。我国最近的人口普查中对人口流动的界定是：不改变常住地点的临时性的人口移动，即不办理户籍迁移手续、在现住地停留时间短于 1 年的人口移动。

6.2.2.3　人口迁移流动的类型

由于人口迁移流动的动机或目的、迁移流动的方向、时间长短因而具有不同的类型。人口迁移流动按不同的标志可划分的类型：①按动机或目的划分，有谋生求职和非谋生求职型；②按流向划分，有农村流向农村（主要存在于以自然经济为基础的农业社会）、农村流向城市(主要存在于当代发展中国家以及发达国家的早期阶段)、城市流向城市(现代化大都市涌现后出现的一种新趋势,一般是采取"递进式"的阶梯流动)、城市流向农村(城市盲目扩张,超负荷的结果)。③按空间范围划分,可分为国际迁移流动和国内迁移流动。国际迁移流动分为永久性迁移流动和非永久性迁移流动,永久性迁移是指从一国迁往另一国,并改变自己原有国籍或成为侨民;非永久性迁移是指那些暂时的,不长期定居移入国的移民,通常指国际劳务输出。国内迁移流动是指在一个国家领土范围内的移动,按行政区域大小可进一步分为省际、县际和县内的移动。④按原因划分,可分为自然型、强制型和自由型。自然型是指由于自然环境的恶化导致人口的外迁;强制型是由于战争或强制性的政策迫使人口迁移的(强迫移民);自由型是迁移流动者在自觉自愿的情况下发生的迁移流动行为,一般都是出于经济、婚嫁、旅游等原因。⑤按组织形式划分,可分为计划型和自发型。计划型是政府或社会机构根据一定的需要有组织、有计划地引导人口迁移流动,如国际劳务输出、库区移民、开垦边疆等;自发型是在没有政府或社会机构直接参与下,完全由迁移者自发完成的迁移流动行为,如移居海外以及我国历史上的"闯关东"、改革开放以来的"民工潮"等。

需要说明的是,在人口的迁移流动中,各种类型并不是孤立的,很多情况下是几种形式交织在一起,如国际迁移中就有自发和计划型、谋生和非谋生型、强迫和自由型。

6.2.2.4 人口迁移的后果

(1)人口迁移对人口发展的影响

①对人口数量的影响:人口迁移会引起一个国家或地区人口数量的增减。由于人口迁移主要是由地区之间的经济文化差异,在我国城乡差异十分明显,所以,人口多是从农村流向城市、从经济落后地区流向经济发达地区,迁出地人口相应减少,迁入地人口相应增多,迁出地人口密度降低,迁入地人口密度上升。从我国来看,就是农村人口不断减少,城镇人口不断增多。

②对人口结构的影响:从迁移人口的年龄结构上看,年轻人迁移比少儿、老年人口多。中国1995年1%人口抽样调查数据表明,迁移人口中71%位于15~34岁之间,峰值年龄组为20~24岁组,占31%。因此,人口迁移会使人口年龄结构趋于年轻化。从迁移人口的性别结构上看,多数情况下是男性所占比重高于女性,人口迁移会使迁出地性别比降低,迁入地性别比升高。当然,这要根据地区产业经济性质而定,有些地区纺织业、电子业、服装业以及服务行业较发达。对女性劳动力需求较大,这些地区由于人口的迁入使得性别比例下降,如深圳市总人口的性别比例曾为1:6。

③对人口质量的影响:人口迁移对迁出地区而言是一个人才损失的过程。当代人才迁移的总趋势是:迁入地普遍要求接受较高知识、具有技术专长的青壮年人口。这些科技人才大多来自发展中国家或地区,对发展中国家或地区,人才外流无疑是雪上加霜。

从整个社会来讲,人口迁移能够提高人口素质。人口迁移使得通婚圈扩大,人群基因交流范围更广,有助于人口先天素质的提高;人口在全球的迁移,也是各民族的文化融合过程,互相可以取长补短,共同提高。

（2）人口迁移对经济发展的影响

人口迁移可以促进迁入地区经济的繁荣。因为从人口迁移的年龄结构上看，大多是经济活动人口，可以弥补迁入地区劳动力的不足，充分利用迁入地区的生产资料和自然资源，从而推动该地区经济的向前发展。而且，迁入人口大多是在国内接受了一定的教育或技术培训，对于迁入地区来讲，可以节省很大一部分人力资本投资，这笔投资又可以用于扩大再生产或进行技术改造等，加快本地区经济的发展速度。从历史上看，美国和澳大利亚的经济振兴与大量吸收外籍人口直接有关。1800 年，美国总人口为 530 万人，对于急需实现工业化的美国而言，明显存在劳动力不足，美国政府就鼓励移民大量入境，结果到 1860 年，总人口增加到 3 144 万人，经济活动人口增加到 1 040 万人，使美国工业很快跃居世界前列。澳大利亚的金矿开采、毛纺织工业的发展也少不了移民的功绩。

人口迁移对迁出地区的经济发展会产生两重影响。一方面，可以减轻本地区人口过剩的压力，缓解就业困难，并且劳务输出还可以增加经济收入（或外汇收入）；另一方面，迁出地区却会遭受较大的损失，因为迁出大多是成年人口，具有一定的经验技术，接受了一定的文化教育和培训，智力投资未能充分发挥作用，而为他国所用。此外，很多情况下，人才外流的过程也是迁出地区财产的流失过程，因为迁出人口总会从本地区带走一定的财产。

6.2.3　城市人口分布

人口容量、人口结构和人口分布是研究人口的三大战略性问题。其中，人口分布作为城市空间结构的一种重要类型，其时空演变一方面是城市社会经济变迁的产物，另一方面，它分布状况是否合理，也会影响城市社会经济可持续发展。

6.2.3.1　城市人口分布的概念

城市人口分布是指在一定时间上，人口在城市内的聚集或组合状况。它涉及城市人口迁移、人口城市化、人口城市规划等要素。狭义的人口分布仅指人口数量的分布；但是，不能简单地把人口分布理解为人口数量的分布，即不能认为人口分布仅仅是指某地的人口多，某地的人口少。既然人口是一个丰富的总体，是数量和质量的统一、存在一定的结构。因此，人口分布还是人口质量、人口结构以及人口的区域组合与区际联系，即广义的人口分布。城市人口的空间分布格局与人口的特征、社会待征和城市综合环境条件相关密切，是人口对城市环境和社会发展状况的长期选择的结果。

人口分布与人口布局是 2 个不同的概念，但是，人们常常将两者混为一谈。人口分布是人口在经历了一定发展过程后在空间上的组合状况，是人口在空间上长期变动的结果；而人口布局则是指一个国家或地区根据自身社会经济、环境资源状况的需要，为了调节人口与外在环境之间的关系而对人口的分布进行的重新组合，是一种人为的、有计划的活动。人口分布是人口布局的基础或出发点，人口布局有利于调整不合理的人口分布，人口布局是促进人口合理分布的手段。

城市人口的空间分布是影响城市社会经济活力、基础设施的建设、公共服务的配置以及城市交通、住宅、生态环境问题等方面的重要因素之一。掌握城市人口空间分布信息不仅是制定区域长远发展政策、城市总体规划的重要基础，也是实施城市日常管理、改善居民生活环境等工作的重要科学依据。因此，对城市人口进行有效的空间组织，对于城市未来的空间结构的合理性、有效性起着关键作用，最终影响着城市的可持续发展。

6.2.3.2　城市人口密度

既然人口分布是人口在空间位置上的聚集，就应有一定的量化指标才能准确反映出其密集与稀疏程度。衡量人口分布状况的指标通常有人口密度、人口分布重心、人口潜力等。其中，人口密度是表现人口分布最主要形式和衡量人口分布地区差异的主要指标。

人口密度是指在一定时间单位上、一定土地面积上居住的人口数量，以人/km²或人/hm²来表示。从理论上讲，人口密度高的地区，人口分布就密集，人口密度低的地区，人口分布就稀疏。由于人口密度指标是假定某一地区的所有人口均匀地分布在它所涉及的陆地范围内，所以，范围越小，人口密度指标就越能真实地反映人口分布；范围越大，就只能粗略地揭示人口分布的状况。人口分布的"密集"与"稀疏"只是相对而言，因为不同的地区土地面积和土地质量不同，人口密度的大小就不能准确地反映人口与土地的结合状况，即不能反映某一地区对人口的最佳容量。

城市人口密度是人口结构的一个重要的基本要素。一般指城市用地范围内（城市区域内）单位面积上居住的人口数，常用人/km²或人/hm²等来表示。有2种含义：①指城市行政区内单位面积上的人口数；②指城市规划区域建设区范围内单位面积上的人口数。常用的城市人口密度通常是后者。城市人口密度反映一个城市乃至城市内某一区域居住人口的疏密程度。其指标常作城市规划、建设、管理和人口迁移等计划的参考依据。

城市人口密度分为毛密度和净密度。毛密度是以城市或城市中一个区域的全部用地为计算基数；净密度通常是以城市中的生活居住用地为计算基数。

长期以来，人们普遍认为城市规模的巨大化是造成城市交通拥挤、住宅困难、环境恶化、用地紧张等现代城市问题的主要原因。但是，国内外大量调查研究证明，这些城市问题并非大城市所独有，有一些中小城市这一问题表现得更为突出，城市人口密度过大亦是现代城市问题产生的重要原因。

城市人口密度过大，也称为城市人口过密化，是指城市人口密度超过合理密度的状态，是人口在城市过度集中的表现。这种人口在城市内的过度集中产生一系列制约城市社会经济持续发展的城市问题。因此，通常把城市问题表现突出的城市称为过密城市。东京、大阪、纽约等是公认的过密城市。中国的城市人口过密化问题也表现得比较突出，而且造成城市人口过密化的原因较为复杂。

6.2.3.3　大城市人口分布变动规律

大城市人口分布变动与城市的发展进程是相辅相成、相互影响的，人口的分布变动情况既是城市发展阶段的特征，同时也影响着城市的演变进程。因而，可以说城市的发展规律也一定程度上体现着城市人口分布变动的规律。英国城市地理学家、世界级城市规划大师彼得·霍尔（Peter Hall）的城市演变模型，是目前关于城市化发展阶段问题最全面的理论模型之一。

　　该模型是基于对一个国家整体城市化进程的分析，将一个国家分为都市区和非都市区2个部分，都市区由中心市和郊区组成。模型把城市演变分为6个阶段，即流失中的集中、绝对集中、相对集中、相对分散、绝对分散和流失中的分散。各阶段的人口分布变动特征为：

　　①流失的集中阶段：人口高出生率、低死亡率，农村人口庞大，工业化过度集中于大城市，城市化水平的提高主要表现在中心城区体系的发展，郊区和农村吸引人口的能力相对较弱，中心城区除吸收部分郊区和农村地区迁出的人口外，还有人口流失迁往其他向心集聚力更大的城市。

　　②绝对集中阶段：工业化在大城市充分发展，吸引了大批劳动力，农村人口继续大量减少，城市化水平增加迅速，大城市的人口规模绝对增加，人口主要向中心城区聚集。

　　③相对集中阶段：城市化高速发展的阶段，大城市人口增长迅速，但中心城区人口增长速度高于郊区人口，仍是处于向心集聚的过程。

　　④相对分散阶段：城市化增长模式发生了重要的变化，即大城市人口在继续膨胀的过程中，中心城区人口尽管仍有增长，但郊区人口的增长速度已经超过了中心城区，中心城区在整个城市人口中的比重开始下降。

　　⑤绝对分散阶段：大城市内人口流动的主要方向发生逆转，即在大城市人口继续增长的过程中，中心城区的离心分散力量超过了向心集聚力量，人口从中心城区向郊区迁移，中心城区人口绝对量下降。

　　⑥流失中的分散阶段：大城市的中心城区人口大量外迁，除部分被周围郊区吸收，另一部分则向城市外扩散，大城市人口总量下降，标志着该城市进入逆城市化阶段。在这一阶段，霍尔认为大城市地区将有一个明显的衰落，而且这种衰落将持续一定时期，中小城市人口的增长超过了大城市人口的增长。

6.2.4　人口郊区化

6.2.4.1　人口郊区化的内涵

　　城市郊区化是城市化过程中的一个发展阶段，主要是指城市由集聚式发展转变为扩散式发展，表现为人口、工业、商业、服务业、办公业等先后从城市中心区向郊区迁移。郊区化的典型标志是城市中心区人口出现绝对数量的下降，即绝对的分散。人口郊区化是大城市发展到一定阶段出现的必然现象。

　　大城市往往是由小城镇逐步发展起来的，是由最初期的"点"逐步向"面"延展扩大的。在初期发展过程中，人口与产业集中在较小的地域范围内，其功能布局比较紊乱，加之在此阶段往往缺乏科学的规划，于是伴随着城市规模的膨胀而逐步产生了一些"城市病"。大城市为了自身的发展、克服空间和结构上的局限以及为满足城市能量辐射、带动郊区及周边地区的发展，到了一定阶段，就会出现中心城区人口和产业向郊区扩期的趋势。从城市化发展过程来考察，大城市是发展到一定阶段才出现人口郊区化的，这并不是大城市发展的中断，更不是大城市的衰退化，恰恰相反，它是大城市在经济高度发达条件下，谋求新的生命力和更大的经济、社会效益的积极取向。所以说，人口郊区化是集中城市化发展的延续，是城市化过程发展到更高层次的表现形式。

　　根据西方城市化的发展规律，整个城市化过程可分为 4 个阶段，即城市化、城市郊区化、逆城市化和再城市化。从人口迁移和流动的角度看，各阶段的特征主要表现为：在城市化阶段，以乡村人口向城市集中为主；在城市郊区化阶段，中心城区部分人口迁至城市边缘，城市"空心化"开始出现；在逆城市化阶段，大批城市人口迁到远郊区，城市呈现明显"空心化"；在再城市化阶段，郊区人口又重新迁回市中心。

　　一般认为，形成人口郊区化的原因是：①实际收入的增加；②通勤费用的下降；③跟随企业迁到郊区；④公共政策的影响。而其主要原因是城市中心区存在的许多问题与城市居民日益增长的居住需求之间的矛盾。

6.2.4.2　城市人口郊区化的特点

(1) 西方发达国家大城市人口郊区化的特点及机制

　　①西方发达国家大城市人口郊区化的历程：从 20 世纪 50 年代起，英、美等西方发达国家相继进入后工业化时代。由于大城市人口激增，市区地价不断上涨，加上生活水平不断改善，人们追求低密度的独立住宅和汽车的广泛使用以及交通网络设施的现代化等原因，许多大城市出现了城区人口、就业岗位和工商业等从大城市的中心城区向郊区转移的现象。人口郊区化首先在欧洲南部和英国等的大城市出现。英国伦敦是西方国家中最早涌现出来的人口规模巨大、城市功能多样的典型大都市，也是人口郊区化出现比较早的城市。在其城市人口郊区化中，人口在空间上依次经历了由内伦敦→外伦敦→伦敦地区→伦敦区域的空间扩散过程。其后，人口郊区化浪潮席卷美国，并更加突出。20 世纪 70 年代，这种现象在日本出现。随着日本经济进入高速发展时期，城市人口急剧增加，住宅需求压力使得居住用地向郊区扩展。

　　西方发达国家大城市人口分布变动和郊区化大体经历了 3 个阶段：1920～1950 年的初级阶段，主要是富裕阶层向郊区搬迁；1950～1970 年的发展阶段，除人口郊区化外，工业、商业、服务业等相继由中心区向郊区迁移；1970～1980 年的深化阶段，办公业向郊区发展，并在一些大城市郊区出现区域性次中心，形成郊区化高潮。

　　②西方发达国家大城市人口郊区化的机制：西方发达国家发生的人口郊区化现象，其动力机制主要来源于特定的经济周期和生育周期、生产布局的变动等。

　　特定的经济周期和生育周期：部分发达国家在 20 世纪 70 年代出现了大规模的人口郊区化现象。这主要是因为，一方面，由于这些国家进入后工业化社会而造成的产业结构大调整，再加上 20 世纪 70 年代的石油危机导致了传统制造业的衰退，尤其是传统制造业集中的大都市受到的冲击最为显著，因此人口流失也最为严重；另一方面，战后"婴儿潮"时期出生的一代进入就业阶段带来的效应也有很大的影响。

　　交通工具的革新：交通工具的革新是人口郊区化形成的技术基础。小汽车的普及和捷运系统的发展使城市在更大的区域范围内发展成为可能，促使城市布局形态发生分散性的变化，沿着汽车干道迅速蔓延。与汽车的普及相适应，发达国家的交通网络有了很大发展。高速公路、通勤列车等网络可以把郊区和中心城区有机联系在一起，为人口向郊区迁移提供了有利条件。

　　郊区地价优势比较明显：由于市中心城区旧房改造成本大，房地产商纷纷投资于郊区，建设了大量价格低廉、环境优美的郊区住宅，所以都市周边地区房屋价格相对便宜，空间更宽敞，环境更宜人，对市区居民有较强的吸引力，也促进了人口的郊区化。

对居住地选择的偏好：西方国家的一些都市居民家庭拥有第二居住点的现象逐渐增多，人们大多将第二住宅选择在边缘乡村，目的是为了追求一种与都市生活完全不同的生活方式。有调查表明，美国人最喜欢郊区的独户住宅，其次是郊区豪华公寓和小镇住宅。而且许多家庭把公寓看作他们迈向独户住宅的临时踏板。这些住宅偏好也促进了人口郊区化。

规划和政策因素：鉴于一些城市无限制发展、市区过度拥挤、"城市病"日益严重，一种以"花园城市"为要领的规划思想逐渐成为英国和世界许多国家克服上述问题的流行规划和政策手段。这种政策在宏观上奉行分散发展的战略，要求将过度拥挤的市区人口分散至市区周围经规划的卫星城镇和新的开发区之中，且要求政府在这一过程中发挥主导作用，如制定住宅和基金补贴、新开发区产业的减免税等各种鼓励开发郊区的政策，要求卫星城镇和开发区能提供充足的就业、消费机会和基本社区设施的服务，使居民无需跨出市镇就可满足各方面的需求，并要求卫星城镇和开发区内居民的社会阶层、就业结构等要多样化且均衡发展。

生产布局变动的影响：20世纪70年代的人口分布变动是在发达国家生产力布局重新调整的背景下发生的，即人口的空间分布受制于生产力的布局。随着经济活动的全球化，一些传统产业尤其是一些大工业从大都市中转移到郊区或者转移到国外，由此导致了人口的郊区化或随空间扩散。

从以上各种动力机制可以看出，城市人口郊区化与经济、文化、社会等因素息息相关。同时，与个人居住愿望、文化特点的营造等也有一定关系。

（2）中国城市人口郊区化的特点

中国作为一个长期计划经济体制的国家，虽然有一些与西方国家共同的郊区化因素，如生活水平的提高、交通条件的改善等，但是它有自己的动力机制。

①中国郊区化的基本动力来自城市土地有偿使用制度的建立：改革开放以前，中国的城市土地实行国家所有、行政划拨、无偿使用的制度。在这种制度下，微观主体（如企业、个人）向城市中心迁移所获得的利益总是大于其所需付出的代价，微观主体有向城市中心无限迁移的趋势。从20世纪80年代开始，我国实行城市土地有偿使用制度的改革，逐步形成了土地市场。地价的不同导致城市土地功能的空间置换，大量位于城市中心区的工业、仓库纷纷外迁，其原有用地被收益率更高的商业、贸易、金融、旅馆、写字楼等第三产业所替代。

②住房制度改革和大规模危旧房改造促使人口外迁：在计划体制下，城市居民的住房由国家负担，国家资金有限，住宅建设的速度很慢，新建住宅的速度远赶不上人口增长和旧住宅破损的速度。危旧房主要集中在房屋历史久远、人口稠密的中心区，那里的居民更迫切地要求增加住房面积，改善基本居住环境。改革开放后，国家十分重视住宅建设，形成了国家、集体、个人三方集资建房的运行机制，大大加快了郊区新住宅和中心区危旧房改造的步伐。在危旧房改造地段，由于种种原因，如一部分用地用于开发第三产业或一部分新住宅投入商品房市场，总有一些居民不能回迁原地，为此，政府给予种种优惠，鼓励

他们迁居郊外。据估计，在北京，拆迁户有20%向郊区迁移。凡是人口外迁强度最高的街道，一般都是人口密度、建筑密度很高和居住环境很差的地区。

③城市交通、通信等基础设施条件的改善也起了很大作用：20世纪80年代以来，为了改善投资环境，中国大城市的基础设施，特别是城市道路交通的投资大幅度增加，干道网得到完善，城市道路的修建，一方面使城市土地升值，促进沿线的开发和功能置换；另一方面，中心区道路的拓宽和改造增加了拆迁，郊区道路的建设为居民和企业的外迁提供了方便。

④国内外的大量投资为旧城改造和郊区化得以进行提供了资金保障：中心区工业外迁、危旧房改造和基础设施建设实际上是旧城改造的3个主要方面。应该说，旧城改造在改革开放以前也在进行，在那个时候，旧城改造之所以没有导致郊区化，除了旧体制的根本原因外，还因为投资乏力，旧城改造的速度缓慢和规模有限。20世纪80年代，特别是进入90年代后，在改革开放的背景下，由于城市土地有偿使用制度下的客观要求，极大地推动了旧城改造，恰逢这时有国家资金、地方资金和外资的大量投入，使郊区化得以实现。

（3）中西方郊区化的异同

从宏观背景方面看，中西方之间的郊区化有某种相似性（表6-2）。虽然，我国郊区化起步时间晚于西方，郊区化发生时的经济发展水平和城市化水平也落后于西方，但至少可以说，在市场体制下，随着经济的发展，郊区化是城市发展过程中中心区向心集聚到一定

表6-2 中西方郊区化比较

	西方	中国
宏观背景	始于20世纪20年代，50~60年代为高潮	20世纪80年代才开始
	开放的市场经济条件	80年代从计划经济向市场经济的过渡中出现
	人民生活日益富裕	中国也在逐渐富裕中，但经济水平明显低于西方发达国家
	交通条件得到改善	交通也在改善之中，但不能够满足发展的需要
微观动力	中心区社会、环境问题严重，产生人口外迁的动力	中心区仍具有巨大的吸引力，中心区因土地功能置换的大规模更新改造形成迁的最初动力
	家庭轿车的普及提供外迁的工具	有汽车进入家庭的苗头，但距普遍进入家庭还有很长的路
	人口外迁追求良好的环境	因基本居住生活空间可有一定程度的改善而外迁
	工业外迁追求廉价的土地	城市土地实行有偿使用制度后，促使工业从高租金的中心区向郊区搬迁
	是自发的外迁	基本上是被动的、有组织的外迁
现象结果	富裕阶层首先从中心市外迁	富裕阶层能承受中心区的高房价而留下，外迁的对象主要是并不富裕的工薪阶层
	郊区化导致中心区衰败，城市财政出现困难	中心区商贸、金融、服务等以三产为主的经济职能大为加强，并且有大量资金投入旧城改造
	郊区由单一居住功能向综合性功能转变	郊区居住、经济功能同时都在加强，但基础设施一般滞后

注：引自周一星，1998。

程度后客观存在的一个阶段。从微观方面看，中国和西方的郊区化有很大的不同。在西方，居民外迁是为了逃离社会和环境问题丛生的中心区，是一种自发的行为。在中国，人口外迁主要是工业外迁和旧城改造的结果，大多数人实际上不愿意离开设施齐全和服务方便的中心区，各城市都大量存在人已迁出中心区但户口不愿迁出的"人户分离"现象。

中西方不同郊区化机制，带来了不同的结果。在西方，低收入者在内城集聚，富裕的中产阶级从中心市迁出，郊区化导致中心市财政入不敷出，久而久之，出现中心衰败。因中心衰败，才又要求旧城改造。中国则完全不同，由于计划经济下大城市中心区积累了大量问题，恰遇改革开放后有大量资金投入旧城改造才导致了工业和人口的郊区化，结果是经过用地置换、产业调整，中心区更加欣欣向荣。

（4）郊区化的利弊

凡事总是有利有弊，郊区化也一样。在当前，中国的郊区化获得了以下一些利益：①疏散了大城市中心区过密的人口，改善了人居环境。1982～1990 年 8 年间，4 个大城市中心区每平方千米人口数下降的幅度分别为北京 944 人，上海 1 167 人，沈阳 2 304 人，大连 2 458 人；②分散了那些不适合在城市中心区发展的工业企业，减缓了环境污染；③有利于发挥城市中心区的区位优势，获得更高的土地利用效率，实现更有效的城市中心职能；④带动了郊区乡村的开发。

同时，中国这样的郊区化也带来了一些新的问题：①由于当前交通手段的落后，人们不可能也不愿意迁移得太远，近域迁移的结果造成了大城市建成区的蔓延，规划中的城郊隔离绿带易被蚕食；②由于当前生活水平还不高，外迁的主要是低收入的工薪阶层，他们在相当长时期内买不起私家车，而买得起商品住宅和私人轿车的高收入者当前倒不一定要外迁，这会导致不合理的通勤流，给城市交通带来更大压力；③城市中心区的大规模更新改造，对保护城市传统历史风貌的努力形成严峻的挑战。房地产开发商常常不顾城市规划的要求，追求更高的建筑容积率，这类矛盾在历史文化名城就更突出。

既然在市场经济条件下郊区化是大城市发展的一个必然阶段，可以估计，随着我国经济的持续发展，当壮大起来的中产阶层不再满足于多层或高层公寓住房时，开着私家车住在远郊别墅的时代也会到来，这种情况在商人、艺术家、明星等富裕阶层中已有苗头。而这种更接近于西方的郊区化，会给我们带来不同的利弊得失。

6.3　城市人口的容量

6.3.1　人口容量

人口容量是指一定时期内在一定地区人口增长最终达到的生活水平永远不会超过维持生存的最低水平时的人口规模，有时也称为最高人口。而"适度人口"是指某一国家或地区在一定时期内按一定标准所能供养的最优人口数量。人口容量与适度人口的概念既有区别，又有联系，两者在一定条件下可以相互转换。按一般理解，人口容量是指一个地区的资源环境所能承载的最大人口数量，亦即人口承载力，而适度人口则是指一定目标下的最适宜人口，即最优人口。但确定人口容量时，如果把消费水平定在一个期望的数值上，则此时的人口容量也就等同于适度人口。适度人口也可以说是某种意义上的人口容量。人口适度规模不是一个静态值，而是在资源环境约束、城市功能和城市空间变动作用下发生着动态演变。

人口容量是相对于一定时期生产力发展水平而言所能达到的开发利用程度的人口容量。生产力发展水平不同，在保持生态平衡的前提下，人口容量也不同。人口容量也是建立在一定生活水平标准之上的人口容量。讨论最高人口容量，或最高人口时，不能以降低人民的生活水平来扩大人口容量。人口容量还必须考虑人类生存环境的持续性。靠掠夺式开发资源来维持一个高的人口数量是不可能持久的，也是不科学合理的。

6.3.2 环境人口容量的特征

（1）环境人口容量变动性

人类不仅能够适应自然，而且能够改造自然而为人类服务。我们可以通过兴修水利、改造农田、植树造林等方法，改造环境，扩大人口容量。但人为破坏环境、破坏生态平衡，使耕地、草原荒漠化，污染环境使土地盐碱化等，都会使环境人口容量减少。

（2）影响环境人口容量因素的多样性

许多因素能够使环境人口容量发生变化。第一是环境因素，包括耕地、淡水、能源等。这些因素为人类生存和发展所必需。第二是人口因素，人口的数量、素质、结构以及人口分布、人口迁移等状况对人口容量也有重大影响。第三是经济因素，社会生产力发展水平决定了对自然环境和自然资源的利用程度和利用效率，如使用核能发电就可以节约木材、煤炭等自然资源，这是生产力发展水平决定的。

（3）环境人口容量的不确定性

影响城市生态系统的人口承载力因素复杂多样，诸如城市用地、城市开放设施、人口对各类资源需求的消费水平以及与城市发生物质和能量交换的外界系统等。另外，城市人口承载力亦有较强的区域性，随地理条件的变化而变化。因此要准确反映一个城市环境人口容量是十分困难的，有待于深入开展研究。

6.3.3 城市人口容量的主要制约因素

一个地区的人口容量与适度人口规模取决于很多因素，归纳起来基本上是两大方面：一是社会经济因素，如经济增长的潜力、城市管理的效率、基础设施的承载力、经济增长的就业弹性及其背后的经济发展战略；二是资源环境因素，包括土地资源、水资源和生态环境（可持续发展）容量。

自然资源通过数量、构成、质量、相互关系和分布制约着人口的数量和分布。著名的逻辑斯谛增长曲线清楚地说明了这种制约关系。在自然界，种群不能无限地持续增长，大多数的种群生长都受到资源环境阻力的制约，每个种群都有最大的个体数量，称为生境的负载能力，人类的增殖情况也是如此。

环境容量是指在人类生存和自然生态不致受害的前提下某一环境所能容纳的污染物的最大负荷，即环境所能接受的污染物限量或忍耐力的极限。城市环境容量当指城市特定区域环境所能容纳的污染物最大负荷量，即城市自然环境对污染物的净化能力或为保持某种生态环境质量标准所允许的污染物排放总量。如果污染物排放数量超过了城市生态环境容量，就会造成城市生态系统的恶化，进一步说，城市生态系统的恶化是通过人口密度而表现出来的。人口密度更为直接地表现了人口数量与环境的关系，在一定的社会经济条件下，人口密度与污染负荷存在着正相关关系。这说明了人口密度影响环境的本质是高密度的人口通过高强度的经济活动和资源利用对环境施加了更大的压力，例如，我国人口分布极不均衡，占国土面积43%的东南部地区承载着全国91%的人口，而占国土面积57%的西北部地区，只有占全国9%的人口，两地区人口密度相差很大，污染物排放量也有很大差别。东南部地区的"三废"排放量除工业固体废物量占全国85%以外，其余(包括工业废水废气总量、二氧化硫、烟尘)均占全国91%以上。以上事实说明，人口过于密集是导致城市生态环境恶化的首要原因。所以，城市生态环境因素就构成了对城市人口容量的限制因素。

城市的两大基本特点是高密度的人口聚落形式和开放的物质流和信息流。鉴于城市人口的高度集中，决定了其所需的大量物质与能源必须依靠外界输入。对一个开放式的区域来说，任何可通过市场交换的稀缺资源、商品，如粮食、矿藏资源等，只要有硬通货，都可通过市场购买来补充，因此，在这个意义上可以把食物及其相关物质、能源(煤、石油、天然气等)及其生产活动所需的某些矿产资源的供给看作无限的，并把它们从对城市人口容量的制约因素中剔除。而对于不可从区外购买的资源或环境，当地的资源和环境的数量和质量则构成区域人口承载力的制约因素。一般来说，经济、就业岗位、基础设施、产业结构与分工、交通条件等是可以通过增加投资等努力加以改变和创造、可以人为改善的因素；而土地利用条件、水资源和环境容量这些自然条件却是先天的、客观的，一般很难或较难人为加以改变，尽管也可以通过投资和技术进步使其得到更好地利用，但它们的利用度是有临界状态的，有不可突破的阈值。与人工条件的可变性相比，环境资源供给的有限性就构成了"木桶"中的短板，形成城市发展的终极制约因素。

6.3.4　人口、资源、环境与可持续发展

6.3.4.1　可持续发展的概念

当代的可持续发展理念是起源于20世纪70年代。1972年，在瑞典首都斯德哥尔摩召开的世界环境大会，首次出现了可持续发展一词。1987年世界环境与发展委员会在《我们共同的未来》报告中对可持续发展的定义做出了解释，即可持续发展是既满足当代人需要，又不对后代人满足其需要的能力构成危害的发展。

可持续发展概念包括以下内容：①可持续发展应实现消除贫困和适度的经济增长；②要实现可持续发展必须控制人口增长和开发人力资源；③实现可持续发展应合理开发利用自然资源；④实现可持续发展应保护环境和维护生态平衡；⑤实现可持续发展应满足就业和生活的基本需求；⑥实现可持续发展还要推动技术进步和对危险的有效控制。

6.3.4.2　人口、资源、环境与可持续发展

城市是一类较为特殊的地域类型，它本身具有鲜明的特征，即人口的高度聚集，高密度的人口导致了高密度的经济活动和社会活动。在城市人口(population)、资源(resources)、环境(environment)与发展(development)大系统(简称 PRED 系统)中,人口与资源和环境的矛盾十分突出。城市人口既是城市生态子系统的主体和主要消费者,又是城市经济子系统的主人和主要生产者。城市人口子系统的这种特殊地位,决定了其在城市落实可持续发展战略中的重要地位与作用。

随着上个世纪的人口和经济的高速增长,一些城市中巨大的人口压力与有限的资源和有限的环境自净能力形成尖锐矛盾,许多城市相继出现了资源短缺,人口对资源的压力越来越大,许多资源面临着枯竭的危险。以北京为例,由于人口规模的扩张直接导致了城市的扩大,从而引起一系列连带效应。诸如:住宅面积不断增大导致采暖季燃煤造成的二氧化硫污染逐年加剧;城市人口过于拥挤,造成交通堵塞,更加剧了汽车尾气排放量,使北京的氮氧化物含量始终居高不下。又如,由于城市逐年外延,人口规模不断扩大,加之生活水平提高,致使北京水资源短缺更为严重,自 20 世纪 70 年代开始,北京的城市供水就一直是一个棘手的大问题。北京每天的垃圾产生量 1986 年仅有 0.75×10^4t 左右,到 1997年则上升到 1.3×10^4t 左右,这期间人口增长了近 200 万人。从北京郊区垃圾填埋场分布图看,几乎已包围了整个城市,且占用了大量优质农田。上述这些都说明人口规模的扩张已构成了对北京这一超大城市可持续发展的直接威胁,即一方面是城市人口规模的持续扩张及由此造成的对城市资源、环境的巨大压力,另一方面北京的资源供给和环境容量已呈临界状态,有些甚至已超负荷,形势十分严峻。如不尽快采取有效措施控制人口规模,城市可持续发展战略将无法贯彻实施。因此,要实现人口与资源的可持续发展,必须把控制人口数量、提高人口素质和保护自然资源统一起来,齐抓共管,才能取得较好的成绩。

人口与环境的可持续发展是人类社会实现可持续发展的前提和基础。没有一个良好的自然环境,人口素质不仅不能提高,而且会受到环境的极大影响,人类的许多疾病都与环境污染有关。在人类未认识到可持续发展之前,所走的发展道路大多是先污染、后治理,这种发展模式不仅破坏了自然生态环境的平衡,导致环境污染,而且今后治理起来将要花费大量的人力、物力和财力,许多地方花多大力量治理也不能恢复到原有的状况,令人十分痛心。

就世界环境破坏的现状来分析,既有历史的因素,也有现实的原因。发达资本主义国家经过几百年长期的发展,现在经济已经达到了很高的水平,他们在发展过程中对自然环境已经造成了极大的破坏,而且目前占世界人口 23% 的发达国家,消耗世界资源接近80%,各种污染物排放量也占了大部分,应该承担主要责任。而大量发展中国家,由于经济贫困、人口激增,在经济发展过程中采取了粗放的开发资源的方法,也导致了自然资源的严重破坏,这些国家必须彻底改变其经济发展模式,才能最终既发展经济,同时也能实现不破坏环境。

6.4　城市人口的流动与管理

6.4.1　城市流动人口

关于城市流动人口的概念界定,不同学者从不同角度进行了阐述。例如:从人口学的角度，以常住地是否改变为唯一标志，将流动人口定义为离开常住地而非迁移的人口；从人口经济学出发，以流动人口产生的根本原因为依据，认为流动人口是在不改变常住地的情况下，进入某一地区从事社会经济活动的人口；从人口地理学的角度，认为流动人口是人口空间迁移的一种特殊形式，是指在一定地理区域内发生短暂流动行为的居民；实际管理中，则以是否具有某地的常住户口为依据，将在某地滞留而无常住户口的人口认为流动人口。而短暂的出差、探亲、访友、旅游等人口由于其影响的微弱，也不涉及户籍、住房、就业、福利、保障等制度性安排的变化，因此在讨论流动人口的问题时，多不包括这部分人口。

城市流动人口对流入和流出地会产生多方面的影响。城市流动人口可造成一系列城市社会问题和环境问题，如由于城市经济变化、建设规模压缩，造成部分流动人口没有工作，从而产生社会问题。大量的流动人口造成城市住房紧张、交通拥挤，加剧城市能源、水资源和副食品供应短缺，环境恶化，甚至犯罪率增加，传染病流行等城市社会环境问题。但是流动人口对城市繁荣、增加财政收入、增加劳动力、产业结构优化等也有积极作用。因此，城市流动人口的数量、性质和来源，与城市的持续稳定发展相当密切，对城市是否能沿着生态的道路健康发展具有重要的参考价值。

6.4.2 中国城市流动人口的状况

自20世纪90年代以来，在经济飞速发展，城市化进程加速的大背景下，我国的人口迁移现象越发频繁。2005年末，全国总人口为130 628万人，城镇人口为56 157万人，我国城市化水平（市镇人口占总人口的比重）达42.99%，比2004年末提高1.23个百分点。而其中农村富余劳动力向非农产业和城镇转移已经成为工业化和城市化的必然趋势。近年来，我国农村外出务工的劳动力大军的规模十分引人注目，2004年全国农村外出务工劳动力为11 823万人，占全国农村劳动力的23.8%。其中，东、中、西部地区外出务工劳动力分别为3 934万人、4 728万人、3 161万人。而全国的流动人口总量在2005年已高达1.47亿人。最新发布的《中国流动人口发展报告2010》显示，中国正经历着历史上规模最大的人口流动迁移，2009年我国流动人口达到2.11亿人。

城市流动人口的基本特征表现在以下几个方面。

（1）人口流动受性别差异影响很大，性别选择是人口流动的基本特征之一

除个别地区女性流动人口多于男性外，基本表现为以男性为主，尤其是在远距离流动中其性别比远高于常住人口；从年龄段来看，15~19岁年龄组流动人口女性高于男性，其余各组均为男性多于女性，且随着年龄组的升高，流动人口性别比随之增大。性别结构与城市产业结构紧密相关，如唐山市为工矿业城市，从业人口中工矿业人员高达86.76%，而这些职业中几乎全部为男性人口；而廊坊、昆山的流动人口的性别比分别为1:1和2:3，这与其产业结构和性质密切相关。

（2）我国城市流动人口年龄构成年轻化是最突出的特征之一

2005年，1%人口抽样调查显示劳动年龄人口（15~64岁）在流动人口中所占比重达4%以上。年轻劳动力成为流动人口的主体。在远距离流动中，青年人口更为突出。

（3）整体文化素质较低，以初中文化程度为主，近年受教育程度逐步提高

根据人口普查和抽样调查资料，1982 年，流动人口主要以小学学历为主，占 39.30%，初中学历的占 22.69%，文盲占 28.56%。2005 年，流动人口中初中文化程度占 47.41%，高中毕业生比例为 17.21%，文盲下降到 5% 以下。与流出地农村人口相比，城市流动人口的素质，包括文化、心理、职业等方面都处于优势地位，他们是受教育程度相对比较高的一部分人。流动人口中，来源于城市的流动人口的平均教育程度高于来源于农村的流动人口的受教育程度。

（4）初期的城市流动人口以非举家流动为主，具有明显的非完整家庭流动特征

近年来举家迁移趋势较明显，家庭式迁移成为新流动方式。进入 21 世纪以来，长期在外居住的流动人口越来越多。据《中国流动人口发展报告 2010》对五大城市（北京、上海、深圳、太原和成都）2009 年流动人口监测结果显示，劳动年龄人口平均在流入地停留时间为 5.3 年，有 1/2 的人停留时间超过 4 年，18.7% 的停留时间超过 10 年，只有 18.2% 的人在最近一年内流入到现居住地。

（5）单向流动特征明显

流动人口总的流向是经济落后地区趋向于经济发达地区，乡村流向城镇、城市。2000 年，全国 1.4 亿人流动人口中，从农村流出 8 840 万人，占 73%；流入城镇 9 012 万人，占 74.4%。经济发展水平和市场发育程度地区间的不平衡，决定了人口流动的基本方向不仅是农村向城市的迁移，而且是中西部地区向东部地区的迁移。流动人口分布的历史变动具有一定的阶段性。20 世纪 80 年代主要流向东北老工业基地、中西部资源城市、工业城市和省会城市；90 年代，珠三角和长三角地区的城市开始凸显，如深圳、东莞、无锡等地；21 世纪以来，东南沿海城市和区域性中心城市成为吸纳流动人口的主要基地，2005 年东部地区的流动人口占全国流动人口的比重为 64.59%。

6.4.3　城市流动人口发展趋势

根据国家中长期科学和技术发展规划战略研究专题报告之十一：《城市化与城市发展科技问题研究》，未来 10 年（至 2020 年）我国城市化率的年增加值大致可保持在 1 个百分点左右，城市人口增长 3.26 亿人。相应地，我国城市流动人口规模将达到 3 亿人左右。随着中国经济实力的增强以及对外开放的加深，国际流动人口也将增加。

由于城市流动人口家庭化和定居化的趋势，儿童、已婚妇女和老年人口会持续在城市增加，这会引起流动人口年龄结构和性别结构的变化。流动人口未来的流向分布具有不确定性，但总体上继续向沿海、沿江、沿主要交通线等经济发达地区聚集的趋势不会变。随着产业转型、西部大开发和中部崛起等国家战略的实施，中西部地区中心城市对劳动力的吸引力增强，人口流出大省的中西部地区劳动力长距离跨省流动会有所减弱。

随着经济社会的发展，城市流动人口逐渐由生存型向发展型转变。城市流动人口受教育年限增加，年龄结构趋于成年化，家庭化流动和在城市定居的趋势日益明显，特别是第二代流动人口，其利益需求更加强烈，更加关注自身的发展，渴望成为城市居民。因此，在教育、医疗、社会保险、保障性住房等基本公共服务方面的需求更加强烈，政府公共管理和服务管理体制改革压力增大。

6.4.4　城市流动人口管理

人口管理是国家行政管理的一项基本制度，其内容涉及人口的出生、死亡、迁移流动、健康、财产、家庭等方方面面情况的等级、变更和管理。

目前，我国整体上推行的仍然是城乡二元户籍制度，对于城市流动人口管理主要以掌握、控制住户和人口的地区迁移为目的。在管理思路上存在事实上的户籍人口管理与属地化人口管理的二元分割局面，城市流动人口被排斥在社保、住房、就业、教育等诸多福利政策之外。在管理体制上以户籍为基础，采取由公安部门为主体，各职能部门参与、以条为主，自上而下的管理。在管理定位上，过多强调流动人口的负面效应，而较少考虑其正面效应以及对流动人口应承担的责任和义务，实施的是一种防范式管理。

在市场经济条件下，服务是政府的基本职能。就城市流动人口管理而言，管理不仅仅是政府单纯制定规则而强制被管理者服从的过程，更重要的是加强服务，以人为本，树立服务型管理的指导思想，强化政府社会管理和公共服务职能，促进社会和谐发展。

本章小结

从城市规划、管理和建设的角度来考察，城市人口应包括居住在城市规划区域建成区内的一切人口。人口结构大体上可以分为自然结构、社会经济结构和地域结构。人口容量、人口结构和人口分布是研究人口的三大战略性问题。城市人口规模主要受到自然增长与机械增长的影响。人口迁移会改变一个地区的人口数量、质量及结构，从而影响到社会经济生活的各个方面。广义的城市人口分布是指在一定时间上，人口在城市内的聚集或组合状况，包括人口质量、人口结构以及人口的区域组合与区际联系。人口容量是指一定时期内在一定地区人口增长最终达到的生活水平永远不会超过维持生存的最低水平时的人口规模。一个地区的人口容量与适度人口规模取决于2个方面，一是社会经济因素，二是资源环境因素。与人口迁移不同，人口流动是指人们不以改变常住地为目的的越过一定区域界限并会返回原地的移动，城市流动人口对流入和流出地的经济、社会、环境等多方面都产生重要影响。目前，我国人口流动规模巨大，城市流动人口出现家庭化和定居化的趋势，国际流动人口也逐渐增加，城市流动人口管理必须创新管理模式，由防范式管理向服务型管理转变。

思考题

1. 简述人口结构的划分类型及依据。划分人口结构在理论研究和城市管理中的意义是什么？
2. 结合第六次全国人口普查数据，试分析我国目前人口增长的特点并预测其发展趋势。
3. 人口郊区化的成因是什么？如何看待人口郊区化？
4. 什么是合理的人口容量？其可能的实现途径有哪些？
5. 结合我国经济发展现状和流动人口特点，请思考创新城市流动人口服务管理模式的途径有哪些？

本章推荐阅读书目

1. 中国人口城市化和城乡统筹发展. 左学金, 朱宇, 王桂新. 科学出版社, 2007.
2. 区域（城市）人口—产业—自然复合生态关系研究. 陈亮. 气象出版社, 2008.
3. 人口学. 唐贵忠. 中国人口出版社, 2003.

7 城市群落生态学基础

7.1 群落的概念及其特征

7.1.1 生物群落的概念

一个自然群落就是在一定空间内生活在一起的各种动物、植物和微生物种群的集合体。一片树林、一片草原、一片荒漠，都可以看作是一个群落。群落内的各种生物由于彼此间的相互影响、紧密联系和对环境的共同反应，而使群落构成一个具有内在联系和共同规律的有机整体。

群落（community）的概念来源于植物生态学研究。早在 1807 年，近代植物地理学的创始人 H. A. Humboldt 首先注意到：自然界植物的分布不是杂乱无章的，而是遵循一定的规律而集合成群落，并指出每个群落都有其特定的外貌，它是群落对生境因素的综合反应。1909年，丹麦植物学家 E. Waming 出版了他的经典著作《植物生态学》，书中对群落的定义为："一定的物种所组成的天然群聚就是群落"，"形成群落的物种具有同样的生活方式，对环境有大致相同的要求，或一个种依赖于另一个种而生存，有时甚至后者刚好能满足前者的需求，似乎在这些种之间有一种明显的共生现象"。同一时期，以苏卡切夫院士为代表的俄国科学家对植物群落学研究也有了较大的发展，并形成一门以植物群落为研究对象的科学——地植物学，并定义植物群落是"不同植物物种的有机组合，在这样的情况下，植物与植物之间以及植物与环境之间的相互影响、相互作用"。

另一方面，有些动物学家也注意到不同动物种群的群聚现象。1877 年，德国生物学家 K. Mobius 在研究海底牡蛎种群时，注意到牡蛎只出现在一定的盐度、温度、光照等条件下，而且总与一定组成的其他动物物种（鱼类、甲壳类、棘皮动物）生长在一起，形成比较稳定的有机整体，他称这一有机整体为生物群落（biocoenosis or biome）。瑞士学者 C. Schroter 于 1902 年又提出了群落生态学的概念，1910 年在比利时布鲁塞尔召开的第三届国际植物学会议上，正式采用了"生物群落"这个科学名称。美国著名生态学家 E. P. Odum 认为群落除物种组成与外貌一致外，还"具有一定的营养结构和代谢格局""是一个结构单元""是生态系统中具生命的部分"，并指出群落的概念是生态学中最重要的原理之一，因为它强调了这样的事实，即各种不同的生物能以有规律的方式共处，而不是任意散布在地球上。

综上所述，生物群落可定义为特定空间或特定生境下生物种群有规律的组合。它们之间以及它们与环境之间彼此影响，相互作用，具有一定的结构，执行一定的功能。生物群落的概念具有具体和抽象两重含义，说它是具体的，是因为我们确实很容易找到一个区域或地段，在那里我们可以观察或研究一个群落的结构和功能；它同时又是一个抽象的概念，指的是符合群落定义的所有生物集合体的总称。

7.1.2　群落的基本特征

群落的基本特征，能说明群落是生物种群组合的一种有机的实体。

①具有一定的物种组成。每个群落都是由一定的植物、动物、微生物种群组成的，因此，物种组成是区别不同群落的首要特征。一个群落中物种的多少及每一物种的个体的数量，是度量群落多样性的基础。

②不同物种之间是相互联系，相互影响的：群落中的物种有规律地共处，即在有序状态下生存。虽然，生物群落是生物种群的集合体，但不是说一些种的任意组合便是一个群落。一个群落的形成和发展必须经过生物对环境的适应和生物种群之间的相互适应。生物群落并非种群的简单集合。哪些种群能够组合在一起构成群落，取决于两个条件：一是必须共同适应它们所处的无机环境；二是它们内部的相互关系必须取得协调、平衡。因此，研究群落中不同种群之间的关系是阐明群落形成机制的重要内容。

③具有形成群落环境的功能：生物群落对其居住环境产生重大影响，并形成群落环境，如森林中的环境与周围裸地就有很大的不同，包括光照、温度、湿度与土壤等都经过了生物群落的改造。即使生物非常稀疏的荒漠群落，对土壤等环境条件也有明显的改造作用。

④具有一定的外貌和结构：生物群落是生态系统的一个结构单位，它本身除具有一定的物种组成外，还具有其外貌和一系列的结构特点，包括形态结构与营养结构，如生活型组成、种的分布格局、成层性、捕食者和被捕食者的关系等，但其结构常常是松散的，不像一个有机体结构那样清晰，有人称之为松散结构。

⑤具有一定的动态特征：生物群落是生物系统中具有生命的部分，生命的特征是不停地运动，群落也是如此。其运动形式包括季节动态、年际动态、演替与演化。

⑥具有一定的分布范围及其边界特征：任一群落都分布在特定地段或特定生境上，不同群落的生境和分布范围不同。无论从全球范围看还是从区域角度讲，不同生物群落都是按着一定的规律分布。在自然条件下，有些群落具有明显的边界，可以清楚地加以区分；有的则不具有明显边界，而处于连续变化中，但在多数情况下，不同群落之间都存在过渡带，被称为群落交错区(ecotone)，并导致明显的边缘效应。

7.2　群落的种类组成

物种组成是决定群落性质最重要的因素，也是鉴别不同群落类型的基本特征。群落学研究一般都从分析物种组成开始。

为了登记群落的物种组成，首先要选择样地，即能代表所研究群落基本特征的一定地段或一定空间。所取样地应注意环境条件一致性与群落外貌的一致性，最好处于群落的中心地段，避免过渡地段。样地位置确定之后，还要确定样地的大小，因为只能在一定的面积上进行登记。对于不同的群落类型，其样地大小也不相同，但以不小于群落的最小表现面积为宜。所谓最小面积，是指至少要有足够大的面积及相应空间，才能包括组成群落的大多数生物种类，从而表现出群落结构的主要特征。一般来讲，组成群落的物种越丰富，对其进行研究的最小面积也越大，如我国云南西双版纳的热带雨林，最小面积表现约为2 500m^2，寒温带针叶林约为400m^2，灌丛25～100m^2，草原1～4m^2。

7.2.1　物种组成分析

群落的物种组成在一定程度上能反映出群落的性质，因此调查群落中的生物组成成分是研究群落特征的第一步。

首先对群落的物种组成进行逐一登记后，得到一份所研究群落的生物物种名录(一般是高等植物名录或动物名录，根据研究目的而定，但很少能包括全部生物区系)。以我国亚热带常绿阔叶林为例，群落乔木层的优势种类是由壳斗科、樟科、枫香科、木兰科、山茶科植物组成，在下层则由杜鹃花科、山矾科、冬青科等的植物构成；又如，分布在高山上的植物群落，主要由虎耳草科、石竹科、龙胆科、十字花科、景天科的某些种类构成；而村庄、农舍周围的群落，多半由一些伴人植物(如益母草、马鞭草、车前草等)组成。

然后，根据各个种在群落中的作用而划分群落成员型。下面是植物群落研究中常见的群落成员型分类。

①优势种和建群种：对群落结构和群落环境的形成起主要作用的植物称为优势种，它们通常是那些个体数量多、投影盖度大、生物量高、体积较大、生活能力较强，即优势度较高的种。群落的不同层次可以有各自的优势种，以马尾松林为例，分布在南亚热带的马尾松林其乔木层可能以马尾松占优势、灌木层可能以桃金娘占优势、草本层可能以芒其占优势、层间植物可能以断肠草占优势。其中，乔木层的优势种起着构建群落的作用，常称为建群种，如该例中马尾松即是该群落的建群种。

如果群落中的建群种只有一个，则称该群落为"单建种群落"。如果具有2个或2个以上同等重要的建群种，就称该群落为"共建种群落"。热带森林，几乎全是共建种群落，北方森林和草原，则多为单建种群落，但有时也存在共建种，如由贝加尔针茅和羊草共建的草甸草原群落。

应该强调，生态学上的优势种对整个群落具有控制性影响，如果把群落中的优势种去除，必然导致群落性质和环境的变化；但若把非优势种去除，只会发生较小的或不显著的变化，因此不仅要保护那些珍稀濒危物种，而且也要保护那些建群物种和优势物种，它们对生态系统的稳态起着举足轻重的作用。

②亚优势种：指个体数量与作用都次于优势种，但在决定群落性质和控制群落环境方面仍起着一定作用的植物种。在复层群落中，它通常居于较低的亚层，如我国北方大针茅草原中的小半灌木冷蒿在有些情况下成为亚优势种。

③伴生种：伴生种为群落的常见物种，它与优势种相伴存在，但不起主要作用，如长白山红松林中的青楷槭、白牛槭等。

④偶见种(或罕见种)：偶见种是那些在群落中出现频率很低的物种，多半数量稀少，如温带针阔混交林中分布的黄檗，这些物种随着生境的缩小濒临灭绝，应加强保护。偶见种也可能偶然地由人们带入或随着某种条件的改变而侵入群落中，也可能是衰退中的残遗种，如某些阔叶林中的马尾松。有些偶见种的出现具有生态指示意义，有的还可以作为地方性特征种来看待。

7.2.2　物种组成的数量特征

有了一份较为完整的群落的生物种类名录，只能说明群落中有哪些物种，想进一步说明群落特征，还必须研究不同物种的数量变化，对物种组成进行数量分析。

7.2.2.1　数量特征

(1)密度

密度(density)指单位面积或单位空间内的个体数。一般对乔木、灌木以植株计数，丛生草本以株丛计数，根茎植物以地上枝条计数。样地内某一物种的个体数占全部物种个体数之和的百分比称作相对密度或相对多度。

(2)多度

多度(abundance)是对物种个体数目多少的一种估测指标，只能在属于同一生活型的物种之间进行比较，多用于群落内草本植物的调查。国际上常用的多度分级法如表 7-1 所示。

表 7-1　几种常用的多度等级

Drude			Clements		Braun-Blanquet	
Soc. (Sociales)		极多	Dominant	优势	5	非常多
Cop. (Copiosae)	Cop3	很多	Abundant	丰盛	4	多
	Cop2	多			3	较多
	Cop1	尚多	Frequent	常见	2	较少
Sp. (Sparsae)		少	Occasional	偶见	—	—
Sol. (Solitariae)		稀少	Rare	稀少	1	少
Un. (Unicun)		个别	Very rare	很少	+	很少

(3)盖度

盖度(coverage)指的是植物地上部分垂直投影面积占样地面积的百分比，即投影盖度。后来又出现了"基盖度"的概念，即植物基部的覆盖面积。对于草原群落，常以离地面 2.54cm 高度的断面积计算；对森林群落，则以树木胸高 1.3m 处的断面积计算。乔木的基盖度特称为显著度（dominance）。群落中某一物种的盖度或显著度占所有物种盖度或显著度和百分比，即为相对盖度或相对显著度。

（4）频度

频度（frequency）即某个物种在调查范围内出现的频率，指包含该种个体的样方占全部样方数的百分比。群落中某一物种的频度占所有物种频度之和的百分比，即为相对频度。

（5）高度或长度

高度（height）或长度（length）常作为测量植物体的一个指标。测量时取其自然高度或绝对高度，藤本植物则测其长度。

（6）重量

重量（weight）是用来衡量种群生物量（biomass）或现存量（standing crop）多少的指标，可分干重与鲜重。在生态系统的能量流动与物质循环研究中，这一指标特别重要。

7.2.2.2　综合特征

（1）优势度

优势度（dominance）用以表示一个种在群落中的地位与作用，但其具体定义和计算方法大家意见不一。Braun – Blanquet 主张以盖度、所占空间大小或重量来表示优势度，并指出在不同群落中应采用不同指标。苏卡乔夫提出，多度、体积或所占据的空间、利用和影响环境的特性、物候动态应作为某个种的优势度指标。有的以盖度和密度作为优势度的度量指标。也有的认为优势度即"相对盖度和相对多度的总和"或"重量、盖度和多度的乘积"等。

（2）重要值

重要值（important value，IV）也是用来表示某个种在群落中的地位和作用的综合数量指标，因为它简单、明确，所以在近些年来得到普遍采用。重要值是美国的 J. T. Curtis 和 R. P. Mcintosh(1951) 首先使用的，他们在威斯康星州研究森林群落时，用重要值来确定乔木的优势度或显著度，计算的公式如下：

重要值（IV）= 相对多度（RA）+ 相对频度（RF）+ 相对优势度（相对基盖度）（RD）

上式用于草原群落时，相对优势度可用相对盖度代替：

重要值（IV）= 相对多度（RA）+ 相对频度（RF）+ 相对盖度（RC）

物种的重要值越大，在群落中的作用就越大。

（3）综合优势比

综合优势比（summed dominance ratio，SDR）由日本学者提出的一种综合数量指标。常用的为二因素的总优势比 SDR_2，即在密度比、盖度比、频度比、高度比和重量比这 5 项指标中取任意 2 项求其平均值再乘以 100% ，如 $SDR_2 = （密度比 + 盖度比）/2 \times 100\%$ 。

由于动物有运动能力，多数动物群落研究中心以数量或生物量为优势度的指标。但一般说来，对于小型动物，以数量为指标易于高估其作用，而以生物量为指标，易于低估其作用；相反，对于大型动物，以数量为指标会低估了其作用，而以生物量为指标会高估了其作用。如果能同时以数量和生物量为指标，并计算出变化率和能流，其估计比较可靠。而水生群落中的浮游生物，多以生物量为指标。

7.2.3　物种多样性

生物多样性（biodiversity）可定义为"生物的多样化和变异性以及生境的生态复杂性"。它包括植物、动物和微生物物种的丰富程度、变化过程以及由其组成的复杂多样的群落、生态系统和景观。生物多样性一般有 3 个水平，即遗传多样性，指地球上各个物种所包含的遗传信息之总和；物种多样性，指地球上生物种类的多样化；生态系统多样性，指的是生物圈中生物群落、生境与生态过程的多样化。本节仅从群落特征角度来叙述物种多样性，不涉及生物多样性的其他领域。

7.2.3.1　物种多样性的定义

R. A. Fisher 等人（1943）第一次使用物种多样性一词时，他所指的是群落中物种的数目和每一物种的个体数目。后来生态学家有时也用别的特性来说明物种的多样性，如生物量、现存量、重要值、盖度等。

通常物种多样性（species diversity）具有 2 个方面含义。

①种的数目（mumbers）或丰富度（abundance）：指一个群落或生境中物种数目的多寡。Poole（1974）认为只有这个指标才是唯一真正客观的多样性指标。在统计种的数目的时候，需要说明多大的面积，以便比较。在多层次的森林群落中必须说明层次和径级，否则是无法比较的。

②种的均匀度（species evenness）：指一个群落或生境中全部物种个体数目的分配状况，它反映的是各物种个体数目分配的均匀程度。例如，甲群落中有 100 个个体，其中 90 个属于种 A，另外 10 个属于种 B。乙群落中也有 100 个个体，但种 A、B 各占 1/2。那么，甲群落的均匀度就比乙群落低得多。

7.2.3.2　物种多样性梯度

①物种多样性随纬度的变化：从热带到两极随纬度的增加，物种多样性有逐渐减少的趋势。无论在陆地，还是海洋和淡水环境，都有类似趋势。当然也有例外，如企鹅和海豹在极地物种最多，而针叶树和姬蜂在温带物种最丰富。李振基等以 Shannon – Wiener 指数等对比研究了我国从东北到海南的阔叶林中木本植物的物种多样性，表明越靠近热带地区，单位面积内的物种越丰富，物种多样性指数也越高。

②多样性随海拔的变化：如果在赤道地区登山，随海拔的增高，能见到热带、温带、寒带的环境，同样也能发现物种多样性随海拔增加而逐渐降低。

③在海洋或淡水体物种多样性有随深度增加而降低的趋势：显然，在大型湖泊中，温度低、含氧少、黑暗的深水层，其水生生物种类明显低于浅水区；同样，海洋中植物分布也仅限于光线能透入的光亮区，一般很少超过 30m。

张荣祖（1985）对我国陆生哺乳类的种数作过统计比较，发现如下规律：①种数与纬度的关系，在北纬 40°~50° 之间，平均种数最低，由 40° 往更低纬度地区，种数随纬度的降低而增加；②种数与内陆干旱地区的年降水量的关系，随着年降水量由 50mm 上升到 500mm，平均种数随之增加；③青藏喜马拉雅—横断山脉地区的种数与海拔高度的关系，随着海拔由 850m 上升到 4 750m，平均种数随海拔的升高而降低。

7.3　群落的结构

7.3.1　群落的垂直结构

生物在整个群落中的分布是不均匀的。它们的分布可以从垂直面和水平面去考察。垂直面的分布，在某些森林群落中很明显。这就是群落的分层现象。一般可以把森林群落分为乔木层、灌木层、草本层和地被层。最高大的树木占有森林的最上层，形成森林的乔木层(林冠)，往下是灌木层和草本层。北方的森林分层简单而明显，而热带雨林物种组成丰富多样，分层较不明显，各层还能分出 2 ~ 3 个亚层，由于到达地表的光照强度很弱，所以地被层不发达，林内有丰富的藤本植物和附生植物，这些植物难以归入某一层，我们把这些植物称为层间植物。灌丛或荒漠群落缺少乔木层。草原、草甸和冻原群落一般只有草本层。稀树干草原则以占优势的草本层为主，稀疏分布着乔木树种。

动物在林间或土壤里的分布情况也与植物的垂直分布密切相关，群落的垂直分层越多，动物种类也越多。例如，在欧亚大陆北方针叶林区，在地被层和草本层中，栖息着两栖类、爬行类、鸟类(丘鹬、榛鸡等)、兽类和各种鼠形啮齿类；在森林的下层——灌木林和幼林中，栖息着莺、苇莺和花鼠等；在森林的中层栖息着山雀、啄木鸟、松鼠和貂等，而在树冠层则栖息着柳莺、交嘴和戴菊等。

水生生态系统中生物的垂直分布也是十分明显。一般来说，藻类分布在阳光能够透过的水上层；浮游动物生活在植物能延伸到的地区，而且能在较深的水域活动。软体动物、环节动物和蟹类则生活在水的底层。鱼类经常活动在特殊的水域，如我国的鲤鱼、鲩鱼、鲢鱼、鳙鱼四大养殖鱼就分布在不同层次上，这些动物的垂直分布都同水体的物理条件(温度、溶氧量等)和生物条件(食物、天敌等)有密切的关系。

7.3.2　群落的水平结构

植物群落中某个物种或不同物种的水平配置也不一致，多数群落中的各个物种常形成斑块状镶嵌，也可能均匀分布，水平格局的形成与构成群落的成员的分布状况有关。陆地群落的水平格局主要决定于植物的分布格局。对群落的结构进行观察时，经常可以发现，在一个群落某一地点，植物分布是不均匀的。均匀型分布的植物是少见的，如生长在沙漠中的灌木，由于植株间不可能太靠近，可能比较均匀，但大多数种类是成群型分布。在森林中，林下阴暗的地点，有些植物种类形成小型组合，而林下较明亮的地点是另外一些植物种类形成的组合。在草原中也有同样的情况，在并不形成郁闭植被的草原群落，禾本科密草丛中有其伴生的少数其他植物，草丛之间的空间，则由各种不同的其他杂草和双子叶杂草所占据。

导致水平结构的复杂性有 3 个方面的原因：

①亲代的扩散分布习性不同：风布植物、动物传布植物、水布植物分布可能广泛，而种子较重或无性繁殖的植物，往往在母株周围呈群聚状。同样是风布植物，在单株、疏林、密林的情况下扩散能力也各不相同。动物传布植物受到昆虫、两栖类动物产卵的选择性的影响，幼体经常集中在一些适宜于生长的生境。

②种间相互作用的结果：植食动物明显地依赖于它所取食的植物的分布。还有竞争、互利共生、偏利共生等的结果。

③环境异质性：由于成土母质、土壤质地和结构、水分条件的异质性以及群落内植物环境导致动植物形成各自的水平分布格局。

7.3.3　群落的时间结构

很多环境因素具有明显的时间节律，如昼夜节律和季节节律，受这些因子的影响，群落的组成和结构也随时间序列发生有规律的变化，这就是群落的时间结构。时间结构是群落的动态特征之一，它包括 2 个方面的内容：一是自然环境因素的时间节律所引起的群落各物种在时间结构上相应的周期变化；二是群落在长期历史发展过程中，由一种类型转变成另一种类型的顺序变化，亦即群落演替。

7.3.3.1　昼夜活动节律

几乎所有的生物都有昼夜活动节律，动物因昼夜活动节律的不同有昼行性动物与夜行性动物之分；还有一些动物如果蝇，只在拂晓或黄昏时活动，这叫晓暮行性动物。在森林中，白昼有许多鸟类活动，但一到夜里，鸟类几乎都处于停止活动状态。但一些鸮类开始活动，使群落的昼夜相迥然不同。水体中的许多浮游动物在每天中午阳光最强时，就沉到水的深处，当黑夜来临时，这些浮游动物又回游到水的上层来吃浮游植物或彼此互相为食；到了太阳上升时，它们又下沉到底层。垂直回游的距离随种类而异，原生动物只上升几厘米，而大型动物可能上升好几米。

7.3.3.2　季节动态

生物群落的季节变化受环境条件(特别是气候)周期性变化的制约，并与生物的生活周期关联。群落中各种植物的生长发育相应地有规律地进行，其中主要层的植物季节性变化，使得群落表现为不同的季节性外貌，即为群落的季相。特别在温带地区，气候的季节变化是极为明显的：树木和野草在春天发芽、生长，然后开花、结果、产生种子；到了冬季，则进入休眠或死去。季相变化的主要标志是群落主要层的物候变化。特别是主要层的植物处于营养盛期时，往往对其他植物的生长和整个群落都有着极大的影响，有时当一个层片的季相发生变化时，可影响另一层片的出现与消亡。这种现象在北方的落叶阔叶林内最为显著。早春乔木层片的树木尚未长叶，林内透光度很大，林下出现一个春季开花的草本层片；入夏乔木长叶林冠荫蔽，开花的草本层片逐渐消失。这种随季节而出现的层片，称为季节层片。由于季节不同而出现依次更替的季节层片，使得群落结构也发生了季节性变化。群落中由于物候更替所引起的结构变化，又被称为群落在时间上的成层现象。它们在对生境的利用方面起着补充的作用，从而有效地利用了群落的环境空间。

　　动物群落的季相变化也十分明显，如候鸟春季迁徙到北方营巢繁殖，秋季南迁越冬。青蛙、刺猬和蝙蝠等到冬季就进行冬眠，春天来了就苏醒重新活动。

7.3.3.3　年变化

　　在不同年度之间，生物群落常有明显的变动。这种变化反映于群落内部的变化，不产生群落的更替现象，一般称为波动(fluctuation)。群落的波动多数是由群落所在地区气候条件的不规则变化引起的，其特点是群落区系成分的相对稳定性，群落数量特征变化的不定性以及变化的可逆性。在波动中，群落在生产量、各成分的数量比例、优势种的重要值以及物质和能量的平衡方面，也会发生相应的变化。

　　根据群落变化的形式，可将波动划分为以下3种类型：

　　①不明显波动：其特点是群落各成员的数量关系变化很小，群落外貌和结构基本保持不变，这种波动可能出现在不同年份的气象、水文状况差不多一致的情况下。

　　②摆动性波动：其特点是群落成分在个体数量和生产量方面的短期变动(1～5年)，它与群落优势种的逐年交替有关。例如，在乌克兰草原上，遇干旱年份旱生植物(针茅和羊茅等)占优势，草原旅鼠和社会田鼠也繁盛起来；而在气温较高且降水较丰富的年份，群落以中生植物占优势，同时喜湿性动物如普通田鼠与林姬鼠增多。

　　③偏途性波动：这是气候和水分条件的长期偏离而引起一个或几个优势种明显变更的结果。通过群落的自我调节作用，群落还可恢复到接近于原来的状态。这种波动的时期可能较长(5～10年)。例如，草原看麦娘占优势的群落可能在缺水的情况下转变为匍枝毛茛群落占优势，以后又会恢复到草原看麦娘群落占优势的状态。

　　不同的生物群落具有不同的波动性特点。一般说来，木本植物占优势的群落较草本植物稳定一些；常绿木本群落要比夏绿木本群落稳定一些。在一个群落内部，许多定性特征(如物种组成、种间关系等)较定量特征(如密度、盖度等)稳定一些；成熟的群落较发育中的群落稳定。

7.3.4　群落的层片结构

　　层片是群落最基本的结构单位，是由瑞典植物学家 Gams (1918) 首先提出的。他起初赋予这一概念以3个方面的内容，即把层片划分为3级：一级层片，即同种个体的组合；二级层片，即同一生活型的不同植物的组合；三级层片，即不同生活型的不同种类植物的组合。现在一般群落学研究中使用的层片概念，均相当于 Gams 的二级层片，即每一个层片都是由同一生活型的植物所组成。

　　生活型是植物对外界环境适应的外部表现形式，同一生活型的植物不但体态上是相似的，而且在形态结构、形成条件、甚至某些生理过程也具相似性。目前广泛采用的生活型划分是丹麦植物学家 Raunkiaer 建立的系统。他按照休眠芽在不良季节的着生位置把植物的生活型分成五大类群，高位芽植物(25cm 以上)、地上芽植物(25cm 以下)、地面芽植物(位于近地面土层内)、隐芽植物(位于较深土层或水中)和一年生植物(以种子越冬)，在各类群之下再细分为30个较小的类群。我国植被学著作中采用的是按体态划分的生活型系统，该系统把植物分成木本植物、半木本植物、草本植物、叶状体植物四大类别，再进一步划分成更小的或低级的单位。对于层片的划分，可以根据研究的需要，分别使用上述系统中的高级划分单位或低级单位。

　　层片作为群落的结构单元，是在群落产生和发展过程中逐步形成的。它的特点是具有一定的种类组成，它所包含的种具有一定的生态生物学一致性，并且具有一定的小环境，这种小环境是构成植物群落环境的一部分。包维楷等（2009）对大渡河上游不同林龄云杉林下地表层苔藓层片结构的研究发现，云杉人工林地表苔藓有 53 种，而原始林中有 24 种，说明小环境对植物群落形成具有重要影响。

　　需要说明一下层片与层的关系问题。在概念上层片的划分强调了群落的生态学方面，而层次的划分，着重于群落的形态。层片有时和层是一致的，有时则不一致。例如，分布在大兴安岭的兴安落叶松纯林，兴安落叶松组成乔木层，它同时也是该群落的落叶针叶乔木层片。在混交林中，乔木层是一个层，但它由阔叶树种层片和针叶树种层片 2 个层片构成。在实践中，层片的划分比层的划分更为重要，但划分层次往往是区分和分析层片的第一步。和层结构一样，群落层片结构的复杂性，保证了植物全面利用生境资源的可能性，并且能最大程度地影响环境，对环境进行生物学改造。

7.4　群落的动态

7.4.1　群落演替的概念

7.4.1.1　基本概念

　　生物群落是运动着的体系，它处于不断的运动变化之中，其运动变化是有规律的，演替是群落动态中最重要的特征，没有一个群落永远存在，它或迟或早将被后续的群落所代替。所谓演替（succession），就是指某一地段上一种生物群落被另一种生物群落所取代的过程。

　　以一块弃耕的农田为例，在弃耕后的一、二年内该田块会出现大量的一年生和二年生的田间杂草，随后多年生植物开始侵入并逐渐定居下来，田间杂草的生长和繁殖开始受到抑制。随着时间的进一步推移，多年生植物取得优势地位，一个具备特定结构和功能的植物群落形成了。相应地，适应于这个植物群落的动物区系和微生物区系也逐渐确定下来，整个生物群落仍在向前发展。当它达到与当地的环境条件特别是气候和土壤条件都比较适应的时候，即成为稳定的群落。如果该农田在草原地带，这个群落将恢复到原生草原群落；若处于森林地带，它将进一步发展为森林群落。这种有次序的、按部就班的物种之间的替代过程，也就是演替。

　　整个演替过程由每一个阶段构成，这些阶段相接，称为演替系列。在演替过程中，早期出现的物种称为先锋种，中期出现的物种称为过渡种或演替种，演替发展到最后出现的稳定的成熟群落称为顶极群落，在顶极群落中出现的物种称为顶极种。

7.4.1.2　群落演替的原因

　　生物群落的演替是群落内部关系与外界环境中各种生态因子综合作用的结果。

（1）生物的迁移和扩散

当植物繁殖体到达一个新环境时，植物的定居过程开始了。植物的定居包括植物的发芽、生长和繁殖3个方面。任何一片裸地上生物群落的形成和发展，或是任何一个旧的群落为新的群落所取代，都必然包含有植物的定居过程。因此，植物繁殖体的迁移和散布是群落演替的先决条件。

对于动物来说，植物群落成为它们取食、营巢、繁殖的场所。当植物群落环境变得不适宜它们生活的时候，它们便移出去另找新的合适生境，与此同时，又会有一些动物从别的群落迁来找新栖居地。因此，每当植物群落的性质发生变化的时候，居住在其中的动物区系实际上也在作适当的调整，使得整个生物群落内部的动物和植物又以新的联系方式统一起来。

（2）群落内部环境的变化

这种变化是由群落本身的生命活动造成的，与外界环境条件的改变没有直接的关系。有些情况下，是群落内物种生命活动的结果，为自己创造了不良的居住环境，使原来的群落解体，为其他植物的生存提供了有利条件，从而引起演替。例如，在美国俄克拉荷马州的草原弃耕地恢复的第一阶段中，向日葵的分泌物对自身的幼苗具有很强的抑制作用，但对第二阶段的优势种三芒草（*Agreistida oligansa*）的幼苗却不产生任何抑制作用，于是向日葵占优势的先锋群落很快为三芒草群落所取代。

由于群落中植物种群特别是优势种的发育而导致群落内光照、温度、水分状况的改变，也可为演替创造条件，相关例子在后面演替系列中将会提及。

（3）种内和种间关系的改变

组成一个群落的物种在其内部以及物种之间都存在特定的相互关系。这种关系随着外部环境条件和群落内环境的改变而不断地进行调整。当密度增加时，不但种群内部的关系紧张化了，而且竞争能力强的种群得以充分发展，而竞争能力弱的种群则逐步缩小自己的地盘，甚至被排挤到群落之外。这种情形常见于尚未发育成熟的群落。处于成熟、稳定状态的群落在接受外界条件刺激的情况下也可能发生种间数量关系重新调整的现象，进而使群落特性或多或少地改变。

（4）外界环境条件的变化

虽然决定群落演替的根本原因存在于群落内部，但群落之外的环境条件诸如气候、地貌、土壤和火等可成为引起演替的重要条件。气候的变化，无论是长期的还是短暂的，都会成为演替的诱发因素。地表形态的改变会使水分、热量等生态因子重新分配，转过来又影响到群落本身。大规模的地壳运动可使地球表面的生物部分或完全毁灭，从而使演替从头开始。土壤的理化特性对于置身于其中的植物、土壤动物和微生物的生活有密切的关系；土壤性质的改变势必导致群落内部物种关系的重新调整。凡是与群落发育有关的直接或间接的生态因子都会成为演替的外部因素。

（5）人类活动的影响

由于人类社会活动通常是有意识、有目的地进行的，因此人对生物群落演替的影响远远超过其他所有的自然因子，可以对自然环境中的生态关系起着促进、抑制、改造和建设的作用。放火烧山、砍伐森林、开垦土地等，都可使生物群落改变面貌。人们也可以通过经营、抚育森林，管理草原，治理沙漠，使群落演替按照不同于自然发展的道路进行。

7.4.2　群落演替的类型

7.4.2.1　群落演替的基本类型

演替类型的划分可以按照不同的原则进行。

(1)按演替发生的起始条件

按演替发生的起始条件，可以分为原生演替(primary succession)和次生演替(secondary succession)。原生演替开始于原生裸地或原生荒原(完全没有植被并且也没有任何植物繁殖体存在的裸露地段)上的群落演替，叫作原生演替。例如，在光裸的岩石上、在河流的三角洲或者在冰川上所开始的演替过程，当达到顶极时，演替过程便告结束。遭受火山活动所破坏的地区，是研究初极演替最理想的地区。次生演替开始于次生裸地或闪生荒原(不存在植被，但在土壤或基质中保留有植物繁殖体的裸地)上的群落演替，叫作次生演替。这时生态系统虽然被破坏，但并未完全被消灭，原来群落中的一些种子、原生动物、微生物和有机质仍被保留下来，因此这种演替过程不是从一无所有开始的。所以，次生演替比原生演替更迅速。森林被火烧或被砍伐以后所经历的演替过程，就是次生演替。弃耕地也是如此。

(2)按演替起始基质的性质

按演替起始基质的性质可分为水生演替(hydroarch succession)、旱生演替(xerarch succession)和中生演替(mesoarch succession)。水生演替开始于水生环境中，一般都发展到陆地群落，如淡水湖或池塘中水生群落向中生群落的转变过程，一般依次出现沉水植物群落、浮水植物群落、蒲草沼泽、苔草群落、木本植物群落。旱生演替从干旱缺水的基质上开始的演替，如裸露的岩石表面上生物群落的形成过程。中生演替从中生湿润的基质上开始的演替，如沙丘上生物群落的形成过程。

(3)按控制的主导因素

按控制演替的主导因素可分为内因性演替(endogenetioc succession)和外因性演替(exogenetic succession)。内因性演替的一个显著特点是，群落中生物生命活动的结果首先使它的生境得到改造，然后被改造了的生境又反作用于群落本身，如此相互促进，使演替不断向前发展。一切源于外因的演替最终都是通过内因生态演替来实现，因此可以说，内因生态演替是群落演替的最基本和最普遍的形式。外因性演替是由于外界环境因素的作用所引起的群落变化，其中包括气候发生演替(由气候的变化所导致)、地貌发生演替(由地貌变化所引起)、土壤发生演替(起因于土壤的演变)、火成演替(由火的发生作为先导原因)和人为发生演替(由人类的生产及其他活动所导致)。

(4)按群落代谢特征

按群落代谢特征可分为自养性演替(autotrophic succession)和异养性演替(heterotrophic succession)。自养性演替中，光合作用所固定的生物量积累越来越多，如由裸岩—地衣—苔藓—草本—灌木—乔木的演替过程。异养性演替如出现在有机污染的水体，由于细菌和真菌分解作用特别强，有机物质随演替而减少。

(5) 按演替发生的时间进程

按照演替发生的时间进程可分为千年演替(millennium succession)、世纪演替(era succession)和快速演替(rapid succession)。千年演替延续时间相当长久，一般以地质年代计算。常伴随气候的历史变迁或地貌的大规模改变而发生。一般原生演替属于此类。世纪演替延续达几十年到几百年，云杉林被采伐后的恢复演替可作为长期演替的实例。快速演替延续几年或十几年。草原弃耕地的恢复可以作为快速演替的例子，但要以撂荒面积不大和种子传播来源就近为条件，如果没有这个前提，弃耕地的恢复过程就可能延续达几十年。

下面以原生演替和次生演替为例进一步阐述演替的特征与过程。

7.4.2.2　原生演替

(1) 从干旱环境开始的原生演替系列

从裸露的岩石表现开始的生物群落形成和演替过程是最风华正茂的旱生演替。裸岩表现的生态环境异常恶劣：没有土壤、光照度、温差大、十分干燥，从裸岩开始的演替系列可分为 5 个模式阶段。

①地衣植物阶段：地衣是在一些裸露的地方首先立足的植物，因为它们能够在极为严酷的自然条件下存活，所以叫做开拓植物。它们在岩石表面生长，只能微微地潜入岩石的基质。这里可利用的水很少，因为这里虽然可能经常下雨，但雨水很快会蒸发掉或从岩石表面流走。风化作用会使岩石分解为土壤微粒。地衣通过代谢酸的作用和地衣死后所产生的腐殖酸的作用，可加速岩石风化为土壤的过程。于是，土壤和腐殖质逐渐发展起来，但只有薄薄的一层。

②苔藓植物阶段：苔藓开始生长在上述的这些浅薄的土壤中，并逐渐取代了先行的植物——地衣。应注意的是，各种植物的种子和孢子都会落在这里，并且萌发。问题是在生态选择下，哪些植物可以得到发展。由于苔藓比地衣高大，所以它们可以接受大部分日光而把地衣排挤掉。地衣死后，该地区就完全被苔藓植物所占有。当苔藓死去以后，形成的腐殖质使岩石进一步分解，最后会建立一个丰富的由细菌和真菌组成的微生物区系。

③草本植物阶段：当土壤厚度增加到保持足够湿度的时候，草本植物的幼苗就有了立足点，最后以苦药取代地衣的同样方式取代了苔藓，使禾草、野菊、紫花和矮小的木本植物占了优势。这时，小型哺乳动物、蜗牛和各种昆虫开始侵入这个地域，并且可以找到适宜的生态位。由于土壤中的营养物质越来越丰富，通气性能越来越良好，这使得小气候条件更适合于生物的生存。

④灌木阶段：在这个演替阶段，灌木和小树代替了草本植物。这是因为，一方面，土壤有利于它们的生长；另一方面，它们长起来以后，植株比较高大，因此使低矮植物所得到的阳光减少。比较高大的灌木和小树，使整个地面得到更好的遮阴，同时也起着风障的作用。这样，草本植物消失了，昆虫也大为减少，只有较少的物种留了下来。但这样的环境，变得对吃浆果的鸟类和以灌丛作为掩蔽所的鸟类更有利。由于灌木和乔木的生长，潮湿的地方变得比较干燥了，干燥的地方变得比较潮湿了，所以环境条件变得更加适中，不同地方的含水量只有微弱的波动。

⑤乔木阶段：各种树木在潮湿的、遮阴的地面上生长起来，最终将占有优势。这些树

木的树冠连成一片，留下来的一些灌木继续生存下去。地面上重新长满了苔藓，因为光线弱得使草类无法生长，而对蕨类植物来说，这样的光线又太强。在这样的环境里，树木枯死并倒在地面，腐食生物把枯水分解，形成丰富的腐殖质。在这里，起初不存在优势树种，有的只是那些在演替过程中生存下来的许多树种。随着树木的成林，一个阔叶林演替的顶极状态将成为优势种，因为它们更适合在该地区生长。

例如，在美国印第安纳州密歇根湖南端新形成的沙丘上，首先入侵的物种是滨草，其根状茎在沙地地面下延伸，并萌蘖形成新的枝叶，这些多年生禾草固定了沙丘表面，并增加了沙丘中的有机碎屑。大量一年生植物随之进入沙丘，使沙丘进一步富集养分和稳固，逐步创造出适合灌木生长的条件。松林形成以前是沙樱、沙丘柳等形成的灌木层，松林形成后不能很好地传播后代，仅能维持一两代时间，最后松树让位给这一地区特有的山毛榉、橡树、槭树等构成的森林，如图7-1所示。

(2) 从水体开始的原生演替系列

从淡水湖泊中开始的群落演替是典型的水生演替系列。深的湖泊中缺乏光照和空气，只有在水深小于5m的湖底，才开始有较大型的水生植物生长，在这一深度以下，就是水底的原生裸地了。水生演替系列一般有6个阶段。

①自由漂浮植物阶段：在这一阶段中，一般的水底很近似于陆地的裸岩，几乎没有什么植物能扎根生长。最早出现在湖泊里的生物只是一些浮游生物（包括藻类、细菌等）。

(a)   (b)

(c)   (d)

图7-1 沙丘的原生演替阶段(引自 R. Ricklefs，2004)

(a)滨草利用其地下茎成为第一个入侵者 (b)沙丘被滨草固定

(c)灌木开始生长 (d)乔木占优势地位

此外，有时还有少数漂浮的维管植物(如浮萍、槐叶萍等)。这些生物遍布于水体的表面上，通过截留阳光，限制了水底群落的发展。

②沉水植物群落阶段：随着陆地上的泥沙不断冲入湖中，这些泥沙同浮游生物有机体的死亡残体混合，在湖底铺出一层疏松的软泥，为沉水植物定居创造了条件。有许多沉水植物，如黑藻、茨藻、眼子菜、狐尾藻等次等水生植物种类出现，它们的根生于水底土壤里，茎叶随水波动。沉水植物的残体由于燃气条件不易分解而沉积下来，使水底抬高，水位变浅。

③浮叶根生植物群落阶段：随着湖底变浅，出现浮叶生根植物，如莲等，它们的地下茎繁殖很快，具有高度堆积泥沙的能力，导致水位更浅。另外，由于这些植物的叶是在水面或水面以上，当它们密集后，就将水面完全盖满，使得光照条件变得不利于沉水植物生长，沉水植物逐渐地被排除。于是，动物的生存空间增大，种类和数量逐渐增加。

④挺水植物群落阶段：随着水位的继续变浅以及季节性波动，在1m水深的浅水带，柔弱的浮叶根生植物逐渐失去水对它们的保护和浮力，无法再生存下去，于是挺水的沼泽植物，如芦苇、香蒲等就占据了这一位置，其中以芦苇最常见。挺水植物有柔韧的叶和根状茎，可随着风浪弯来弯去；其根茎极为茂密常纠缠交结，促使湖底迅速抬高。此时，浮叶根生植物阶段的动物群落逐渐减少或消失，新的群落开始出现，某些动物更适应于生活在密集的挺水植物丛中。

⑤湿生草本植物群落阶段：挺水植物出现以后，由于每年有大量的植物残体沉入水底，使水底的有机物质大大增加，水底进一步抬高，水体边缘的沉积物也开始变硬，很快就形成了坚实的土壤。这时候，大部分湖面因长满了苔草、香蒲和莎草科植物而演变成了沼泽，当湖底抬升到地下水位以上的时候，水体的残存部分一到夏季就会干涸。这时的湖泊实际上已变成临时性的积水塘。在这里，只有那些夏季能忍受干燥、冬季能够能忍受冰冻的生物才能立足。同时，水生群落也已经演替成了一个介于水生群落和陆生群落之间的湿生草本植物群落。挺水植物不能适应这种生存条件，被湿生的沼泽草本植物所替代。在草原地带，这一阶段并不能延续很长时间，因为地下水位的降低和地面蒸发的加强，土壤很快变得干燥，湿生草类亦将很快地让位于旱生草类。

⑥木本植物群落阶段：随着地面的进一步抬升和排水条件的改善，在沼泽植物群落中会出现湿生灌木，而后湿生乔木开始入侵，逐渐形成森林，导致地下水位进一步降低，此外大量地被植物也改变了土壤条件，湿生生境改变成中生生境，中生森林群落形成。

7.4.2.3　次生演替

从次生裸地开始顺序发生的各类次生群落共同形成次生演替系列，其最终方向也是指向当地原生演替的顶极类型。次生演替速度和所经历的阶段，取决于原来生态系统的类型和受到破坏的方式、程度及持续时间。

(1)云杉林采伐迹地次生演替

①采伐迹地阶段：采伐迹地阶段即是森林采伐后的消退期。这时产生了较大面积的采伐迹地。原来森林中的小气候完全改变，地面受到直接的光照，挡不住风，温度很快升高，又很快降低，昼夜温差大，易形成霜冻等。因此，不能耐受日灼或霜冻的植物就不能

在这里生活，原先林下的耐阴植物消失了，而喜光植物，尤其是禾本科植物、莎草科植物等杂草到处蔓生，形成杂草群落。随着植物环境的改变，动物群落也发生了面目全非的交替。大中型哺乳动物，营巢的鸟类消失了，代之而来的是草食性昆虫和啮齿类等小型哺乳动物。

②先锋树种阶段(小叶树种阶段)：云杉和冷杉幼苗对霜冻、日灼和干旱很敏感，很难适应迹地的环境条件，因此不能生长。而喜光阔叶植物树种如桦树、山杨等的幼苗不怕日灼和霜冻，能够适应新环境。由于原有云杉林所形成的优越土壤条件，它们很快地生长起来，形成以桦树和山杨为主的阔叶林群落。当阔叶林成长连片而开始遮蔽土地时，太阳辐射和霜冻开始从地面移到由落叶树种所组成的林冠上。同时，郁闭的林冠也抑制和排挤了其他喜光植物，包括阔叶树幼树同样受排挤，环境对阔叶树渐渐不利，而使它们开始衰弱，然后完全死亡。这一时间，前一阶段离去的一些鸟类和中型甚至大型动物开始返回，而草食性昆虫类节肢动物逐渐减少。

③阴性树种定居阶段(云杉定居阶段)：由于桦树和山杨等上层树种缓和了林下小气候条件的剧烈变动，又改善了土壤环境，因此，阔叶林下已经能够生长耐阴的云杉和冷杉树种的幼苗了。最初这种生长是缓慢的，但一般到 30 年左右，云杉就在桦树和山杨林中形成第 2 层。由于桦树和山杨林的自然稀疏，林内光照条件进一步改善，有利于云杉的生长，于是云杉就渐渐伸入到上层林冠。虽然这个时间桦树和山杨的细枝随风摆动时，开始撞击云杉，击落云杉的针叶，甚至使部分云杉树仅有单侧的树冠，但云杉继续生长。通常当桦树和山杨林长到 50 年时，许多云杉树就已伸入到林冠上层。

④阴性树种恢复阶段(云杉恢复阶段)：继上一阶段之后，云杉生长会相当快地超过桦树和山杨等阔叶树而组成森林上层。桦树和山杨等因不能适应上层遮阴而开始衰亡。到了 80～100 年，云杉终于又高居上层，造成严密遮阴，在林内形成紧密的酸性落叶层。桦树和山杨则根本不能更新。这样又形成了单层的云杉林，其中混杂着一些残留下来的山杨和桦树。在云杉定居和恢复的阶段，大中型哺乳动物和鸟类又开始在林中定居，各营养级的生物结构逐渐趋向稳定。

Z. Glowacinski 和 O. Jarviner(1975)对波兰南部的栎类——鹅耳栎林皆伐后演替阶段的研究如图 7-2 所示。

(2)农田弃耕后的次生演替

美国东南部农田弃耕后的恢复是一种次生演替。演替开始于一片次生裸地，土壤中还残留着农作物及农田杂草的种子和其他繁殖体。弃耕后的第 1 年内，首先出现了是飞蓬占优势的先锋群落；第 2 年，飞蓬的优势让位于紫菀，并且群落中出现了相当数量的须芒草个体；第 3 年，须芒草即取代了紫菀而在群落中占据优势地位。此后随着时间的推移，出现了牧草和灌木共占优势的群落，并维持到大约弃耕后 20 年的时间。接着是针叶树侵入到群落中并逐步占据优势，形成松林群落。这一阶段将延续到弃耕后 100 年左右。最后是栎—山核桃群落取代松林群落，这便是当地成熟、稳定的群落类型。

图7-2　波兰南部栎类——鹅耳枥林的演替阶段

（引自 Z. Glowacinski and O. Jarviner, 1975）

(a)皆伐阶段　(b)皆伐之后7年　(c)皆伐之后15年　(d)皆伐之后30年

(e)皆伐之后95年　(f)皆伐之后150年

7.4.3　群落演替的顶极学说

植物群落演替的"顶极"理论大约在20世纪初基本形成，这个学说的首创者是美国学者 Cowles(1989)。他认为，在一定地区的演替向着同一的或近似的顶极群落会聚，这种会聚的终点就是一个地理区域的主要群落，即顶极群落。所以，早期顶极群落的概念可以概括为：① 顶极群落是一个稳定的、自我维持的、成熟的植物群落；② 一个地区的植物群落演替均向顶极群落会聚，它是该地区植物群落演替的顶点；③ 顶极群落是该地区的优势植物群落，是该地理区域的特征，并代表这个区域的气候。由于对上述概念的3个组成成分(稳定性、会聚、区域的优势)之间相互关系的不同解释，导致了顶极群落的不同学说。

7.4.3.1　单元顶极学说

单元顶极学说创始人是 Clements(1916)，他设想一个地区的全部演替都将会聚成为一个单一的、稳定的、成熟的植物群落，即顶极群落。这种顶极群落只取决于气候，只要有充分的时间，群落的演替终将可以克服由于地形位置、母质差异所带来的影响。至少在原则上，一个气候区内，在所有的生境中最后都将是同一的顶极群落。因而，在演替的过程中，旱生的生境中，可以变得湿润一些，而水生生境会变得干燥一些，最后都趋于中生型的生境，发展成一个具有相对稳定的中生性气候顶极。其结果是：顶极群落和气候区域是直接协调一致的，由于他推断在一个地理区域内只有一个顶极群落，因而这种学说被称为单元顶极学说。该学说认为：只要一个地区气候不变，又没有环境因素的影响，群落将永远维持其顶极状态，并且还认为，演替的方向可能是进展而不存在逆行演替。

事实上，在一个气候区内，除了气候顶极外，还可能由于地形、土壤或人为因素的影响而形成一些相对稳定的群落。因而，为了把这种由于特殊环境条件的影响而使群落演替长期地停留在某一阶段同气候顶极相区别，Clements 将它们分为以下 4 种形式。

①亚顶极：是紧接着气候顶极以前的一个相当稳定的演替阶段，亦即群落在向气候顶极演变的后期被长期地阻隔在某一阶段。

②分顶极：是由于受强烈的干扰因素（如人类活动）的影响使群落演替外出现一个相对稳定状态的群落。例如，东北的针阔叶混交林，由于人们的长期砍伐，出现了一个引起耐旱、耐瘠薄的蒙古栎群落，长期处于相对稳定状态，该群落即为分顶极。

③前顶极：在一个特定的气候区域内，由于环境条件较差而产生的顶极，如草原区出现的荒漠植被。

④后顶极：在一个特定的区域内，由于环境条件较为适宜而产生的相邻地区的顶极，如草原区出现的森林植被。

该学说的不足之处为：第一，顶极群落是否是最终群落？一个处在与当地气候或土壤相适应的群落，应该说仍然处在运动和发展中，整个群落的演替发展过程是一个不断建立平衡与打破平衡的过程；第二，该学说只承认进展演替，不承认逆行演替，这不符合客观实际，特别是由于人类活动的干扰，改变了原来植被的面貌，使一些植物群落不断消失，而另一些植物群落不断发展；第三，一切演替系列都是趋向于中生型顶极发展的结论，也是有条件的。

7.4.3.2　多元顶极学说

该学说的倡导者是英国生态学家 Tansley(1920)，他认为任何一个地区的顶极群落都是多个的，它决定于土壤的湿度、土壤的理化性质、动物的活动因素等。其主要内容可以表达如下。

第一，虽然群落的演替具有向该地区的气候顶极会聚的趋势，但这种会聚是部分的、不完全的。顶极群落的形成除了受气候的影响外，还受地形因素、土壤因素和生物因素的影响。

第二，由于群落演替的不完全会聚，在一个地区的不同生境中可以产生一些不同的稳定群落或顶极群落，即形成一个顶极群落的镶嵌体。

第三，在顶极群落中，必有一种群落分布最广。并且能表示所处的气候特征，这个群落即为气候顶极，但并不排除气候顶极之外的其他顶极群落的存在。

此外，对于停留在气候顶极之前的亚顶极，Tansley 认为是偏顶极(plagioclimax)，它是由于演替的偏移以及干扰所造成的群落稳定化。例如，Tansley(1939)曾指出英国大部分草地应该是生物偏顶极植被，即被放牧所稳定的植被。

7.4.3.3 顶极群落——格局学说

Whittaker(1953)在多元顶极学说的基础上,提出了顶极群落——格局学说。可以简述如下。

第一,一个景观中的环境构成一个环境梯度的复杂格局(或环境变化方面的复合梯度),它包括许多单个因素的梯度。

第二,在景观格局中的每一点,群落都向一个顶极群落发展,因为群落和环境在生态系统中有着密切的功能关系,演替群落和顶极群落的特征都取决于那一点的实际环境因子,而不决定于抽象的区域气候。因此,顶极群落可以看作适应各自的特殊环境或生境特征,并处于稳定状态的群落。

第三,环境的差异(地形、土壤母质等),导致产生不同的顶极群落,在一个连续的环境梯度上,将产生一个适应不同环境梯度的、相互交织的、顶极群落的连续体。顶极群落的格局将与景观环境梯度的复合格局相一致。每个物种在顶极群落格局中,都有一个独特的种群散布中心,这也可能解释为复杂的种群连续,根据种群格局划分成的群落类型,虽然对某些研究来说是必不可少的,但这是一种人为的划分。

第四,在顶极群落类型中,通常有一个景观中分布最广的类型,这种分布的类型可以叫作景观的优势顶极群落。

7.4.3.4 地带性与非地带性顶极学说

我国植物学家刘慎谔先生支持地带性与非地带性顶极观点。

地带性顶极群落类型是受气候条件支配的群落,主要由温度和降水量等因素决定,如小兴安岭的红松阔叶林就是受气候所支配的地带性植物类型。而非地带性顶极群落类型则是受局部环境条件的支配和决定的,多属于湿生系列,主要是地下水位起主导作用,如草甸和芦苇群落在很多地方都有分布,就不是由气候条件支配的。因此,在一个自然区内,可以有多个顶极群落但地带性顶极群落只有一个,其余的都是非地带性顶极群落。也就是说,地带性顶极群落在水平分布方面是和气候带相适应的,呈带状分布。如大兴安岭的兴安落叶松林、内蒙古的贝加尔针茅草原和东北东部山区的红松针叶林等。而非地带性顶极群落类型虽然也受到气候条件的影响,但是局部环境条件起决定作用,所以在水平分布方面有局部分布和跨区分布现象,如芦苇群落在世界各地区都有分布。因此,在研究植被和做植被区划时,地带顶极性类型是研究大的单位和地区与地区间的主要指标,非地带性顶极类型则是研究地区性植被和区划的主要对象。

综上所述,顶极实质是最后达到相对稳定阶段的一个生态系统,它是在变化过程中相对稳定的环境系统和生物系统的总体系。这个体系经常部分地或全部地遭受破坏,但是,只要原来的因素存在,它又能重建。

群落演替的研究无论在理论上或是实践上都具有极其重要的意义。在实践中,生物资源的开发利用、森林采伐更新和营造、牧场管理和农田耕作制度的改革等,都与群落演替有着密切的关系。只有掌握了一个群落可能随另一个群落演替的规律,人们在利用自然资源时,才不至于违反客观规律行事,有意识地避免"生态逆退(ecological backlash)",持久地、最大限度地开拓自然界的潜力,为人类造福。

本章小结

　　本章在介绍生物群落的概念及其基本特征的基础上，主要阐述生物群落的物种组成及其数量特征和综合特征，包括物种多样性、密度、多度、盖度、重要值等指标；生物群落的主要结构（垂直结构、水平结构、时间结构和层片结构）；生物群落演替的有关概念与不同演替系列的演替过程，并详细阐述了群落演替的顶极学说。

思考题

1. 生物群落有哪些基本特征？
2. 测定物种数量特征的指标有哪些？
3. 简述物种多样性梯度的变化规律。
4. 简述群落水平结构的成因。
5. 举例说明生物群落垂直结构和水平结构。
6. 举例说明生物群落的时间结构。
7. 如何理解生物群落的层片结构？
8. 何谓原生演替和次生演替？
9. 生物群落发生演替的原因有哪些？
10. 简述生物群落演替的类型。
11. 举例说明生物群落的原生演替过程。
12. 举例说明生物群落的次生演替过程。
13. 试述群落演替的顶极学说。

本章推荐阅读书目

1. 植物生态学. 2 版. 杨允菲，祝廷成. 高等教育出版社，2011.
2. 生态学基础. 5 版. Odum E P, Barrett G W 著. 陆健健，等译. 高等教育出版社，2008.
3. Ecology：the Experimental Analysis of Distribution and Abundance. 5th edition. Krebs C.. San Francisco, CA：Benjamin Cummings，2001.

8 城市的生物群落

城市化过程是一把双刃剑，一方面带来了社会、经济的繁荣和物质文明的提高，为城市居民提供了优越的物质和文化生活条件；另一方面人口密集、工厂林立、交通拥挤等造成严重的环境污染，冲击和破坏了原有的自然生态系统，加剧了自然环境的恶化。城市生物群落是城市生态系统的重要组成部分，包括城市植被、城市动物群落和城市微生物群落，其发生、发展对维持城市的可持续发展具有重要意义。

8.1 城市植被

城市植被(urban vegetation)包括城市中一切自然生长的和人工栽培的各种植被类型，如城市森林、公园、行道树以及废地上的伴人植物群落。

8.1.1 城市植被的类型

关于城市植被的分类，Detwyler(1972)划分为间隙森林、公园和绿地、园林、草坪或间隙草地4类，黄银晓等(1990)分为行道树和街头绿地、公园绿地、草地、水体绿地等，Ohsawa等(1988)划分为城市化前保留下来的自然残遗群落、占据城市新生环境的杂草群落和人工栽植的绿色空间3类。蒋高明等(1989)认为自然植被、半自然植被和人工植被是城市植被的主要类型，其中伴人植物群落是城市半自然植被的主要组成部分，是与城市人为干扰环境密切相关的一类植物，在城市中有重要的作用，人工植被尚可划分为行道树、城市森林、公园和园林以及街头绿地等。

(1) 自然植被

多局限在保护完好的寺庙、教堂、大学校园及私人宅园中，被认为是城市自然的纪念碑，因为它代表了城市的顶极群落。东京中心自然教育园中顶极树种是凸尖栲，随着城市化过程中的噪声、空气污染、虫害等引起树木落叶。在千叶市郊区，自然植被是天然植物区系成分和结构发生改变的次生林。Ohsawa 报道森林破碎造成靠重力传播种子的种类(如鹅耳枥等)数量下降，而那些靠动物传播种子的种类(如朴树、糙叶树等)数量上升。所以，城市化过程可导致森林种类成分的改变。

城市自然植被的重要性表现在，它是城市中自然的见证人，对城市化过程有一定的指示意义，同时也是人类审美或感觉的一部分，它的存在也会对城市的未来产生影响。

(2)半自然植被

城市中的半自然植被大部分是侵入人类所创造的城市生境的伴人植物群落，另外还有各种次生林或湿地植物群落。伴人植物分布的生境包括用于建筑的废地、用于绿化的林地及介于交通要道与建筑物之间的缝隙。在这些生境中自然生长着很多一年生或多年生草本植物，它们是城市中的先锋群落。

缝隙是最典型的城市生境，它是伴人植物在城市中心生存的主要空间，在乡村就很难找到；行道树坑是第二种常见类型，尽管这类生境不只出现在城市中；废地是第三种常见类型，只要有人为干扰就到处可见，这些生境的相对重要性按照城市化程度的不同而有所差异。在郊区有许多类型的生境，如废地、行道树坑以及缝隙等，但在城市化很高的地区，废地就相对减少，而微小生境(如缝隙和行道树坑)相对增多。因此，出现在这些生境伴人植物的相对数量可作为城市化程度的标志。

(3)人工植被

①行道树：国外最早出现在 19 世纪欧洲城市规划中，1850～1860 年巴黎道路两旁栽植了单行行道树；1807 年美国华盛顿特区出现双行行道树，后来美国宪法规定 120 英尺(约 36.6m)以上的街道都要栽双行树，同时行道树向行道树林发展，多见于郊区及公园，如湖区森林和河岸公园行道树的设计。我国远在西周时期就有栽植行道树的记载，到清代达到登峰造极的程度，当时官道宽数十丈，多植行道树。

②城市森林：所谓城市森林是指人造的绿色空间，也包括在残遗植被基础上加以改造的森林。城市森林有一定的野生性，能够自我维持，这是与天然森林相似的一面，也是区别于公园及街头绿地的地方。但它与天然森林又有所不同，其主要功能不是提供木材，而是提供优美的环境，林中可辟有或曲或直的道路、开阔地，还可建造娱乐设施，在这方面它与公园和街头绿地作用相同。

③公园和园林：公园是城市中一类特殊的公共绿地。因其具有较好的植被覆盖和其他诸如河流、湖泊、山川等自然要素，从而为居民提供休息、消闲、娱乐的场所。园林包括历史遗迹所在的范围，如历史园林、名胜古迹等。公园和园林在西方发达国家非常重要，成为就业的一个重要条件，当地人们就业要求"在一个美丽景观环境里工作""易进入自然公园"或者拥有"大量的公园和公共绿地"。

④街头绿地：对于迅速消失的自然及城市残遗植被，有必要采取一定手段把一些绿色景观带回城市及工业区的"新生荒漠"中来，街头绿地就是其中一类。可见于马路两旁的小块绿地，城市中心广场，立交桥花园、花圃，厂矿企业内小型花园，学校、机关门口的绿地以及沿墙而设的垂直绿色空间等。为改善城市单调景观、增加城市美、陶冶人们情操起到一定的作用。

8.1.2 城市植被的主要特征

城市植被具有明显的人为活动的特色，不仅是植被生境特化了，而且植被组成、结构、动态、功能等也有所改变，不同于自然植被的特征。

（1）植被生境的特化

城市化的进程改变了城市环境，也改变了城市植被的生境。例如，物理性地面的增加，改变了其下的土壤结构及土壤微生物组分；大气污染直接干扰了植物光合作用、蒸腾作用等正常的生理活动；城市热岛现象改变了大气温度、水分、风等气候条件，使城市植被处于特化的生境中。

（2）群落结构单一化

城市植被结构分化明显，并且趋于单一化。除了残存的自然林或受保护的森林外，城市森林大都缺乏灌木层和草本层，藤本植物更为少见。同时，植被的形成、更新或演替都是在人为干预下进行的，是一条按人的绿化政策发展的偏途途径。孙陆琴（2010）对山西省太原市植物多样性的研究表明，城市植被虽然增加乔木数量，但缺乏灌木和草本植物，而且往往过于强调区域绿地或某绿地空间的物种丰富度，缺乏物种丰富度与均匀度的结合。即使是群落类型数量最多的所谓"乔灌草复层混交林"模式，也多为上层是一种乔木，下面是单一的灌木，地表是单一的草坪，基于多样性的群落自我维持机制并未形成或发挥，群落并不稳定。因此，绿地群落的问题已经成为提高城市绿化水平的重要瓶颈。

（3）植被区系成分的特化

与原生植被相比，城市残存或受保护的原生植被种类组成较少，而人类引起的或人布植物的比例明显增多，外来种对原生植物区系成分的比率越来越大，逐渐成为城市化程度的标志之一。因此，在城市绿化过程中，注意对树种的选择，尽可能地保留和选择反映地方特色的本土种是城市生态建设的重要原则。海南省经过多年的城市绿化实践，人们有意或无意地选择适宜本地气候特点及土壤特点的树种作为绿化树种，和海南省其他地方的自然植被的树种的属分布区类型极为相似，使城市植被在区系成分上尽量减少外来种的比例，从而通过城市绿化反映地方的景观特征。

（4）植被格局园林化

城市植被在人类的规划、布局和管理下，大多呈园林化格局。无论是城市森林、树丛、草坪，还是绿篱、花坛都是按人的意愿，根据周边环境的特点加以配置和布局的，在人类的精心培植和管理下形成园林化格局。中国素有"世界园林之母"的美誉，对世界各国园林的发展有着广泛的影响。今天的城市园林是为全社会提供良好的城市生存环境，是显示城市环境和社会进步的手段，因此城市园林建设实质是城市植被建设及城市生态建设的一个重要组成部分。

8.1.3 城市植被的功能

作为城市生态系统的重要组成部分，城市植被的第一性生产者的作用居于次要地位，如城市人工林的主要功能不是提供木材，人工草地的主要功能亦不是提供牧草。然而，城市植被的功能仍是多方面的，主要表现为美化环境的景观效应，保护环境、净化环境、调节小环境气候条件的生态效应，保护生物多样性及创造经济价值的绿化产业。

（1）美化环境的景观效应

　　城市植被绿化美化环境的景观效益，其内涵是极为丰富的。在宏观方面，城市绿化实体能把城市的地方特色与风格体现出来。一个城市的绿化实体，是人们经过长期艰苦的努力，依据当地的地理、气候和自然植被等自然条件，经济发展和民族风情等社会条件而创造出来的。例如，海南省的滨海城市海口的城市植被的风格，是海口市人民依据海口市的自然条件和社会条件，经过长期的努力形成的，这种绿化实体以椰子树等热带滨海地区分布的植物作为主要树种，将海口市的特点恰如其分地体现出来（见图8-1）。在微观方面，城市绿化实体还能把某一建筑群或单个建筑体的功能体现出来，如儿童公园的绿化设计和树种选择，就应符合儿童天真活泼的特点；烈士陵园、公墓的绿化，应把园中肃穆庄重的气氛和特点体现出来；医院的绿化，就要把医院的宁静、干净等气氛特点给予充分地体现等。总而言之，城市绿化对于美化人民生活环境的功能是非常显著的。如果城市植被与城市其他自然条件、城市街道和建筑群体配合得好，就可以增添景观、美化街道和市容，给城市带来生机。

图8-1　海口海秀西路景观（引自海口日报，2003-12-11）

（2）保护和净化环境的生态效应

　　城市植被保护和净化环境的生态效益是显著的，也是城市植被的主要功能之一，包括降温增湿、调节环境条件、吸收有毒气体、滞留烟尘、净化空气、降低环境噪声和杀菌效益等。

　　①城市植被的光能效应：国内外的研究表明，城市植被的光能效应显著，尤以热带和亚热带最为突出。研究结果表明，城市植被能使局部地区降温 $1\sim3℃$，最高可达 $10℃$，同时增加相对湿度 $3\%\sim33\%$，并且可遮阴，阻挡太阳辐射到地面达 60%，最高可达 90%以上，只有 $6\%\sim12\%$ 的太阳辐射通过植被叶子到达其下边，有效地减少 30%以上的太阳辐射。植被的蒸腾耗热占辐射平衡的 60%以上，气温明显低于没有植被的街区。但是，不同种类植物吸收光能调节小气候的能力亦有不同，如表8-1所示。

表 8-1 不同绿化实体的降温效应

绿化实体	木麻黄纯林	小叶榕、椰树、人心果、草地	草地	椰子树、街道树	南洋杉、小叶榕、黄槐、草地
白天平均气温(℃)	26.5	25.4	29.3	29.8	26.0
白天最高气温(℃)	28.0	27.5	34.0	35.0	27.5

②城市植被的碳氧平衡效应：由于人类的生活、生产活动，城市大气中二氧化碳浓度大于郊区。研究表明，其含量已从工业革命以来的$280\mu mol/mol$上升到现在的$370\mu mol/mol$以上。预测亦表明，21世纪中期可能上升到$700\mu mol/mol$以上。由于二氧化碳在大气中的含量急剧增长，导致温室效应增强，形成城市"热岛"，严重影响了地球气候和生态平衡，给人类生活、生产带来不利的影响。而城市植被对调节大气中的碳氧平衡、减低城市"热岛"效应起了一定的平衡作用。例如，北京近郊植被日平均吸收二氧化碳$3.3\times10^4 t$，扣除雨天日数，有效日数为128d，全年吸收二氧化碳$424\times10^4 t$，释放氧气$295\times10^4 t$，年均每公顷植被日平均吸收二氧化碳1.767t，释放氧气1.23t。由于植被种类、面积和组成结构不同，此功能效果亦不同，如表8-2所示。

表 8-2 绿地叶面积指数及二氧化碳消耗量和氧气释放量

项目		石栗	大叶榕	木棉	白兰	细叶榕	阴香	羊蹄甲	夹竹桃
CO_2 消耗量	$[g/(m^2 \cdot h)]$	9.062	7.792	9.613	9.436	5.866	3.993	2.807	1.034
	$[g/(m^2 \cdot d)]$	90.62	77.92	96.13	94.36	58.68	39.93	28.07	10.34
	$[kg/(hm^2 \cdot d)]$	906.2	779.2	961.3	943.6	586.8	399.3	280.7	103.4
O_2 释放量	$[g/(m^2 \cdot h)]$	6.615	5.688	7.017	6.888	4.284	2.915	2.049	0.755
	$[g/(m^2 \cdot d)]$	66.15	56.88	70.17	68.88	42.84	29.15	20.49	7.55
	$[kg/(hm^2 \cdot d)]$	661.5	568.8	701.7	688.8	428.4	291.5	204.9	75.5

从表8-2中可以看出，石栗、大叶榕、木棉、白兰、夹竹桃等植被，在正常光照的条件下，单位时间内从大气吸收二氧化碳和释放氧气较多，其他植被从大气吸收二氧化碳和释放氧气相对较少，可见植被的吸碳放氧能力是乔木大于灌木。

③城市植被对二氧化碳等有害气体的净化效应：植被吸收有毒有害气体的能力，因植物种类、叶片年龄、生长季节以及有毒气体浓度、温度、湿度不同而异，成熟的树木以及生长季节时吸放能力较强。植被在吸收气体的同时也就降低了大气中有毒、有害气体的含量，北京园林局曾对空气中二氧化碳日平均浓度测量表明：绿化面积大时，二氧化碳日平均浓度比居民区低54.3%。对广州某化工厂氯气浓度进行测定，工厂附近有一宽15m，高7m的林带，林带前氯气浓度为年平均$0.066mg/m^3$，而林带后仅为$0.027mg/m^3$，比林带前氯气浓度下降了59.1%。

④城市植被杀菌的效应：大气中散布着各种细菌等微生物，而城市植被可以减少大气中的细菌含量。一方面植被能吸滞粉尘而减少细菌载体，使大气中细菌含量减少；另一方面植被本身具有杀菌作用，因为许多植物能分泌出杀菌素而杀死细菌、真菌及原生动物。南京市曾测定不同地点空气中的含菌量，结果表明在城市各类地区因人流、物流、地区功能及植被情况不同，其空气中细菌含量亦有明显不同。

⑤城市植被的吸尘效应：城市植被对灰尘有吸附滞留、过滤的功能，其吸附滞留能力随植被种类、地区、面积大小、风速等环境因素不同而异，能力大小可相差十几倍到几十倍。根据北京市测定，夏季成片林地减尘可达 61.1%，而冬季亦可达 20% 左右，街道绿林减尘达 22.5% ~85.4%；南京园林处测定，树木可减尘 23% ~52%；南京大学对南京水泥厂测定结果表明有植被的地区比空地的粉尘量减少 37.1% ~60%。

⑥城市植被降低噪声的效应：城市植被具有对声波的反射和吸收作用。其能力大小与植被的种类、稀疏稠密度有关。一般城市植被实体对噪声具有一定的共性：郁闭度 0.6 ~0.7、高 9 ~10m、宽 30m 林带可减少噪声 1 ~8dB，乔木、灌木、草地相结合的地区，平均可减少噪声 5 ~12dB。

8.1.4　城市植物多样性

城市植被多样性是全球生物多样性的一个特殊组成部分，植被多样性保护对于城市生态环境建设有着重要的意义。首先，植被多样性是促进城市绿地自然化的基础，也是提高绿地生态系统功能的前提；其次，植物多样性是丰富城市景观的基础，能充分反映出城市绿化的地方特色；再次，植被多样性的保护与重建，可以改变人类对自然的传统认识方式和索取方式，确立人与自然共生共荣的关系，从而为城市的可持续发展做出贡献。

8.1.4.1　城市植物多样性的应用现状

城市植物多样性是城市生态系统功能提高和健康发展的基础。据估计，全世界应用的园林植物约为 3×10^4 种，其中常用植物约 6 000 种，栽培品种在 40×10^4 以上。欧美国家的一些城市常用绿地观赏植物总数在 2 000 ~4 000 种，绿地中植物栽培品种更为繁多。目前，许多城市都有明确的植物种类记录，例如，比利时布鲁塞尔市有 730 多种植物，约占比利时植物区系的 50%，德国柏林、意大利罗马各有园林植物 1 243 种和 1 400 多种，中国香港有高等植物近 2 500 种。丰富的植物群落结构和多样化的物种类型对丰富城市景观起着非常重要的作用。

然而，在我国北方城市常用植物只有 100 ~200 种，在南方城市也不过 300 ~500 种。例如，北京城区五环内共有维管束植物 99 科 307 属 536 种，其中北京本地种 279 种，国内引进种 150 种，国外引进种 107 种。尽管在北京城区共发现乔木 127 种，灌木 106 种，草本 286 种，藤本 17 种，但目前北京市园林绿地中普遍使用的树种却不足 40 种，其中乔木约 26 种，灌木约 10 种，藤本 4 种，宿根花卉约 10 种，草坪植物 7 种，而能够适应北京地区土壤气候特点的园林植物，只有 50 余科 100 余属 400 余种。上海园林绿化树种总数在 500 种左右，但常见园林绿化树种仅 81 种，观赏价值较高的园艺品种应用少，园林绿地色彩不足，景观单调。虽然华东地区是我国植物种类较为丰富的地区之一，但在上海城市园林植物群落中的建群种与优势种种类却不甚丰富，约 12 种，其中香樟、广玉兰、水杉和雪松 4 种又占了 90%。这些数据表明，我国城市绿化系统不仅应用植物种类少，常用植物种类更少。这种状况造成的后果就是城市园林植物配置水平低，植物配置的模式趋同，景观单调，生态功能受限，并且城市之间绿化配置雷同，即人们常说的"千绿一面"。这与我国丰富的植物多样性本底资源存量是极不相称的。

8.1.4.2　城市植物多样性保护策略

(1)城市原生植被的保护

城市中残留下来的地带性原生植被目前大多以森林公园或风景名胜区的形式得到了有效管理与保护。对这些植被的影响主要就是人们的旅游休闲活动造成直接和间接的破坏。直接破坏包括人为踩踏和对树木的故意损害，如在城市公园内常见的对树木的人为刻画、采折，对此，应该加强管理和保护宣传教育。城市原生植被大都处于离中心城区不远的区域，城市发展带来的环境污染对这些植被造成了间接的影响，如酸雨对植被的破坏等，对此则有赖于城市整体环境的改善和提高。在加强管理和保护城市原生植被的同时，也可以适当地加以利用，如作为进行科学研究实验区域和对其优良种质资源的开发利用，对城市的绿化建设大有裨益。

(2)城市半自然植被植物多样性保护

城市中心周边缺乏管理的厂院和道路的两边，是外来物种和本地物种混生的地域，这些区域常常被用来做货物仓库使用，其物流、人流都很复杂和频繁且缺少有效管理。在货物和交通工具中会带来一些植物种子或其他植物繁殖材料，无意引入的外来物种通常就是最先在这些地方定居下来，由于其对环境的适应性好，致使本地物种数量和种群规模减少。同时，在这些地方人类活动强度不如城市中心大，使得一些地方物种得以保留下来，为研究城市化对生物多样性的影响提供了很好的样本。植物检疫部门和城市绿化管理部门对这些区域的检查和管理，有利于及时发现和处理城市入侵物种，对一些具有利用价值的潜力的物种则加强保护和研究利用。

(3)城市人工植被植物多样性保护

①物种选择：鼓励城市绿化中使用本地物种，本地物种更适应当地的环境条件，而且与当地的其他物种在长期的进化过程中形成了共生关系。城市动物依靠植物所提供的栖息、躲避环境和植物果实生存；同时，物种间复杂的食物网络关系有效防止了某种物种种群的爆发，对城市入侵物种和城市人工植被病虫灾害的突然发生起到了天然的生物防治作用，降低了城市人工植被的管护成本。

②群落组建：自然界中的动植物按集合程度的不同可分为个体、种群和群落。研究发现，物种的多样性由于受遗传、授粉及物种间相互作用的生物机制的影响，只有在群落的水平上才能得到很好的维持和保护。近自然的群落组建设是保护城市植物多样性的有效手段，植物群落由一定的植物种群组成，这些种群共同适应于它们所处的无机环境，同时，它们内部的相互关系也达到协调和平衡。科学的群落组建有利于充分利用群落中物种间的相互作用，维持健康的植物群落，从而减少管护费用。

③城市绿地系统构建：按照景观生态学的原理，所有的城市植被都可以看为一个生境斑块，大到一片保留完好的城市森林、一个人工培植城市公园或是一片城市湿地，小到一棵树木都是各种动物理想的生存环境。各个生境斑块之间通常是被各种城市构筑物隔离开来形成一个个的岛屿生境，如果斑块很大，这种隔离可以有效阻止外来物种的侵入，但城市中的大多数生境斑块比较小，这种障碍造成种群隔离使种群无法长期生存。城市中的溪流、小河、景观道路可以起到动植物在大的生境斑块间迁移通道的功能，使城市生态系统更趋于稳定。所以，城市绿地的规划和建设应该注意到使城市中各种不同的绿地斑块通过溪

流、小河、景观道路连通起来，尽可能提供动植物完成生命周期所需要的各种生境类型。

8.2　城市动物

栖息和生存在城市化地区的动物大都是原地区残存下的野生动物，或是从外部迁移进入城市的野生动物，或是通过人工驯养和引进的动物。因此，可以称栖息和生存在城市化地区的动物为城市动物，而把与人类共同（常年或季节）在城市环境中而不依赖人类喂养，自己觅食的动物称为城市野生动物，含原地区残存下来的野生动物和从外部迁移进入城市的野生动物。

城市动物是城市生态系统中的消费者。城市化过程使自然环境发生明显的改变，不可避免地会引起城市野生动物种类和数量发生变化，栖息地的丢失、人类活动的强烈干扰（污染、噪声等）是导致城市野生动物种类减少的主要原因。对环境变化敏感的鸟类受到的影响尤为明显，而某些对环境变化耐受性强，并能与人伴生的有害动物，则变得更加适应城市生态环境，如家栖鼠、蜚蠊等。

8.2.1　城市动物区系

城市动物区系是指在城市范围内全部动物种类的组成，包括脊椎动物与无脊椎动物。按动物类群分为兽类、鸟类、两栖类、爬行类、鱼类及昆虫等；按动物栖息的环境则可分为室内动物及室外动物，后者再分为陆生动物、水生动物和土壤动物等。本节仅对城市中与人类生活环境关系密切的小型兽类、鸟类、有害昆虫（蝇类、蚊类、蜚蠊）等加以说明。

8.2.1.1　城市小型兽类

城市小型兽类主要以家栖鼠为主，其他种类还有鼬、狐等。

城市化的发展使城市范围不断扩大，城市周围的农田和丘陵坡地被道路、工厂、住宅小区所取代，使原来栖息在该地的狐、狸、鼬、野兔及农田鼠类等许多小型哺乳动物随着城市的扩大而迅速向外退却。城市环境复杂，食源丰富，这给家栖鼠类提供了有利的生存、活动和繁衍条件。城市家栖鼠包括褐家鼠、小家鼠和黄胸鼠等，主要栖息在各类建筑物及仓库等场所。外界气候因素对城市鼠类群落结构影响较小，但城市生态环境的改变与城市鼠类种类组成的变化是息息相关的。例如，我国南方城市，原来以砖木结构为主的城市建筑物逐渐被钢筋水泥的房屋所取代，随之善于攀登、喜栖于砖木结构建筑中的黄胸鼠，逐渐转变为以善于随货物移动，适宜栖于建筑物各个角落的小家鼠为主的鼠类群落。在城市下水道中的褐家鼠和人类住宅中的小家鼠也比自然环境中更为丰富。

华东师范大学的祝龙彪等学者（1990）对上海市区14个街道的不同类型住宅（包括新工房、旧里弄、老工房、简屋）及工厂企业等单位内的不同环境点中的鼠类分布进行了连续18个月（1988年1月～1989年6月）的调查，观察到各种建筑物中均以小家鼠居多，褐家鼠与黄胸鼠数量相接近如表8-3所示，并且发现厨房是3种家栖鼠最常出没的地方如表8-4所示。

表 8-3　不同类型住房鼠类群落结构

鼠　种	新工房		旧里弄		老式房		简屋	
	只	%	只	%	只	%	只	%
小家鼠	2932	81.08	5802	74.22	3120	81.93	5083	76.06
褐家鼠	305	8.44	1012	12.94	415	10.90	859	12.86
黄胸鼠	379	10.48	1004	12.84	273	7.17	740	11.08

表 8-4　住房区不同环境点鼠类群落结构

鼠种	厨房		走廊		扶梯		公用部位		房顶		厕所		天井	
	只	%	只	%	只	%	只	%	只	%	只	%	只	%
小家鼠	9044	61.22	982	67.08	770	65.70	1940	68.97	233	45.33	361	64.46	823	56.60
褐家鼠	4860	32.95	202	13.80	199	16.98	600	21.33	32	6.23	167	29.82	494	33.98
黄胸鼠	862	5.83	280	19.12	203	17.32	273	9.70	249	48.44	32	5.72	137	9.42

　　对灭鼠达标后的 805 个大、中、小工厂企业单位的调查发现，不同环境点中均以小家鼠居多，褐家鼠在食堂、车间的分布较多，而黄胸鼠在米库、食品库和车间的分布较多如表 8-5 所示。宾馆不同环境点鼠类群落的分布也有所不同，在宾馆的内环境中，小家鼠、褐家鼠和黄胸鼠分布，而宾馆外环境中除了前者以外，还主要分布了黑线姬鼠如表 8-6 所示。

表 8-5　工厂企业不同环境点鼠类群落结构

鼠种	米库		食品库		食堂		总务仓库		车间		更衣室	
	只	%	只	%	只	%	只	%	只	%	只	%
小家鼠	824	61.91	1074	63.89	955	59.76	747	62.51	852	52.99	369	55.07
褐家鼠	129	9.69	275	16.36	497	30.73	194	16.23	395	24.56	143	21.34
黄胸鼠	378	28.40	332	19.75	152	9.51	254	21.26	360	22.45	158	23.59

表 8-6　宾馆不同环境点鼠类群落结构

鼠种	米库		食品库		杂物库		更衣间		锅炉及木工间		扶梯		外环境	
	只	%	只	%	只	%	只	%	只	%	只	%	只	%
小家鼠	33	30.00	12	38.71	9	42.86	11	61.11	9	22.50	4	80.00	4	10.26
褐家鼠	17	15.45	2	6.45	8	38.09	—	—	18	45.00	—	—	15	38.46
黄胸鼠	60	54.55	17	54.84	4	19.05	7	38.89	13	32.50	1	20.00	1	2.56
黑线姬鼠	—		—		—		—		—		—		19	48.72

　　进一步对城市鼠类群落多样性的分析，根据组成群落种的丰富度、种间个体数分布的均匀度以及多样性指数的比较(见表 8-7)表明，以旧里弄和简屋中鼠类群落的物种多样性指数和均匀度指数较高，说明这些群落中各种鼠的数量分布较均匀稳定；新工房和老工房中鼠类群落的物种多样性和均匀度较低，说明这些群落中优势种更突出。同时，对住房、工业企业及宾馆不同环境点的鼠类群落物种多样性及均匀度进行测定，也观察到各环境点存在着差异，以宾馆的杂物仓库、锅炉房、木工间和厨房等场所较高如表 8-8 所示。

表 8-7　各类住房鼠类群落多样性和均匀度

住宅类型	群落鼠种数	多样性指数	均匀度指数
新工房	3	0.887	0.560
旧里弄	3	1.081	0.682
老工房	3	0.857	0.541
简屋	3	1.032	0.651

表 8-8　宾馆内各环境点鼠类群落多样性和均匀度

住宅类型	群落鼠种数	多样性指数	均匀度指数
厨房	3	1.414	0.892
食品库	3	1.261	0.795
杂物库	3	1.510	0.953
更衣室	3	0.964	0.608
锅炉及木工间	3	1.530	0.985
扶梯、通道	3	0.722	0.455
室外环境	4	1.508	0.754

8.2.2.2　城市鸟类

城市鸟类就是指那些生存在城市环境中的鸟类,它们与人类共同生活在城市中,自己觅食而不依赖人类喂养。主要包括城市化前原地区残存的鸟类;从外部迁徙进入城市的鸟类;从驯养的地方或市场逃走的半驯化鸟类;以及迁徙经过并停留一段时间的鸟类。

与野外和城市远郊地区的鸟类群落相比,城市鸟类的独特性明显地表现在以下几方面。

第一,在城市生态系统中,人类活动频繁,鸟类群落处于严重人类活动干扰之下,城市鸟类由于缺乏天敌以及习惯了人的存在、气味和活动,它们经常缺乏警惕性。人类的生产和生活活动是导致城市鸟类死亡的重要因素。

第二,城市鸟类栖息地多样性丰富,其范围从接近天然的生态群落一直到完全人工化的栖息地。城市化进一步导致人造景观逐渐取代了自然景观,特别是建筑和人工树木逐步取代自然林地的趋势短期内难以逆转,同时环境污染比较严重。北京城区 20 世纪 30 ~ 40 年代,曾有 4 种莺科鸟类在劳动人民文化宫内的树上筑巢,在北海和中南海也记录到雁形目中的雁鸭类有 19 种栖息生存,但到 60 年代,上述地区的这些鸟类就已绝迹,到 80 年代,北京城内原来分布较普遍的一些大中型鸟类,如斑鸠、三宝鸟、黑卷尾、黑枕黄鹂等也基本绝迹,原来数量较多的灰喜鹊已急剧减少,而对人工建筑物有着极密切的依赖关系的麻雀则成为目前北京城市环境中鸟类的绝对优势种。

第三,城市鸟类适宜栖息地高度破碎化,是典型的孤岛状生境。生境类型多样、相对面积小、强化的人工管理使城市环境具有镶嵌性特征,边界众多,异质程度高。城市鸟类栖息地经常出现剧烈的变化,包括泥土层的流失、除草剂和杀虫剂的使用、设置排水装置以及灌木层的消失等因素都会造成栖息地丧失和栖息地隔离。例如，20 世纪 60 年代初对兰州市鸟类调查发现，市郊有鸟类 185 种，到了 80 年代，兰州市郊工厂林立、河床变窄，虽有小块人工林地，但昔日的湖泊、沼泽、苇丛、灌木、农田、河漫滩等景观，大都不复存在或不断缩小。随着环境发生巨变，鸟类种类减少到 114 种。武汉地区原有鸟类 282 种，到 20 世纪 70 年代常见种类仅存 126 种，其中繁殖鸟 62 种、冬候鸟 49 种、旅鸟 15 种，这显然与市区内原有自然景观遭受持续性的破坏有关。

第四，城市鸟类物种多样性比较低，但物种数量有时却相当大。对人类干扰十分敏感的物种和对栖息地要求严格的鸟类一般难以适应城市生态系统。目前，存在 2 种相左的观点，多数研究者认为，鸟类群落的丰富度（物种数）随城市化程度的提高而下降；而另一部分研究者则认为，适度的城市化有助于提高鸟类群落的丰富度。

城市鸟类的空间分布状态是依赖于城市生态环境的，山东省潍坊市夏季鸟类多样性的研究（形在秀，2009），如表 8-9 所示。根据鸟类生境分布系数，可将鸟类分为广性分布型、中性分布型、狭性分布型 3 种。城市功能景观区中，工业区、商业区、街道的自然度低，只有种类较少的广性分布和中性分布 2 个鸟类群分布。而结构复杂、生境斑块多样、自然度较高的风景防护林区、公园、大学校园，有较多营巢、取食、活动场所，城市鸟类特有类群都集中在此区内。狭性分布为主体的鸟类群落表明，自然度较高的森林风景区、公园具有适于鸟类栖息的林冠、下木层、土被，即城市绿地的水平分布、结构和发育状况是鸟类环境资源异质的主要因素，林地结构与功能、年龄的变化将直接影响林地内鸟类群落的组成，也影响其扩散作用，而且影响周围环境的鸟类组成，自然度较高的森林风景区、公园对城市鸟类具有一定的调控作用。

因此，森林风景区、公园最适于鸟类生存，所以在城市建设中，应该保留那些已经形成的风景区、原有森林和湿地，并大量建设适于鸟类生存的公园、绿地，这样不仅能调节城市气候、环境，增加城市景观多样性，而且可以吸引更多鸟类进入城市，控制病虫害，提高城市自我调控能力。

表 8-9 潍坊市不同功能区鸟类分布统计　　　　　　　　　　　种

功能区	广性分布	中性分布	狭性分布
居民区	6	7	7
公园广场	14	12	7
商业区	9	2	0
校园区	9	9	6
交通区	8	2	6
工业区	8	6	3

8.2.2.3 城市昆虫

(1) 城市昆虫的概念

城市昆虫从广义上可以理解为在城市或市郊中生活、栖息的昆虫，尽管绝大多数昆虫对人类没有直接的经济利益关系。由于在许多情况下，人们总是以人类的直接经济利益把昆虫分为害虫和益虫，因此，通常提及城市昆虫时，人们往往把城市昆虫理解为包括蚊、蝇、蟑螂、跳蚤、虱子等为主的害虫、为害园艺园林植物为主的害虫、为害建筑的白蚁类害虫和为害仓库、图书、干药材的仓库类害虫等。

城市昆虫中还有一大部分是对人有益的，城市中的有益昆虫通常是指有益于人类直接经济利益的昆虫，如供人们赏玩和娱乐的蟋蟀、作为观赏鸟类饲料的黄粉虫等，这些昆虫中有的已经产业化。另外，如蜜蜂等不停地穿梭于花丛之中的许多昆虫和五彩缤纷的蝴蝶，不仅为植物授粉，提高城市园艺作物的产量，而且增加了生态情趣，这正是目前人类忽视但却需要大力保护的。事实上，城市中的许多昆虫并不直接为人创造经济价值，但其生态作用却是十分重大的。

（2）城市昆虫群落的特点

城市昆虫群落与自然环境下昆虫群落有许多不同，这些特点主要是昆虫在适应城市环境的过程中形成的。

①群落结构单一且数量变动大：一方面，城市生态系统具有较大的不稳定性，由于城市绿地植被和品种少，环境独特，造成昆虫种类单一、天敌少；另一方面，人为管理强度大，由于无论从卫生的角度还是城市绿地观赏角度，人们对害虫容忍度低、防治阈值低、防治次数多，在这样的一种不稳定的环境中，昆虫中那些内禀增长率大、繁殖速率快、高出生率、世代生活周期短的 $r-$ 对策的昆虫容易发生，因此，造成昆虫数量变动大。

②群落分布呈岛屿状：在城市中，自然环境中的森林、草原、河流消失了，取而代之的是道路、人工建筑，昆虫的自然栖息地被人类活动割裂，作为城市生态系统生产者的绿色植物，不仅种类和数量少，而且主要任务是美化景观、消除污染和净化空气，与农林生态系统相比，无论其空间结构、物种结构和营养结构都较简单，表现出群落界限较明显、分布呈岛屿状的独特特征。

③对人工环境的依存度提高：对昆虫生活的城市环境而言，城市环境不同于没有人类干预的森林、草原环境，也不同于农业生态环境，城市化、现代化程度越高，城市环境与自然环境距离越远，生活在其中的昆虫对人的依存度也就越高，并且越来越离不开人工环境，特别是那些生活在居室、仓库中的昆虫。

④昆虫的天敌种类少、多样性低：在城市无论是室内环境（如居室、仓库）还是室外环境，昆虫生活的环境大都呈片段化和岛状分布，造成昆虫天敌种类少、多样性低。由于城市环境的特殊性，城市昆虫不但缺少捕食性昆虫（如瓢虫、草蛉等）和寄生性昆虫（如姬蜂、茧蜂、小蜂等），而且更缺少其他天敌（如鸟类、蛙类等）的制约，这些在其他生态系统中常见的生物种群，在城市自然生态系统中几乎绝迹。

（3）城市有害昆虫

卫生害虫是昆虫中与人类关系密切、适合于人类生活环境的主要类群之一，主要包括家蝇、蚊子、跳蚤、蜚蠊等。

城市蝇类有一定的生态、分布特点，其滋生空间分布与滋生物质有关，蝇对滋生物的选择大致可分为五大类。

①人粪类：人粪是蝇类的主要滋生物，市区边缘的各种简易厕所，由于天天有新粪便排入，是大头金蝇的主要滋生地；化粪池的新粪表层有巨尾阿丽蝇、大头金蝇和麻蝇滋生；绿化施肥，如追浇未捣碎的新粪便，可滋生市蝇和麻蝇等。

②禽畜粪类：牛粪、马粪、猪粪等是家蝇的主要滋生物；鸡棚内新产生的鸡粪中有元厕蝇、黑蝇和绿蝇等滋生，而集中的鸡粪堆则滋生大量家蝇；动物园内的杂粪等主要有绿蝇、丽蝇、麻蝇、金蝇、黑蝇、家蝇等滋生。

③腐败动物类：包括动物尸体、骨头、毛类等，是麻蝇、绿蝇、丽蝇及元厕蝇的主要滋生物。

④腐败植物类：包括各种腐烂霉臭食品，有麻蝇、腐蝇、家蝇、黑蝇及元厕蝇滋生；曝晒的腌酱制品可滋生大量麻蝇；腐烂杂草则是滋生元厕蝇和腐蝇的主要场所。

⑤垃圾类：大堆垃圾是家蝇、绿蝇和麻蝇的滋生地；垃圾箱内为厨房余物，可滋生家蝇、绿蝇、丽蝇、金蝇、黑蝇等。

城市蝇类每年出现的时间分布与数量高峰，因各地的地理条件及蝇种不同而各异。上海地区常于 3~4 月出现蝇类，5~6 月数量达到第一高峰，9 月为第二高峰，11 月突然下降，以后趋于消失，不同时期又有不同的优势种，如表 8-10 所示。

表 8-10　上海地区不同季节的优势蝇种

季节型	优势蝇种
春季型	巨尾阿丽蝇
春夏季型	元厕蝇、丝光绿绳、厩腐蝇
夏季型	麻蝇、黑蝇、厩幸运蝇、铜绿蝇
夏秋季型	大头金蝇、市蝇
秋季型	家蝇

城市中蝇类的种类组成随季节呈现明显的波动。例如，江苏省盐城市的蝇类调查显示，该地区 6~8 月蝇密度较高，分别占当年蝇类总量的 23.98%、20.04%、24.65%（表 8-11），而内蒙古赤峰市在 5 月的蝇类数量达到高峰，占当年蝇类总量的 58.62%，如表 8-12 所示。

表 8-11　盐城市蝇类季节消长情况

月份	3	4	5	6	7	8	9	10	11
蝇类数量(只)	69	516	1 405	3 548	2 964	3 647	1 669	837	138
构成比(%)	0.47	3.49	9.50	23.98	20.04	24.65	11.28	5.66	0.93

表 8-12　赤峰市蝇类季节消长情况

月份	4	5	6	7	8	9	10	11
蝇类数量(只)	164	5 188	2 229	268	327	519	154	1
构成比(%)	1.85	58.62	25.19	3.04	3.69	5.86	1.74	0.01

城市有害昆虫的种类和组成存在着地区性差异。据江雪峰等（1991）对我国地处不同纬度带的 5 个城市中蜚蠊进行的调查，发现北方的沈阳以日本大蠊为优势种，占到该地蜚蠊群落中的 99.6%；长江流域的上海、武汉、成都 3 城市则以德国小蠊为主，分别占当地蜚蠊总数的 82.00%、70.36%、60.58%；而福建漳州则以美洲大蠊的数量最多，如表 8-13 所示。

表 8-13 中国不同纬度带城市蜚蠊种类组成

纬度 （N）	城市	捕虫数 （只）	种类与组成（%）						
			德国小蠊	黑胸大蠊	美洲大蠊	日本大蠊	褐斑大蠊	澳洲大蠊	蔗蠊
42°	沈阳	7 120	0.17	—	0.22	99.6	—	—	—
31°	上海	23 370	82.00	15.31	2.69	—	—	—	—
31°	武汉	4 650	70.36	23.55	6.99	—	—	—	—
31°	成都	2 742	60.58	26.95	12.47	—	—	—	—
24.5°	漳州	4 029	—	1.50	56.10	—	29.60	10.40	2.40

城市有害昆虫群落组成，不仅城市间有差别，就是同一城市内各物种的空间分布也有差别。在我国，南北方城市中的蜚蠊就有其各自分布的特点。沈阳市区的居民户、饮食店及宾馆均以日本大蠊为主；上海地区居民户以黑胸大蠊为主，而饮食店和宾馆则以德国小蠊为优势种；福建、广西、广东、贵州等地城市均以斑蠊为常见；福建漳州市区居民户和宾馆中的褐斑大蠊分别占到 47.60% 和 75.30%，饮食店以美洲大蠊为优势种，如表 8-14 所示。

表 8-14 不同城市蜚蠊群落与分布

城市	蜚蠊种类	不同场所中蜚蠊构成比（%）		
		居民户	饮食店	宾馆
沈阳	日本大蠊	99.74	100	97.31
	美洲大蠊	0	0	1.83
	德国小蠊	0.26	0	0.66
上海	黑胸大蠊	93.58	19.37	2.60
	美洲大蠊	5.57	4.74	1.63
	德国小蠊	0.85	75.89	95.77
漳州	褐斑大蠊	47.60	8.00	75.30
	美洲大蠊	30.20	82.70	12.30
	澳洲大蠊	19.40	4.70	9.00
	黑胸大蠊	2.80	0.20	3.40
	蔗蠊	0	4.40	0

关于城市蚊类区系，不同地区蚊类优势种群有所不同。根据陕西省韩城市的调查，将调查区按蚊虫滋生生境分为城市居民住宅区、农村居民住宅区、养殖耕种区、山地林地、休闲活动区和特殊场所（废品收购站、建筑工地、酿造厂、啤酒厂等）等 6 类地区，发现白纹伊蚊、淡色库蚊、骚扰阿蚊、三带喙库蚊是该地区危害人类的主要蚊种。成蚊密度最高的是特殊场所，其次为休闲活动区、农村居民区、城市居民区、养殖耕种区。河南省洛阳市的蚊类区系组成与韩城市相似，主要为白纹伊蚊，在近郊室内除了上述两种蚊虫外，还有三带喙库蚊、中华按蚊和骚扰阿蚊。而上海地区则以中华按蚊和淡色库蚊为主，缺乏库蚊、三带喙库蚊及白纹伊蚊等。

　　绿化和园艺害虫在目前城市园林园艺植物中种类繁多、数量庞大、食性各异，为害方式多种多样，以为害方式大致可概括为几大类：以鳞翅目为主的咀食类；以蚧、蚜、虱等同翅目为主的吸食汁液类；以鞘翅目天牛类为主的钻蛀类；以为害根部为主的地下害虫类等，由于园林、园艺产品价值高、经济附加值大，一旦害虫为害，损失大。近年来，尽管各地对园艺园林害虫防治工作十分重视，治理力度大，防治及时，但绿化和园艺害虫发生仍然十分严重，总体呈上升趋势。

　　等翅目白蚁类建筑害虫，由于城市化进程的加快，各地老城改造和旧城拆迁，白蚁获得了更优越的栖息繁衍环境，重建新楼时往往会忽视基础防蚁或旧材灭蚁，白蚁可以大量迁移，而在新的环境中，各类天敌十分缺乏，使害虫在新建后的建筑物内生存，为提高适应新环境的能力，而将逐步改变栖息为害习性，以适应新环境。

8.2.2　城市化对动物的影响

　　由于城市化的发展导致城市环境结构发生很大变化，如人工林地和草坪取代了自然林地、高层建筑代替了低层建筑，那么这些变化对城市野生动物有什么影响呢？城市环境对野生动物的影响主要表现在栖息地的恶化和丧失、食物的减少、污染带来的饮水安全等威胁。

　　生活环境恶化导致动物繁殖场所的丧失。由于高楼大厦取代了低矮的平房、瓦房，使原本习惯在屋檐下筑巢的燕子越来越难找到适合的筑巢地，因而逐渐向城市郊区转移，城区内的燕子数量大幅度降低，而为了保护古建筑而包裹在古建筑上的铁丝网也给雨燕的繁殖造成了很大的障碍。曾经在北京市区分布很广的北京雨燕现在只能在雍和宫、颐和园等有限的几个地方见到。而一些领域性较强的猛禽由于在领域内难以找到合适的高大乔木筑巢也选择在居民楼的空调架上筑巢，有些小型兽类（如黄鼬）则钻入了大型写字楼的管道间和仓库做窝繁殖。巢材的不足也给动物筑巢造成了困难，在北京市区内的很多鸟巢发现了塑料袋铁丝等人造物品，说明鸟类也在努力地适应城市环境的改变。

　　在许多林场、苗圃和公园，为了防火实行纯化管理，林地类型都是乔木，缺少灌木和草本，有时林下偶尔长出些杂草但在入冬之前也要集中拔掉或烧掉。有些绿地即使是所谓乔灌草复层混交林模式，上层是一种乔木下面是单一的灌木，地表是单一的草坪，每一层不允许有其他"杂种"存在，这样的绿地缺乏隐蔽地点和食物来源，使得野生动物很难在其内生活。有些城区水体取消了天然的浅水滩涂，筑起了陡峭整齐的堤岸，对生活在水边的动物在水陆之间穿行造成了一定困难。一些习惯在河漫滩觅食的涉禽鸟类也失去了觅食场所，对一些习惯在水体的浅滩缓坡筑巢繁殖的鸟类来说更是一种灾难。城市高楼的玻璃幕墙对野生鸟类也是很大的威胁，尤其是春秋季节迁徙的候鸟，常常发生鸟类撞到玻璃幕墙受伤的情况，轻则暂时昏厥，重则喙断翅折。

　　城市化对野生动物的另一威胁就是其食物的减少。在城市绿化中，大量引进外来植物和树种，不符合本土动物的食性需求。外来树种因为不适应本地的气候和土壤条件需要经常喷药维护，致使生活在此的昆虫较少，大大减少了食虫鸟类觅食选择。对一些植食性动物来说食源植物相对较少，如金银木、桑树、榆树和侧柏等，而且食源植物种植时，不同季节间不同果实和种子类型间树种搭配不合理，从而导致成熟期过于接近，不能保证果实对动物的四季均衡供应。

城市草坪的大面积推广对野生动物的生存也造成了一定的影响。草坪景观植被单一、生物多样性低、缺乏隐蔽场所不适合野生动物居住，而且城市草坪都是定期打理、修剪，导致草坪没有完整的生活史，很难自然结籽，因此不能有效地为野生动物提供食物。

8.2.3 城市户养动物

城市户养动物包括人类观赏、"伴侣"以及科学实验的动物，有各种观赏鸟、猫、狗、水生动物和供实验用的鼠、猴等。在这些户养动物中，城市动物园是提供观赏动物的集中地，按类型可分为完全圈养的、半野放的等。据中国动物园协会1998年的统计结果，中国有动物园173家，其中较大规模的动物园28家，多在大中城市，它们是北京、天津、太原、石家庄、呼和浩特、哈尔滨、长春、沈阳、大连、西安、兰州、银川、乌鲁木齐、上海、南京、济南、杭州、合肥、福州、南昌、广州、长沙、南宁、武汉、郑州、成都、昆明、重庆，展出的动物有600余种10万余只，如表8-15所示。

表8-15 中国主要动物园现状

动物园名称	面积（hm²）	动物种类（种）	动物数量（只）
北京动物园	90	600	5 000
上海动物园	74	320	3 800
广州动物园	44	326	2 332
天津动物园	50	180	1 000
哈尔滨动物园	40	125	1 000
西安动物园	27	132	783
成都动物园	25	232	2 756

除了城市动物园外，户养动物数量最多的是鸟类，其中人工放养的鸽子最多。在全球广泛宣传保护野生动物、保护鸟类的今天，很多国家城市生态环境有所改善，并有野生动物保护节，如爱鸟周、爱鸟日等。市民们保护野生动物意识有所增强。新西兰的科伦坡城可称为"鸟的王国"，它除了有不许"杀生"的宗教律令外，更以法律的形式严禁打鸟。当然，更重要的还是潜移默化的美学教育的结果，使爱鸟观念深入人心，鸟成了市民的益友。我国昆明城区每年冬季有数以万计的红嘴鸥在空中翩舞，在碧波荡漾的湖面上飞翔，成了城市美好生活不可或缺的一部分。

在户养动物中，养狗、养猫在包括中国在内的很多国家的城市十分盛行。狗、猫被视为宠物，如巴黎养狗成风，市区到处都有狗食店、狗衣店、狗澡堂、狗美容院、狗医院。由于户养动物数量庞大，给城市环境卫生管理带来很多问题，巴黎人行道上每天排泄的狗粪就有20t，市政府要雇佣80名清洁工，驾驶特制扫屎车行驶于总长1 500km的道路上，每年仅此项开支就高达300万美元。

8.2.4 城市动物与人的关系

8.2.4.1 城市动物可作为环境质量的评价依据

城市化常使城市环境发生巨大变化，包括城市温度上升、地面硬化、地下水位降低以及环境污染等。除了用环化技术可以监测外，生物学指标也是衡量城市环境的重要内容，鸟语花香是人们向往的幽雅生态环境。例如，从地衣及苔藓种类和数量的减少或消失，可以指示空气中二氧化硫的污染程度。同样，以动物的种类、数量以及机体形态的畸变等，也能反映城市环境的质量。在城市生态系统的食物链中，处于初级消费者或次级消费者的动物，受环境变化影响十分明显。中野尊正等（1978）日本学者在研究东京的日本米槠的健康度时，指出树叶寿命缩短、提早凋落是由于虫害所致，而害虫的增多与该地区食虫鸟银喉长尾山雀的数量锐减或绝迹有关，鸟类区系的变化，又是由空气污染所导致。

除了从对环境变化敏感的某些动物的数量减少或消失可预示城市环境质量外，也可以从某些动物的出现或增加来反映城市环境的变化。M. Cristaldi 等（1986）就是利用野生啮齿类动物数量及机体畸变等内容，作为评价城市环境的生物学指标，发现鼠患的增加与环境脏乱，特别是杂物堆放及垃圾到处大量堆放有关。动物的畸变与环境污染中的有害物质，包括放射污染，化学污染及生活污水污染中的有害物质进入食物链有关。例如，他们在核电站厂区污染沟边捕获的鼠，其精子的畸变率显著增高。

8.2.4.2　城市动物对人类的危害

城市很多动物，如鼠、蚊、蝇、蜚蠊等对人都是有害的。家犬或野生动物能引起狂犬病，美国1955年以前发生的狂犬病主要是由家犬引起的，而1970年美国发生的3 276例狂犬病中，有78%是因野生哺乳动物引起，其中38%是由鼬鼠引起，24%是因狐引起，9%是由蝙蝠引起的，6%是因浣熊引起的。人类历史上受鼠传染疾病致死者，仅鼠疫一种就夺去了2亿人的生命；蚊虫能传播疟疾、丝虫病、流行性乙型脑炎、登革热、黄热病等；蝇类能传播霍乱、伤寒、脊髓灰质炎、肠炎、结核病等；蜚蠊也能携带几十种病原体，传播霍乱、乙型肝炎、脊髓灰质炎、口蹄疫等。

城市动物对建筑物、观赏植物以及景观具有很强的破坏力。意大利曾对全国动力系统的事故进行过调查，发现约有1/3事故是由鼠引起的。美国也曾对城市火灾进行过统计，发现约有1/4是因鼠啃坏电线、电缆或窜入高压开关造成的。啄木鸟在电线杆上凿洞筑巢，土拨鼠不仅在草地上挖洞，还会剥树皮、啃断树根等。在美国成群的紫燕、掠鸟停在白松上栖息，其噪声及气味对当地景观造成极大破坏。

由于机场空间较大，且受人类干扰较小，鸟类喜欢聚居在机场附近，从而对飞机带来一定的危害。1970年，美国波士顿机场一架正在爬升的飞机与一群掠鸟相撞，飞机失事，造成60人丧生。2009年1月，美国航空公司的一架空客A320飞机从拉瓜迪亚机场起飞后不久撞上一群飞鸟，在返回途中坠入哈德逊河中，所幸机上的146名乘客和5名机组人员全部获救。

8.2.4.3　人对城市动物的影响

在城市生态系统中，人对城市动物区系的变化起着直接或间接的重要作用。表现在以下几方面：①人干扰野生动物，既能控制有害野生动物数量，又能保护有益野生动物的生存；②人向城市引入家养动物，与人伴生的动物显著增加；③少数外来的野生动物进入城市，这些动物在城市里形成新的食物链。

　　城市是人类的聚居地，对人有害的动物应该清除，以达到有效地控制蚊、蝇、鼠、蜚蠊等有害动物的数量，或通过其他途径将其送返大自然环境中。但对人无害的动物（如部分两栖类、爬行类及鸟类）可以保留，以增加城市居民的生活情趣。被保留的野生动物需要一定的生存空间，因此必须采取一定的调控措施，包括减少环境污染、增加绿化、降低噪声及制定一些保护性法规来保护动物。例如，保留两栖类和爬行类动物的有效措施包括兴建排水工程时，对地面水要加以消毒；在公园郊区不应把枯枝落叶清扫干净；河流应尽量避免污染；用作繁殖的池塘不应被填埋等；同时，也要通过教育提高公众的道德水准。

　　在城市绿化过程中应注意以下几个方面：①在选择绿化树种时要充分考虑城市野生动物尤其是鸟类因素，尽可能以本地乡土树种为主，慎重引进并适度推广引种成功的外来树种；②仿效自然群落机制进行绿化树种间特别是鸟类食源树种间的合理配置，顾及各季节甚至各月份间鸟类食源的均衡性，保证食源植物分布的连续性，注意阔叶树和针叶树的合理搭配，许多针叶树如侧柏不仅为鸟类提供食物，同时又是多种鸟类包括猛禽的夜宿地和越冬场所；③根据植物的生物学和生态学特性，实行乔、灌、草、藤的合理搭配，以充分利用空间资源避免植被结构及功能单一，提高城市绿化带的空间异质性，为城市动物提供繁殖、取食和栖息的场所。

8.3　城市微生物

　　作为生态系统的主要功能类群，微生物在城市生态系统中占有极其重要的地位，它们既是许多疾病的病原，又是能量流动和物质循环不可缺少的环节。随着城市规模的逐渐扩大和城市人口的日益增多，城市中各种废弃物的排出量也日益增多，严重污染了城市的环境，并危害人体健康，而通过微生物处理，不但可以降低污染，还可以将许多废弃物变废为宝，作为宝贵资源加以利用。

8.3.1　空气中的微生物

　　空气微生物是城市生态系统重要的生物组成部分。空气微生物是指空气中细菌、霉菌和放线菌等有生命的活体，它主要来源于自然界的土壤、水体、动植物和人类，此外，污水处理、动物饲养、发酵过程和农业活动等也是空气微生物的重要来源，已知存在空气中的细菌及放线菌有 1 200 种，真菌有 40 000 种。空气微生物不仅具有极其重要的生态系统功能，还与城市空气污染、城市环境质量和人体健康密切相关，空气中微生物浓度过高会导致各种疾病的发生。城市空气中的微生物状况是城市环境综合因素的集中体现，是评价城市空气环境质量的重要指标之一。

　　空气中微生物大多附着在灰尘粒子上，以微生物气溶胶的形式存在于空气中。微生物气溶胶是悬浮于空气中的微生物所形成的胶体体系，其粒谱范围很宽，粒径范围 $0.002 \sim 30 \mu m$，与人类疾病有关的微生物气溶胶粒子直径一般为 $4 \sim 20 \mu m$，而真菌则以单个孢子的形式存在于空气中。不同微生物气溶胶粒径大小不同：病毒 $0.015 \sim 0.045 \mu m$，细菌 $0.3 \sim 15 \mu m$，真菌 $3 \sim 100 \mu m$，藻类 $0.5 \mu m$，孢子 $6 \sim 60 \mu m$，花粉 $1 \sim 100 \mu m$。

　　空气中的自然微生物主要是非病原性腐生菌。据 Wright 报道，各种球菌占 66%，芽孢菌占 25%，还有霉菌、放线菌、病毒、蕨类孢子、花粉、微球藻类、原虫及少量厌氧芽孢菌。在病人集中的医院，空气中除了自然的微生物外，还有各种病原菌，细菌有结核杆菌、肺炎双球菌和绿脓杆菌等约 160 种，真菌有球孢子菌、组织胞浆菌、隐球酵母、青霉和曲霉等 600 多种，病毒有鼻病毒、腺病毒等约几百种，此外还有支原体、衣原体等微生物。

　　由于受到各种环境因素的影响，不同地区空气中微生物种类不同。方治国等（2004）综合大量文献结果表明（见表 8-16），城市生态系统空气中出现的细菌共有 21 属，革兰阳性菌较多，革兰阴性菌较少，其中优势菌属为芽孢杆菌属、葡萄球菌属、微杆菌属和微球菌属，真菌共有 21 属，其中优势菌属为青霉属、曲霉属、木霉属和交链孢属，放线菌共有 7 属。东北地区的沈阳和抚顺空气微生物出现的种类较多，经济发达、流动人口较多的城市（如北京、上海和广州）空气微生物的种类也较多，而流动人口较少的合肥和乌鲁木齐细菌和真菌出现的种类最少。因此，在经济发达、人口流动较多的城市，如北京、上海、广州等，由于空气微生物的种类较多，容易传播和发生各种疾病。

表 8-16　不同城市空气微生物群落

微生物种类	北京	抚顺	沈阳	合肥	南京	上海	广州	成都	兰州	乌鲁木齐
细菌 Bacteria					/		/	/		
芽孢杆菌属 *Bacillus*	+	+	+	+		+			+	+
微杆菌属 *Microbacterium*	+	+	+	-		-			+	
短杆菌属 *Brevibacterium*	+	+	+	-		-			-	-
棒杆菌属 *Corynebacterium*	+	-	-	-		+			+	-
产碱杆菌属 *Alcaligenes*	+	-	-	-		+			-	-
节杆菌属 *Arthrobacter*	+	-	+	-		-			+	-
拟杆菌属 *Bacteroides*	-	-	+	-		-			-	-
不动杆菌属 *Acinetobacter*	-	-	-	-		+			-	-
乳酸杆菌属 *Lactobacillus*	-	-	-	-		-			+	-
李斯德杆菌属 *Listerium*	-	-	-	-		-			+	-
葡萄球菌属 *Staphylococcus*	+	+	+	+		+			+	+
微球菌属 *Micrococcus*	+	+	+	+		+			+	-
双球菌属 *Diplococcus*	-	+	-	-		-			-	-
链球菌属 *Streptococcus*	-	+	-	-		+			-	-
足球菌属 *Pediococcus*	+	+	-	-		-			-	-
奈瑟球菌属 *Neisseria*	-	-	-	-		+			-	-
假单胞菌属 *Pseudomonas*	-	-	-	-		+			-	-
纤维单胞菌属 *Cellulomonas*	+	-	+	-		-			-	-
动胶菌属 *Zoogloea*	-	-	-	-		-			-	-
克雷伯菌属 *Klebsiella*	-	-	+	-		-			-	-
布鲁菌属 *Brucellq*	-	-	+	-		-			-	-
真菌 Fungi									/	/
青霉菌 *Penicillium*	+	+	+	+	+	+	+	+		
曲霉菌 *Aspergillus*	+	+	+	+	+	+	+	+		

（续）

微生物种类	北京	抚顺	沈阳	合肥	南京	上海	广州	成都	兰州	乌鲁木齐
拟青霉菌 *Paecilomyces*	+	−	−	−	+	+	−	+		
根霉属 *Rhizopus*	−	+	+	−	−	−	−	−		
毛霉属 *Mucor*	−	+	+	+	−	−	−	−		
木霉属 *Trichoderma*	+	+	+	−	−	−	+	+		
交链孢属 *Alternaria*	+	+	+	+	+	+	−	−		
镰孢属 *Fusarium*	+	−	−	−	+	−	−	−		
匍柄霉属 *Stemphylium*	−	−	−	−	−	−	−	+		
腐质霉属 *Humicola*	−	−	−	−	−	−	−	+		
酵母属 *Saccharomyces*	+	−	−	−	+	+	+	+		
红酵母属 *Rhodotorula*	+	−	−	−	−	−	+	+		
多胞菌属 *Pleosporaceae*	+	−	−	−	+	−	−	−		
枝孢属 *Cladosporium*	+	−	−	−	−	+	−	−		
白僵菌属 *Beauveria*	−	+	−	−	−	−	−	−		
附球菌属 *Epicoccum*	+	−	−	−	−	−	−	−		
脉孢菌属 *Neurospora*	+	−	−	−	−	−	+	+		
黑孢属 *Nigrospora*	+	−	−	−	−	+	−	−		
毛筒孢属 *Botryotrichum*	+	−	−	−	−	−	−	−		
黑团孢属 *Periconia*	−	−	−	−	−	−	−	−		
刚毛孢属 *Pleiochaeta*	−	−	−	−	−	+	−	−		
放线菌 *Actonomycete*	/			/	/	/	/	/	/	/
原放线菌属 *Proactinomyces*		+	+							
链霉菌属 *Streptomyces*		+	+							
链孢囊菌属 *Streptosporangium*			+							
小单孢菌属 *Micromonospora*		+	−							
小多孢菌属 *Micropolyspora*		+	−							
钦氏菌属 *Chainia*		−	+							
小瓶菌属 *Ampullariella*		−	+							

注："/"代表没有资料，"+"表示出现，"−"表示没有出现。

空气微生物的浓度具有明显的时间特征，一般来说，空气微生物浓度在一年内不同的季节和月份变化较大。北京、天津、上海、合肥空气中的细菌浓度在春季最高，而沈阳和太原秋季最高；沈阳、合肥和齐齐哈尔空气中的真菌浓度在秋季最高，而北京和太原夏季最高；无论细菌还是真菌的最低浓度均出现在冬季。空气微生物在一日内变化也很大，并且与城市功能区、土地覆盖、环境条件有密切的关系，空气微生物一般在 8：00～10：00 出现高峰，2：00～4：00 或者 12：00～14：00 出现低谷，但不同的城市不完全一致，如北京空气微生物在 16：00 出现高峰，0：00～2：00 出现低谷，而天津和沈阳在 8：00 出现高峰，2：00～4：00 出现低谷。

空气微生物的浓度也具有明显的空间特征。不同城市环境下的空气微生物的空间分布不同，其中城市空气细菌的浓度变化趋势与空气微生物总浓度呈正相关，如方治国

（2004）对我国 16 个城市的空气微生物研究表明，深圳空气微生物总浓度和细菌浓度最高，分别为 61 622CFU/m³ 和 59 893CFU/m³，铜陵空气微生物总浓度最低，为 4 496CFU/m³，九江空气细菌浓度最低，为 1 200CFU/m³。空气中真菌浓度的变化趋势与空气微生物总浓度和细菌浓度差异较大，庐山空气真菌浓度最高，为 11 900CFU/m³，天水最低为 131CFU/m³。同一城市不同服务功能区的空气微生物分布亦有不同，由于受到气象条件、工农业生产、人类活动和复杂环境因素的影响，不同功能区空气细菌浓度、空气真菌浓度和空气微生物总浓度成正相关。在城市生态系统中，交通干线和商业区空气微生物的浓度较高，而公园绿地则较低，这是由于交通干线和商业区空气污染严重，而公园绿地中植物挥发性分泌物对空气微生物有灭杀作用。时秋祥（1995）对天津市不同地区、不同高度和不同场所选择 15 个采样点进行了空气中细菌含量的调查，发现不同区域的污染程度不同，以人群流量大、交通拥挤的地点污染严重，人群活动少、绿化覆盖率高的地点污染则较轻，如表 8-17 所示。

表 8-17　天津市不同地区空气中的细菌含量

分组	采样点	人群密度（人数/50m²）	细菌总数（菌落/皿）
高度	市府院十三层楼外	10	4
	附院一楼外	100	25
地区	河东十一经路	75	24
	解放南路	125	35
	南开区西湖村	70	24
	天津北站	175	39
场所	护校实验室	25	6
	附院候诊室	150	35
	市百货大楼	200	42
	电影院	250	52
	水上公园动物园	225	50
	水上公园树林下	25	6
	东站售票大厅	300	69
	海河园林带	50	8
对照	护校无菌室	0	0

　　同一功能区不同高度空气微生物浓度不相同。随着高度的增加，空气微生物浓度随之减少。但是在正午时，这种规律不明显。例如，兰州市城市管理委员会观测点，高度 12m 的空气微生物的浓度达到最高，而后随着高度的增加空气微生物浓度显著降低；甘肃农业大学观测点，高度为 20m 的空气微生物浓度最高，之后随着高度的增加空气微生物的浓度降低。而在乌鲁木齐市空气微生物总浓度和细菌浓度，呼吸带（距地面 1.5m 左右）明显高于 15m 的高空，而呼吸带空气霉菌和耐高渗透压霉菌的浓度低于 15m 高空。南京大学校园内无论是春季还是夏季，空气细菌和真菌的平均浓度都随着高度的增加而减少。

8.3.2 水中的微生物

水中微生物来源是多方面的，包括大气、土壤、植物、动物和人。生活于水中的微生物种类很多，有细菌、病毒、真菌、藻类和原生动物等。水中细菌丛的组成差别甚大，取决于水中有机物成分、无机物成分、环境条件（如 pH 值、光、温度、氧气等）。地下水由于土壤过滤的结果，营养成分相对较少，细菌比江河等地面水中少，主要是革兰阴性无芽孢杆菌，特别是无色杆菌属和黄杆菌属，少数是革兰阳性杆菌，几乎没有真菌。而地面水随着水体的富营养化，黄杆菌属和无色杆菌属越来越少，但假单胞菌科、芽孢杆菌科、肠杆菌科的细菌增多。河水中还有弧菌、螺菌、硫细菌、微球菌、链球菌等。地面水常受污染物污染，生活污水中含有大量粪便并富有细菌。在污水中可发现荧光假单胞菌、绿脓杆菌、普通变形杆菌、枯草杆菌、阴沟杆菌、大肠埃希菌、粪链球菌等。

应鹏聪等（2005）研究了浙江省嘉兴市城市水同水体在不同环境温度下的微生物污染状况，如表 8-18 所示，发现在 5℃、12℃、25℃的环境温度下，市内河道水、运河水、湖泊水这 3 种水体中的细菌总数、大肠菌群数、致病菌、霉菌和酵母菌与自来水相比较，均出现一定的超标，尤其是细菌总数、大肠菌群数、霉菌和酵母菌超标严重，而且随着环境温度的升高，超标率也出现相应的增高。

表 8-18 嘉兴市城市水体微生物污染状况检测结果

环境温度（℃）	水样	细菌总数（CFU/mL）		大肠菌群（MPN/100mL）	致病菌	霉菌和酵母菌（CFU/mL）		超标率（%）
		范围	中位数			范围	中位数	
5	市内河道水	0 ~ 300	70	9	3	0 ~ 250	32	88.9
	运河水	0 ~ 300	70	5	0	0 ~ 500	27	72.2
	湖泊水	0 ~ 200	5	8	0	0 ~ 300	15	61.1
	自来水	0	0	0	0	0 ~ 1	0	0.0
12	市内河道水	0 ~ 1 000	100	12	5	0 ~ 1 500	85	94.4
	运河水	0 ~ 4 000	450	15	3	0 ~ 480	35	83.3
	湖泊水	0 ~ 4 000	550	16	2	0 ~ 530	43	88.9
	自来水	0 ~ 1	1	0	0	0 ~ 2	1	0.0
25	市内河道水	50 ~ 5 650	215	25	13	115 ~ 8 500	402	100.0
	运河水	230 ~ 2 050	535	20	11	100 ~ 2 000	505	100.0
	湖泊水	30 ~ 4 200	625	21	12	50 ~ 3 100	160	100.0
	自来水	1 ~ 9	2	0	0	0 ~ 13	3	22.2

8.3.3 土壤中的微生物

土壤中的微生物群落包括细菌、放线菌、真菌、螺旋体、藻类、病毒和原生动物。其中，以细菌为最多，占土壤微生物总数量的 70% ~ 90%，放线菌、真菌次之，藻类和原生动物等的数量较少。土壤中放线菌的数量也很大，仅次于细菌，占土壤中微生物总数量的 5% ~ 30%，每克土壤中有几千万到几亿个放线菌孢子。放线菌的一个丝状体的体积比一个细菌大几十倍至几十万倍，因此，虽数量较少，但在土壤中的生物量，却接近于细菌。土壤中的放线菌种类较多，常见的有链霉菌属、诺卡氏菌属、小单孢菌属等。真菌是第3大类土壤微生物,广泛分布在近地面土层中,它们在土壤中以菌丝体和孢子形式存在。土壤中的真菌主要属于藻菌纲(如毛霉属、根霉属)、子囊菌纲(如酵母菌)和半知菌纲(如青霉属、曲霉属、镰刀菌属、木霉属、念珠霉属等)。此外,土壤中还有许多藻类,大多数是单细胞的硅藻和绿藻,以及原生动物,如纤毛虫、鞭毛虫和肉足类等。土壤微生物的分布随着土壤的结构、有机物和无机物的成分、含水量以及土壤理化特性的不同而有很大差异,而且随着土壤深度的增加,各类微生物都急剧减少。

在城市土壤中,微生物是其主要的生命体,参与土壤环境中物质循环和能量流动的各种生物化学过程,如氨化作用、硝化作用、固氮作用、纤维素分解作用等。程东祥等(2009)对长春市土壤微生物活性特征做了详细研究,如表8-19所示。

表8-19 长春市土壤微生物生化作用强度及空间分异性

功能区	指标	氨化作用	固氮作用	纤维素分解	呼吸强度
广 场	平均值	4.11	1.39	2.26	15.85
	范 围	0.61~8.21	0.51~2.39	1.82~3.05	4.59~24.24
公 园	平均值	16.11	1.82	3.10	8.35
	范 围	1.95~54.21	0.17~3.89	1.70~9.50	0.60~14.44
工业区	平均值	4.91	6.07	5.30	16.10
	范 围	0.14~9.24	3.80~7.29	4.40~5.80	12.14~19.21
农用耕地	平均值	5.12	5.16	7.50	4.97
	范 围	0.18~11.49	0.29~10.51	3.20~9.60	0.66-13.11
开发区	平均值	0.73	7.22	5.60	2.27
	范 围	0.04~1.43	6.59~7.86	5.00~6.20	0.34~8.56
长春市	平均值	9.21	3.42	4.80	10.53
	范 围	0.04~54.21	0.03~10.51	1.60~13.30	0.60~24.24

长春市土壤微生物各生化作用强度分别为:氨化作用强度平均为9.21mg/(kg·d),固氮作用强度平均为3.42mg/(kg·d),纤维素分解强度平均为4.80%,呼吸作用强度平均为10.53mg/(kg·d)。

不同土地利用方式对土壤微生物生化作用强度影响明显不同,在公园土壤中氨化作用强度最大,为16.11mg/(kg·d),开发区的最小,为0.73mg/(kg·d),氨化作用强度最大值约是最小值的21倍,其他功能区氨化作用大小依次是农用耕地、工业区、广场。固氮作用强度在不同功能区大小顺序依次是开发区、工业区、农用耕地、公园和广场。纤维素分解强度大小顺序依次是农用耕地、开发区、工业区、公园、广场。呼吸作用强度在各功能区大小顺序依次是工业区、广场、公园、农用耕地、开发区。从各功能区呼吸作用大小排序可知,随着城市化程度加剧,土壤呼吸作用强度逐渐增加,反映了在城市环境胁迫下微生物抗逆性增加促使其活动强度明显增大。

8.3.4 城市微生物与人的关系

在人类的传染病中,室内空气传播是主要的途径,许多呼吸道疾病及少数其他传染病都是由空气传播的，其传播方式有 3 种：①尘埃传播。尘埃主要来自纺织物特别是被褥、衣服和鞋袜等，还有不断脱落的头皮屑、头发和排泄物，另外，扫地、掸尘、抖衣服、人或动物的活动都能引起微生物在空气中传播，如在结核病院的尘埃中分离出结核杆菌，在患者床侧地板的尘埃中也发现白喉杆菌和溶血性链球菌。②飞沫传播。当人说话、咳嗽和打喷嚏时，微生物从呼吸道以飞沫形式喷射出来，飞沫小滴中的细菌、病毒，可以直接在人群中传染，例如，2003 年在我国广东、北京等地发生的非典型肺炎（SARS）就是由于通过病人呼吸散发的飞沫传播 SARS 病毒，病人死亡的同时也引起了社会恐慌。③飞沫核传播。飞沫核是较小的飞沫经蒸发后剩下的核心，直径 $0.5 \sim 12\mu m$，由于气流的运动，附着于飞沫上的微生物迅速散布于室内。由此可见，尘埃、飞沫及飞沫核是某些致病微生物附着的介质，通过呼吸进入人体，引起疾病。

水是传染疾病的重要途径之一，水中各种致病微生物主要有：大肠埃希菌、沙门菌、霍乱弧菌、副溶血性弧菌、结核杆菌、嗜肺军团杆菌、空肠弯曲菌等。致病微生物在自然水中一般可以存活一段时间，某些致病微生物在一定条件下，在水中能生长繁殖，如霍乱弧菌和副溶血性弧菌。城市医院污水是一个突出的问题，特别是一些没有污水处理设备的小型医院，收容传染病患者十分危险，在污水排出口水源常可分离到伤寒、副伤寒、沙门菌、痢疾杆菌等。水中病毒能引起水源性病毒病流行，由病毒引起的水源性肝炎的暴发是当前最主要的水源性流行性疾病之一。国内由饮水或食用带有病毒的贝壳类而引起的肝炎流行也有多次报道，例如，20 世纪 80 年代，浙江及上海地区先后暴发过甲型肝炎大流行，通过流行病学调查发现，与人们进食受病毒污染的贝壳类食物有关。此外，通过水传播的病毒性疾病还有急性胃肠炎、结膜炎等。

土壤微生物是人类利用微生物资源的主要来源，绝大多数微生物对人类是有益的，它们有的能分解动植物的尸体及排泄物为简单的化合物，供植物吸收；有的能将大气中的氮固定，使土壤肥沃，有利城市植被生长；有的能产生各种抗菌素。

但土壤也经常受病原体污染，在传播疾病中起着重要作用。城市土壤中病原微生物的主要来源有 3 个方面：一是使用未经彻底无害化处理的人畜粪便施肥；二是用未经处理的生活污水、医院污水和含有病原体的工业废水灌溉或利用其污泥施肥；三是病畜尸体处理不当。但是各种致病微生物进入土壤后，并不都能在土壤中生存下去，只有能形成芽孢的致病菌进入土壤才能长期存在几年甚至几十年。例如炭疽杆菌在土壤中可生存 15~60 年，其他如破伤风杆菌、肉毒杆菌等都能长期存在于土壤中；而无芽孢的致病菌进入土壤后最多只能生存几小时或数月。病原体污染的土壤可以直接或间接引起肠道传染病，如伤寒、痢疾的流行；可以污染伤口产生破伤风、气性坏疽等创伤性感染；被炭疽杆菌污染的牧场、动物饲养厂可引起草食动物炭疽病的发生流行。另外，带有病原体的土壤，往往也是城市食品如罐头、冷饮、牛奶等污染的主要来源。

本章小结

城市生态系统的生物群落主要包括城市植被、城市动物与城市微生物，本章主要介绍城市植被的类型、特征与功能；城市动物区系及城市化对动物的影响；城市微生物的分布特征。并重点阐述城市植被多样性与人的关系、城市动物与人的关系以及城市微生物与人的关系，对维持城市生物群落的可持续发展具有重要意义。

思考题

1. 何谓城市植被？城市植被的类型有哪些？
2. 简述城市植被的主要特征及其功能。
3. 如何保护城市植物多样性？
4. 以自己所在城市为例，说明如何进行城市植被建设。
5. 如何看待城市动物与人的关系？
6. 如何看待城市微生物与人的关系？

本章推荐阅读书目

1. 城市生态学经典案例和实验指导．杨小波．科学出版社，2008.
2. 生态城市．2 版．R. Register 著．王如松译．社会科学文献出版社，2010.
3. 城市生态学．2 版．杨小波．科学出版社，2008.

第 **4** 篇
城市生态规划与管理

9 城市景观

9.1 城市景观的概念

9.1.1 景观的含义

景观(landscape)从本质上讲，是人类量度其自身存在的一种视觉图像，它因人的视觉而存在。从不同的角度，景观有不同的含义。要科学准确地理解景观的现代概念必须把握以下4个关键特征。

(1)景观是一个生态学系统

景观由相互作用和相互影响的生态系统组成，这些相互作用和影响是通过组成景观的生态系统或称景观要素之间的物质、能量和信息流动实现的，进而形成整体的结构、功能、过程以及相互的动态变化规律。因此，景观具有系统整体性，具有一般系统论的普遍规律，遵循一般系统论的基本规律，这些整体属性是景观组成要素相互作用和影响所产生的新属性，而不是景观要素属性的简单相加，应当作为一个整体加以研究和管理。

(2)景观是具有一定自然和文化特征的地域空间实体

景观具有明确的空间范围和边界，这个地域空间范围是由特定的自然地理条件(主要是地貌过程和生态学过程)、地域文化特征(包括土地及相关资源利用方式、生态伦理观念、生活方式等方面)以及它们之间的相互关系共同决定的。景观的地域文化特征本身是景观整体特征的组成部分，同时也决定着景观的干扰状况(disturbance regime)。在这里，我们要注意区分"景观"与"土地""环境"概念上的区别。

景观与土地尽管都有"地域综合体"的含义，但两者却存在着根本的区别。景观一词在英文和德文中的原义是指"一片土地"，即指土地的具体一部分，二者有着外延上的从属关系，但景观更代表了一种较为精细的尺度含义，强调景观供人类观赏的美学价值和景观作为复杂生命组织整体的生态价值及其带给人类的长期效益；而土地则侧重于其社会经济属性，如土地的肥力、土地的产权关系、土地的经济价值等方面；景观具有更大的内涵。另外，现代景观的异质性原理，既是对传统景观概念的突破，也是其与以均质性地块单元为基础的土地概念相区别的本质所在。

环境指的是环绕于人类周围的客观事物的整体，包括自然因素和社会因素，它们既可以实体形式存在，也可以非实体形式存在。而景观则指构成我们周围环境的实体部分，二者不可混淆，景观既不是环境中所有要素的全部，也不是它们简单相加而组成的整体，而是它们综合作用的阶段性产物。

(3) 景观是异质生态系统的镶嵌体

异质生态系统的空间构型（configuration）、空间配置（arrangement）和空间格局（pattern）是景观结构的重要表现形式，也是决定景观功能、过程及其变化的基础。

(4) 景观是人类活动和生存的基本空间

人类活动方式即对原有景观产生巨大的改造作用，同时也受景观的制约和影响，人类活动是构成景观的基本要素。

从以上景观的特征来看，景观概念中蕴含着 3 个层次不同的追求以及与之相对应的理论：一是文化历史与艺术层，包括蕴含于景观环境中的历史文化、风土民情、风俗习惯等与人们精神生活世界息息相关的文化因素，直接决定着一个地区、城市、街道的风貌。二是环境生态层，包括土地利用、地形、水体、动植物、气候、光照等人文与自然因素在内的从资源到环境的分析。三是景观感受层，指对基于视觉的所有自然与人工形体及其感受的分析，即狭义的景观。景观概念的这 3 个层次，其共同的追求仍然是艺术，这种最高的追求自始至终贯穿于景观的 3 个层次。所以，景观作为一种视觉形象，既是一种自然景观，又是一种生态景象和文化景象。景观是人类—自然环境中一切视觉事物和视觉事件的总和。

而对于景观的定义，有多种表述。

19 世初期，德国著名的植物学和自然地理学家洪堡（A. V. Humboldt）最早提出景观作为地理学中的中心问题，探索由原始自然景观转换为人类文化景观的过程。1939 年，德国生物地理学家 C. Troll 在研究东非土地利用及变化时，用航片解释自然土地利用和景观变化，将景观的概念引入生态学。并指出，景观是某一地段上生物群落与环境之间主要的综合的因果关系。

肖笃宁（1991）对景观概念的综合表述为：景观是一个由不同土地单元镶嵌组成，具有明显视觉特征的地理实体，它处于生态系统之上，大地理区域之下的中间尺度，兼具经济、生态和美学价值。傅伯杰等（1991，2001）也对景观定义进行了总结：①景观由不同空间单元镶嵌组成，具有异质性；②景观是具有明显形态特征与功能联系的地理实体，其结构与功能具有相关性和地域性；③景观既是生物的栖息地，更是人类的生存环境；④景观是处于生态系统之上，大地理区域之下的中间尺度，具有尺度性；⑤景观具有经济、生态和文化的多重价值，表现为综合性。

目前发展的景观的定义概括为狭义和广义 2 种（Turner *et al.*，1989；邬建国，2000）。狭义景观是指由一组以相类似方式重复出现的、相互作用的生态系统所组成的异质性地理单元。广义景观则包括出现在从微观到宏观不同尺度上的，具有异质性或斑块性的空间单元，并与所关注和研究的问题相关，强调空间的异质性、景观的空间尺度随研究对象、方法和目的而变化。它体现了生态学系统中多尺度和等级结构特征,有助于多学科、多途径研究。这一概念越来越广泛地为生态学家所关注和采用。

而城市景观(urban landscape)一词最早出现在 1944 年 1 月《建筑评论》上,当时仅仅是在阐述城市家具和铺装。而之后,关于城市景观的研究涉及了方方面面,其研究渐渐开始关注城市的本质,而不再仅仅是城市美学。特别是随着 20 世纪中叶以来建筑现象学、文化人类学以及景观生态学的发展,人们开始对城市景观有了全面的认识。因此,将现代城市景观的定义成城市地域内的景物和景象,一般具有大量的、规则的人工景观要素,如大楼、街道、绿化带、商业区、文教区、工业区等,是各种人造景观的高度集合,其结构、功能及其演化过程,明显地区别于其他景观,是系统的经济功能、文化功能、生态功能的统一体。随着城市的不断发展,其内部活动(特别是商业经济活动)的丰富而进一步扩大和分化,城市组分之间相互依赖,密切联系,形成城市的地域空间组织,并使城市内部逐渐出现各种功能区域,形成各种景观类型交替出现、交错分布的城市景观镶嵌体(李秀珍、肖笃宁,1995)。

9.1.2 景观生态学

尽管景观学和生态学是各自独立平行发展的,但两者在解决许多实际问题时都存在一定的局限性,都需要从其他学科中吸收营养。由于景观学和生态学具有很强的发展需求互补性,因而促成这两门科学的结合,从而导致了景观生态学的诞生。

景观生态学(landscape ecology)起源于欧洲,是德国地理学家 C. Troll(1939)在利用航片研究东非土地利用和开发问题时形成景观生态学的概念。他认为"景观生态学的概念是由两种思想结合而产生出来的,一种来自于地理学(景观),一种来自于生物学(生态学)。景观生态学表示景观某一地段上生物群落与环境间主要的综合的因果关系的研究,这些研究可以从明确的分布组合(景观镶嵌,景观组合)和各种不同等级的自然区划表示出来"。随着 20 世纪 50 年代现代生态学的发展,景观生态学也迅速发展起来,成为世界上资源、环境、生态方面研究的一个热点。景观生态学是以生态学理论为基础,吸收现代地理学和系统科学之所长,研究景观和区域尺度的资源、环境、经营与管理问题,具有综合总体性和宏观区域特色,尤其着重中尺度的景观结构和生态过程关系研究。景观生态学究其性质是地理学与生态学相结合的产物,因此它的发展与自然地理学中的景观学的发展和生态学的发展有直接而紧密的关系。它把地理学家研究自然现象的空间相互作用的水平方法(横向研究)与生态学家研究一个生态区的功能相互作用的垂直方法(纵向研究)结合为一体,通过物质流、能量流、信息流及价值流在地球表层的传输和交换,通过生物与非生物以及人类之间的相互作用与转化,运用生态系统原理和系统方法研究景观结构和功能、景观动态变化以及相互作用机理,探讨空间异质性的发展和动态,研究景观的美化格局、优化结构、合理利用和保护。

总而言之,景观生态学是研究景观单元的类型组成、空间格局及其与生态学过程相互作用的综合性学科。强调空间格局,生态学过程与尺度之间的相互作用是景观生态学研究的核心所在。

9.1.3 景观生态学的学科地位

对于景观生态学的学科地位历来就有不同意见，无论在欧洲和北美洲，还是在中国，不同学科背景、研究领域和兴趣的学者坚持不同的看法，有些学者甚至在不同的角度和场合有不同的表述，给人们带来许多思想混乱。在一门新兴学科的发展过程中，这种现象十分普遍，也很正常。

9.1.3.1 一门横断学科

景观生态学的起源和诞生之初就主要面向中大尺度宏观问题，强调研究对象的整体性，强调认识论上的整体论途径和对还原论方法的批评。当还原论的思想方法仍然占据主导地位的时期，分解或分析的研究途径推动着学科的不断分化，景观生态学并没有获得足够的发展空间，这也是相关分支学科知识积累的必然过程。只有到了宏观大尺度问题不断出现，还原论的思想方法和各分支学科都无法单独解决人类面临的许多新问题的时候，景观生态学的整体综合思想才重新受到人们的关注，景观生态学获得新生和进一步发展的机会也就成为必然。

由于景观生态学的产生是基于地理学和生物学(生态学)的结合，因此，许多人很自然地认为景观生态学是地理学与生态学的交叉学科。但荷兰著名景观生态学家佐讷维尔德和以色列学者纳维都认为，景观生态学并不是人们通常容易理解的"交叉学科"(inter-disciplinary science)，而是一门"横断学科"(trans-disciplinary science)，是在更高的水平上各相关分支学科的发展与整合。其关键就在于，景观生态学的研究对象、科学思想、研究方法等不是原有学科的水平交叉，而是在更高水平或更大尺度上的整合。当然，许多人认为景观生态学是将地理学家在考察地理实体和自然现象之间的互相作用的"水平"途径与生态学家研究特定立地或生态单元(生态系统)各组成要素之间功能性相互作用的"垂直"途径相结合的结果(Naveh and Lieberman，1994)，其交叉学科的特点也非常明显，这种从不同方面对景观生态学的认识也是完全正确的。但必须强调，要对景观生态学学科特点有全面的理解，避免景观生态学成为概念模糊、内涵混乱、人人皆用的迷人辞藻。

从研究对象所涉及的层次、领域、问题和关系的多学科特点和超越各单独学科范畴的特点来看，景观生态学显然是一门横断学科；而从其研究方法、途径和思路来看，把景观生态学看作一门多学科交叉性学科也是合理的。

目前，没有必要为争论景观生态学的学科地位或者它属于哪个母学科费太多的精力，但有一点应当明确，如果不把揭示景观水平上的生态学过程和规律作为科学基础，景观生态学与20世纪50年代以前的景观学就不会有太大的差别。

9.1.3.2 景观水平上的生态学

以色列学者纳维认为，景观生态学是现代生态学的分支，其核心问题是研究人与景观的关系，其研究目标是总体人类生态系统，它是联系植物学、动物学和人类学这些单独学科的研究对象和过程的纽带和桥梁(Naveh，1982，1986，1987，1990；Naveh and Lieberman，1994)。

对生态学常常根据研究对象的生物组织层次来划分其分支学科。如图9-1所示，不同的生物组织层次对应于不同的生态学分支学科，景观是处于生态系统之上、区域之下的一级生物组织层次。景观生态学是以景观为研究对象，研究其结构、功能和动态变化过程和规律及其有效控制和管理的科学，或者更简单地说就是"景观的生态学"（Naveh and Lieberman，1984；Zonneveld，1995）。

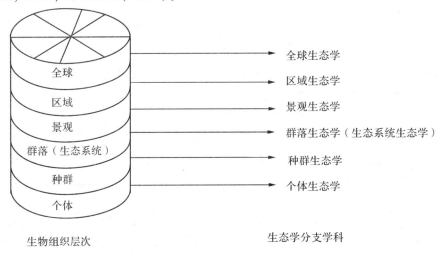

图9-1　景观生态学学科位置示意图

9.2　城市景观结构

景观结构是指不同生态系统或景观组成单元的空间与时间的组合关系，即景观组成单元(景观要素)的大小、形状、数量、类型，多样性及其空间配置，生态过渡带，异质性等。景观结构是景观形状最直观的表现方式，也是景观生态学研究的核心内容之一。

景观空间结构(景观结构)是不同层次水平或者相同层次水平景观生态系统在空间上的依次更替和组合，直观地显现景观生态系统纵向横向的镶嵌组合规律。景观生态系统研究的核心之一在于综合分析整体功能、结构及组织过程，空间结构研究正是通过直观全面的方式透视其中的秩序关联。系统的整体特征，决定于其各子系统的相互关联。景观空间结构的研究就在于以直观、方便又有效的方法途径探析系统的整体性状，达到综合研究的目的。

9.2.1　城市景观要素

景观空间结构的研究，首先是对个体单元空间形态的考察。从空间形态、轮廓和分布等基本特征入手，可以区分出斑(patch)、廊(corridor)、基(matrix)、网(net)及缘(edge)5种空间类型，元素类型不同，空间形态不同，基本的功能性质和特征也不同。在这里，斑又称斑块、拼块、嵌块体等，指不同于周围背景的非线性景观生态系统单元；廊，又称廊道是指具有线或带形的景观生态系统空间类型；基又称基质，是一定区域内面积最大、分布最广而优质性很突出的景观生态系统，往往表现为斑、廊等的环境背景；网，又称网络，是指在景观中将不同的生态系统相互连接起来的一种结构；缘，又称过渡带、脆弱带、边缘带等，是指景观生态系统之间有显著过渡特征的部分，景观生态系统在地球表层上的渐变特征，是缘的发生基础，从空间角度看，缘所占面积比重小，边界形态不确定。但其特殊的空间位置，决定了其具有可替代几率大，竞争程度高、复原几率小、抗扰能力弱、空间运移能力强、变化速率快是非线性关系的集中表现区、非连续性的显现区及生物和功能多样性区等一系列独特的性质。网和缘可以看作景观中景观要素的空间联系方式，如在景观中既有由廊道相互连接形成的廊道网络及由同质性和（或）异质性景观斑块通过廊道的空间联系形成的斑块网络，又有异质性斑块空间邻接形成的、具有边缘效应的生态交错带。

因此，从景观结构的空间构成要素看，城市景观也和自然景观一样，包括基质、斑块、廊道三大要素。城市是典型的人工景观，建筑物群体和硬铺装地面构成了景观的主体，街区和街道是城市景观的基质；城市廊道即城市中的线性景观，通常包括交通干线、河流和植被带，廊道在很大程度上决定城市景观结构与人口空间分布模式；城市中的斑块与基质、廊道之间没有严格的界限，可以按地域、功能、行政单位等进行划分，如居民区、商业区、工业区等。

9.2.1.1　斑块

斑块是指与周围不同的相对均质的宽阔区域，在斑块内部呈现微小的异质性，并以相似的形式重复出现。影响斑块起源的主要因素包括环境异质性（environmental heterogeneity）、自然干扰（natural disturbance）和人类活动（human activities）。根据起源将斑块划分为干扰斑块（disturbance patch）、残余斑块（remnant patch）、环境斑块（environmental patch）、更新斑块（regenerated patch）和引入斑块（introduced patch）5 类。

如今，人类已成为地球上大多数景观的主要组成部分。人类聚居地是最明显而又普遍存在的景观成分之一，可为典型的引入斑块，包括房屋、庭院、场院和毗邻的周围环境。当然，聚居地是由干扰形成的。干扰可能是局部的，或者全部清除自然生态系统，然后兴建土木，并引进新物种。聚居地消失之前，往往会作为一种斑块而保持数年，数十年，甚至几个世纪。聚居地内的生态结构取决于代替自然生态系统的生物类型。人是最重要的，他不仅是巨大的消费者，而且是保持聚居地的长期干扰的实施者。现有的大多数植物种是人们引进供消费，或用来装饰花园、庭院和公共场所的物种。某些植物可能是当地种，但是人们更喜欢用各种不同的外来种装饰自己周围的环境。同样，他们也喜欢引进一些动物。人们一般比较喜欢家养动物和牲畜，如猫、牛和金丝鸟，而不喜欢本地的短尾猫、野牛和蝙蝠。然而，由于引进时的疏忽，聚居地生态系统也可能进一步富集一些有害动植物，如鼠类、跳蚤、白蚁、蟑螂、蟋蟀、豚草以及痢疾变形虫等，引起麻烦。例如，毛虫蚕食观赏植物叶片，野兔毁坏田园，黄鼬捕捉小鸡等。聚居地生态系统包括4种不同类型的物种：人、引进的动植物、不慎引入的害虫和从异地移入的本地种。聚居地高度人文化，其成功与否部分取决于人类管理的程度和恒久性。人类活动影响随时间变化，聚居地生态系统的不稳定性反映了这一点。不同城市生态系统，作为斑块其大小、形状有所不同，并具有镶嵌性，如在河系、公路、铁路和地界线，或它们所环绕的城镇中都可见到大家所熟悉的非随机的斑块格局。

城市的斑块化反映了其系统内部或系统间的时空异质性，影响着生态学过程。人类活动导致自然景观趋于斑块化。只有了解了人类影响产生什么样的斑块化以及与自然景观的斑块化有何异同，人们才能从中找到阐释当前人类所共同面临的环境压力的答案。首先，应该认识到人类的影响无处不在，且在各种尺度上施加影响。但是，以往的研究更多注重于小尺度上的影响，如森林砍伐和水污染等。其实，人类影响在大尺度上或全球尺度上的效应是任何其他生物所无法比拟的，人类剧烈地改变着人类自身的生存环境并且危及和消灭众多与其共生物种的生境。人类的影响包括国家政策、法律、经济和政治制度，以及人口密度、生活方式、文化水准、公共道德伦理和价值观念等。这些影响的差别在小尺度上研究往往不容易察觉，但在大尺度上则容易理解。例如，卫星图片分析发现，美国与加拿大边界的决然差别反映出美国强化土地利用所形成的格局与加拿大森林保护的森林覆被格局明显不同。美国另一端与墨西哥的边界所反映的是另一种格局的差别，卫星图片显示出墨西哥境内的河流污染与美国境内对比的差异，这是由于两国对污染控制政策的差别所致（伍业钢等，1992）。这种人类作用所造成的大尺度上的斑块化与陆地生态系统反应的小尺度是造成目前陆地生态系统正反馈的主要原因之一，也是推动目前"全球气候变化"（global climate change）和"可持续发展的生物圈"（sustainable biosphere）等全球性研究计划发展的原因。其次，人类影响的斑块化在结构和功能上都不同于自然斑块化。人类影响的斑块化一般来说斑块大、形状单一、边界整齐、结构简单。而且，斑块间缺乏"廊道"，不利于斑块间的信息交流和物种的迁移。Pickett 和 Thompson（1978）早就指出，自然斑块化最普遍的现象是物种迁移于不同斑块之间，而人类影响的斑块化最终消灭物种的迁移现象。这种人类影响的斑块化与自然斑块化的差别是加剧物种的消失和濒危生物增加的原因之一。

9.2.1.2 廊道

廊道是景观中与周围土地有区别的带状土地。几乎所有的景观都会被廊道分割，同时又被廊道联结在一起。廊道是线性的景观单元，具有通道和阻隔的双重作用。廊道的起源与斑块类似，干扰廊道由带状干扰所致；残存廊道是周围基质受到干扰后的结果；环境资源廊道是由环境资源在空间上的异质性线性分布形成的；种植廊道是由于人类种植形成；而再生廊道是指受干扰区内的再生带状植被。因此，由于廊道的形成原因不同，其特点也有所不同：自然形成的廊道，如溪流、山脊、动物的足迹等，特点是曲线状的、连续的。而城市生态系统中人为形成的廊道，如公路、输电线路、沟渠、人类走出的小路等，特点是多直线状、栅格或间隙造成的不连续、狭窄，需要较高的费用来维持其存在。

廊道有 3 种基本类型，线状廊道、带状（窄带）廊道和河流（宽带）廊道。线状廊道（如小道、公路、树篱、地产线、排水沟及灌渠等）是指全部由边缘物种占优势的狭长条带。带状廊道是指含有较丰富内部种的内环境的较宽条带。河流廊道分布在水道两侧，其宽度随河流的大小而变化。但从功能角度，3 种廊道的划分界限并不十分清晰。而城市廊道大体上可以分为两大类：人工廊道与自然廊道。人工廊道以交通干线为主，自然廊道以河流、植被带为主(包括人造自然景观)。均具有廊道效应,廊道效应具有流通效应和场效应,分为人工廊道效应和自然廊道效应。人工廊道效应指从单纯经济角度出发,在城市中心和交通干线共同作用下,城市景观结构是在中心与干线形成的多边形实际地价梯度场向同心圆理想地价梯度场趋同的动态过程中形成的。自然廊道效应指自然廊道的存在有利于吸收、排放、降低和缓解城市污染,减少中心市区人口密度和交通流量,提高土地利用集约化、高效化。

9.2.1.3 基质

景观由若干类型的景观要素组成。其中基质是面积最大、连通性最好的景观要素类型,因此在景观功能上起着重要作用,影响能流、物流和物种流。要将基质与斑块区别开,首先应研究它们的相对比例和构型。在整个景观区域内,基质的面积相对较大。一般来说,它用凹形边界将其他景观要素包围起来。在所包围的斑块密集地,它们之间相连的区域很窄。在整体上基质对景观动态具有控制作用。因此判断基质具有以下 3 个标准。

(1)相对面积

面积最大的景观要素类型往往也控制景观中的流。基质面积在景观中最大,是一项重要指标。因此,采用相对面积作为定义基质的第 1 条标准:通常基质的面积超过现存的任何其他景观要素类型的总面积。或者说,应占总面积的 50% 以上。如果面积在 50% 以下,就应考虑其他标准。

(2)连通性

相对面积作为基质的唯一判断标准可能使人误入歧途。比如,即使树篱所占面积一般不到总面积的 1/10,然而直观上人们往往觉得树篱网格就是基质。因此,确认基质的第 2 个标准是连通性,基质的连通性较其他现存景观要素高。因此,一个连通性高的景观类型有下述几方面的作用:①此景观类型可以作为一个障碍物,将其他要素分隔开;②当这种连通性是以相互交叉带状形式实现时就可形成网状走廊,这既便于物种的迁移,也便于种内不同个体或种群间的基因交换。③这种网状走廊对于被包围的其他要素来说,则使它们成为被包围的生境岛。

(3)控制程度

判断基质的第 3 个标准是一个功能指标,看景观元素对景观动态的控制程度。基质对景观动态的控制程度较其他景观要素类型大。

究竟如何综合判断呢?从判断难易说,第 1 个标准(即相对面积)最容易估测,第 3 个标准(即动态控制)最难评价,第 2 个标准(即连通性)介于两者之间。在实际工作中,首先应对一个景观计算其相对面积和连通性水平,如果某一景观要素的面积远远超过任何其他要素,我们可以称它为基质。如果有几个景观类型所占面积类似,则可将连通性最高的要素类型视为基质。如果据上述 2 个标准还不能做出决定,则必须进行野外调查,研究植物种类成分以及它们的生活史特征,估计哪个要素对景观动态的控制作用更大些。然而,在实际研究中,要确切地区分斑块、廊道和基质有时是困难的,也是不必要的。例如,许多景观中并没有在面积上占绝对优势的植被类型或土地利用类型。再者,因为景观结构单元的划分总是与观察尺度相联系,所以斑块、廊道和基质的区分往往是相对的。此外，广义地讲，基质可看作是景观中占主导地位的斑块，而许多所谓的廊道亦可看作狭长形斑块。

9.2.1.4 网络

在景观中，廊道常常相互交叉形成网络，使廊道与斑块和基质的相互作用复杂化。景观网络是联系廊道与斑块的空间实体。各景观组分间的交互作用必须通过网络，并藉此产生能量、物质及信息的流动与交换，因此，网络内部"流"的作用便可用以说明网络的主要功能。影响其功能的空间结构因素主要包括内部节点、廊道、网络自身的环度与连通度和景观格局特征。景观网络的重要性不仅在于维系内部物种的迁移，还在于其对外围景观基质与斑块的影响。由于空间结构单元的差异，景观网络可进一步区分为廊道网络和斑块网络。其中，廊道网络由节点与连接廊道所构成，分布于基质之上，节点则位于连接廊道的交点或连接廊道之上，在形态上又可进一步区分为分枝网络(branching network)和环形网络(circuit network)。因此，网络连线和结点的结构属性，最后可扩展到整个网络的属性。

网络具有一些独特的结构特点，如网络密度(network density，即单位面积的廊道数量)、网络连接度(network connectivity，即廊道相互之间的连接程度)以及网络闭合性(network circuitry，即网络中廊道形成闭合回路的程度)。廊道常相互连接而形成环绕景观要素的网络。除了这些特性外，网络还有如下特点。

(1)结点

景观中的的许多线装地物，如道路、沟渠、树篱等，可以相互连接形成网络。网络中的交叉点(cross point)或终点(end point)又称结点，其连接类型是网络的一个重要结构的特征。

结点通常可起到中继点(站)的作用，而不是迁移的目的地。中继点上常出现对流的某种控制，如扩大或加速物流，降低流中的"噪声"或"不相关性"，以及提供临时的贮存地。沙漠中的小片绿洲可作为沙漠动物迁移的重要中继点(站)，这里可以提供食物，淘汰弱兽，以及供这些动物临时休息。此时，结点间的相对位置对物流的作用至关重要。

构成交叉效应的机制是由于小气候的变化，如风速降低、树阴多、空气和土壤湿度大、土壤有机质含量较高、温度变化小等。

(2)等级

在树枝状网络中，从一级源水溪流到高级别的河流的溪流顺序系统是一个非常熟悉的等级系统。在直线网络(环路占优势，如铁路网络)中相类似的是支线、干线及桥线系统。

网络等级的一个重要特性是在特定水平上连线差异的程度。在考虑某一级别上的连线时，必须在相邻的更高一级的及更低一级的或同级不同方面进行考虑。基本上，树枝状网比直线网更具有级别差异。

等级也应用于结点，如森林斑块和人口中心的不同大小。这里"重力模型(gravity model)"有时应用于地理学，以评估结点之间的相互作用。这个模型指示的是结点之间移动或流动的速率首先依据连线的距离，其次是结点的大小。

(3)网眼大小

大部分树篱或防护林网络呈矩形网格状。网络内景观要素的大小、形状、环境条件、物种丰度和人类活动等因素对网络本身都有重要影响。由于物种在完成其功能(觅食、护巢、繁殖)时对网络线间的平均距离或面积相当敏感,因此网眼大小(grain size)或粒度也就成了网络的一个重要特征。具体地说,网眼大小可以用网络线间的平均距离或网线所环绕的面积来量度。

不同物种对网眼大小的反映不同。例如,农田防护林网络,其网眼大小是以防止农田风沙危害又方便耕作为目的而设计的,或者说,它是适宜人类活动的尺度。但农田内的昆虫、田鼠以及空中捕食虫和鼠的鸟类对同一网络就会有不同的反应。对于某些昆虫,如蚜虫来说,平均面积为 $4hm^2$ 农田防护林的网眼简直是大不可及的;而对于猫头鹰之类的捕食者来说,这种大小的网眼可能算不了什么。

道路网络的网眼大小对一些野生动物的觅食、筑巢和迁移也起着非常重要的作用。例如,啮齿类动物白天活动时一般会避开交通繁忙的公路;鸟类虽然可以飞越道路,但其巢穴一般会远离大路和其他人类活动较频繁的地方,觅食时也有一定的选择性。所以,辽河三角洲 $8 \times 10^4 hm^2$ 的苇田对丹顶鹤的潜在容量虽然可以达近80对,但实际上每年只有30多对在这里育雏(胡远满 等,1999)。道路网络的网眼大小可以用道路密度(km/hm^2),即,通过单位面积内的道路总长度来间接度量。

此外,网眼大小在采伐作业和农业经济方面也有一定意义,如适当的道路密度可以减少木材运输的费用;而田块的大小也与农田耕作方式密切相关。劳动密集型的农田大都比机械化耕种的农田田块要小得多。

(4)结构连通度

结构连通度在经济学上和运输学上是非常重要的,例如,确定一系列城市间的最短路线,最多和最少的连接地区,加入一个连线的最佳位置,对分裂和不连接网络最敏感的连线,和其他类似于从事旅游业人的时间和距离最佳的问题。这样的问题可能与了解网络生态学有关,但现在只是停留在理论上。许多的证据存在于沿着单一廊道运动的动物和迁移的植物。但是,沿着网络的运动的实验证据很少有记载。捕食者(如野猫和犬类)会在晚上沿着习惯的泥路和交点移动则是一个例子。尽管通过直线网络移动在生态学上有用的证据很少,但有关 α 指数、β 指数、γ 指数的理论却被普遍接受。

最后,网络功能意义也建立在网络与其本底的相互关系上。在结点上发生的能量的流进流出,是沿着短的或网络末端的连线流动或是沿着所有连线的长度?车辆在公路网上是在结点的交叉点处或出入口处进入或离开?绝大多数的地面水是沿一级溪流进入树枝状溪流网络,就像二氧化碳和氧气在人体内沿着狭窄的毛细管的进行交换一样。尽管矿质元素沿着溪流网络可能会进入任何一个地点,兔子可能沿着树篱网络在任何一点出现享用农民幼嫩的谷物。简言之,在网络和本底之间移动的物体对不同的网络结构有较高的敏感性。

9.2.2　城市景观总体结构

9.2.2.1　景观多样性

景观多样性(landscape diversity)是指景观单元在结构和功能方面的多样性,它反映了景观的复杂程度。景观多样性主要研究组成景观的斑块在数量、大小、形状和景观的类型、分布及其斑块间的连接性、连通性等结构和功能上的多样性，它与生态系统多样性、物种多样性和遗传多样性在研究内容和研究方法上有所不同。景观多样性可区分为景观类型多样性(type diversity)、斑块多样性(patch diversity)和格局多样性(pattern diversity)，各种类型均具备一些数量化指标。类型多样性是指景观中类型的丰富度和复杂性。类型多样性多考虑景观中不同的景观类型(如农田、森林、草地等)的数目多少以及它们所占面积的比例。类型多样性的测定指标包括类型的多样性指数、优势度、丰富度等。斑块多样性是指景观中斑块(广义的斑块包括斑块、廊道和基质)的数量、大小和斑块形状的多样性和复杂性。斑块多样性的测定指标包括景观中的斑块数目、面积、形状、破碎度、分形维数(fractal dimension)等。

　　景观多样性指数可分为斑块水平指数(patch – level index)、斑块类型水平指数(class – level index)以及景观水平指数(landscape – level index)。斑块指数往往作为计算其他景观指数的基础，而其本身对了解整个景观的结构并不具有很大的解释价值。而在景观水平上，可包括 Shannon – Weaver 多样性指数、Simpsion 多样性指数、均匀度指数和聚集度指数等。

(1)景观丰富度指数(landscape richess index)

景观丰富度 R 是指景观中斑块类型的总数，即：

$$R = m$$

式中：m 为景观中斑块类型数目。

　　在比较不同景观时，相对丰富度(relative richness)和丰富度密度(richess density)更为适宜，即：

$$R_r = \frac{m}{m_{max}}$$

$$R_d = \frac{m}{A}$$

式中：R_r，R_d 分别为相对丰富度和丰富度密度；m_{max} 为景观中斑块类型数的最大值；A 为景观面积。

(2)景观多样性指数(landscape diversity index)

多样性指数 H 是基于信息论基础之上，用来度量系统结构组成复杂程度的一些指数。常用的包括以下 2 种。

　　①Shannon-Weaver 多样性指数(有时亦称 Shanno-Wiener 指数，或简称 Shannon 多样性指数)：

$$H = - \sum_{i=1}^{n} (P_i \ln P_i)$$

式中：P_i 为斑块类型 i 在景观中出现的概率(通常以该类型占有的栅格细胞数或像元数占景观栅格细胞总数的比例来估算)；n 是景观中斑块类型的总数。

　　②Simpson 多样性指数：

$$H' = 1 - \sum_{k=1}^{n} P_k^2$$

式中：n 为景观中斑块类型的总数，R_k 为 k 斑块景观中所占块数的比例，$P_k = 1/n$。

（3）景观均匀度指数（landscape evenness index）

$$E = \frac{H}{H_{\max}} = \frac{-\sum_{k=1}^{n} P_k \ln(P_k)}{\ln(n)}$$

式中：H 为 Shannon 多样性指数；$H_{\max}$ 为其最大值。均匀度是指不同类型斑块的相对多度，它强调相对优势度或均衡度。

9.2.2.2　景观异质性

景观异质性是指景观或其属性的变异程度。景观本质上就是异质性的，异质性是景观的一个根本属性，Risser（1987）指出："由于景观组分间的内在差异以及中小规模的干扰，通常引起异质性，没有任何景观可以自然地达到同质性。"因此，异质性是绝对的，而同质性是相对的。从来源来看，景观异质性有 3 个组分（肖笃宁 等，1997，2000）：空间组成（生态系统的类型、数量和面积比例）；空间构型（生态系统的空间分布、斑块形状、斑块大小、景观对比度、景观连通性）；空间相关（生态系统的空间关联程度、整体或参数的关联程度、空间梯度和趋势度、空间尺度等）。

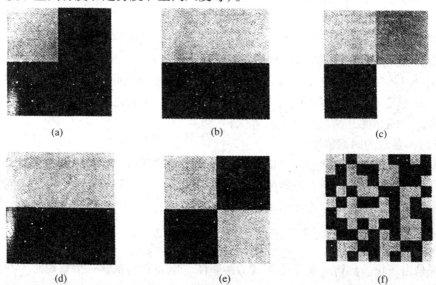

图9-2　景观异质性组成，从（a）到（c），异质性随景观要素和比例增加而增加；从（d）到（f），在相同格局下，异质性随景观要素在空间分布变化而增加（引自 Burel & Baudry，2003）

城市景观是以人的干扰为主形成的景观。由于城市范围局限在城区内，从空间格局来看，城市是由异质单元所构成的镶嵌体。城市景观的异质性来源主要由人工产生，街道和街区共同构成城市景观的基质，此外还有公园等大面积绿地。这些基质本身亦由不同大小的斑块、廊道组成。城市中的公园、广场、道路及建筑等景观要素以一定的组合方式构成一个异质性的城市景观。从生态系统的性质来看，城市景观主要由 2 类生态系统构成：一是只能维持非常简单营养结构的自然生态系统；二是以人为主体包括人类生产、生活资料的输入、废物的排放与产品的输出的人工系统，可作为城市生态系统的能量流动。

（1）城市景观空间异质性

①城市景观的水平异质性：公园、道路、广场及建筑等性质各异，功能各不相同。公园绿地中多以人工栽植的观赏植物及人工挖掘的水面为主，发挥着重要的生态、社会功能，是城市的"肺"。作为绿地的斑块，由于植物种类不同，也形成了各具相貌的绿地异质性。道路、街道网络起通道作用，它们贯穿于整个城市景观，形成了许多引进斑块。正是这些道路、街道网络增加了城市景观的破碎性及异质性。同时，由于城市景观功能区的存在，使得城市景观分为商业区、工业区、住宅区及文化区等，而各功能区的性质不同，对城市景观的效应亦不同，如工业区，特别是重工业区，污染严重，从而使得重工业区上空的空气透明度低，悬浮物多，污染物浓度高，而住宅区和文化区污染相对较低。对于道路廊道而言，由于汽车流量大，因此其附近含铅的汽车尾气污染物含量高于其他景观要素，噪声污染亦是如此。就景观某一要素而言，其内部亦存在景观异质性。例如，公园内有水体、树林、草坪、建筑及硬质铺装场地等，这些不同性质的地块组合在一起形成了供人们娱乐、休息和消遣的公园。再如，道路廊道的组成要素为绿化带和车行道。广场作为斑块，其内部亦存在着景观异质性。建筑以其不同的功能与其所处的区位形成景观异质性。

②城市景观的垂直空间异质性：城市是一个高度人工化的景观，高楼林立，因此使得城市景观粗糙度大，在垂直方向上亦表现出异质性。垂直异质性一方面表现为尺度的差异，建筑物因高度不同呈现出垂直方向的参差不齐；另一方面表现为空气的构成。城市景观中，一般情况下车多人多，使得近地面空气中尘埃、一氧化碳、二氧化氮及二氧化硫等浓度较高，并随高度升高而浓度逐渐降低。

（2）城市景观的时间异质性

时间异质性是物质空间随时间的推移所表现出来的不均匀性，同时空间异质性会导致时间的异质性，如南侧植物开花时间早于北侧，这个由于空间异质性导致的时间异质性延长了城市整个植物的花期，为城市增添了一份美丽。

9.2.2.3　景观格局

景观是由斑块、廊道、基质等构成的镶嵌体。但在我们观察一个景观时，在我们头脑中反映的是一真实的景观综合体，绝不仅是由景观要素相加构成。景观要素可能构成各种镶嵌体（构型），也称为空间格局。景观格局的显著特征之一就是可以及时准确地反映景观动态变化的基本过程，这就需要进行景观格局分析，从看似无序的景观斑块镶嵌中，发现潜在的有意义的规律性，以确定产生和控制空间格局的因子和机制，比较不同景观的空间格局及其效应，探讨空间格局的尺度性质等。肖笃宁等（2002）对景观格局构型进行了综述，如图9-3所示，将景观格局分为了以下8种类型，这些格局类型是自然界和人为影响形成的常见格局，相互之间无优劣之分，只有生态功能的不同。

在每一景观中仅包括2种组分（生态系统和土地利用类型），由黑色和白色表示。树枝状例子则兼有网络和散布的2种景观类型的特征。

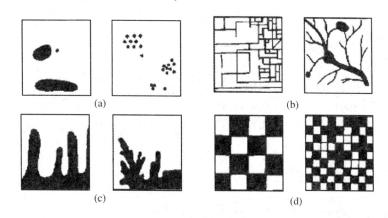

图9-3 4种基本景观类型(引自肖笃宁等，1997)

(a)斑块散布型(scattered) (b)网络型(webbed)

(c)指状型(finger like) (d)棋盘型(chess bord like)

城市景观格局及其变化反映了人类活动和自然环境等多种因素的共同作用，同时又对城市生态环境、资源利用效率、居民社会生活及经济发展产生积极或消极的影响，因此对城市景观格局的变化及其驱动机制的研究是城市景观生态学研究的重点，也是城市景观生态规划的基础。另外，对城市区域进行景观格局及其生态过程研究，为解决城市问题提供了新的思路。

城市是以人工生态系统为主构成的景观，斑块、本底、廊道、边界构成了一个完整的城市景观空间格局。人类是城市中的主体，城市景观结构及格局主要规划者根据人类的需求来设计，使城市更好地服务于城市居民。有学者对城市景观格局特征进行了分析，发现城市化过程没有造成景观整体和景观类型严重破坏，但是主要景观斑块类型集中分布现象突出，不利于边缘效应的发挥。人类活动强烈影响着城市景观的自然条件、水文状况、气象特点、地表结构、动植物区系等。城市的景观能在一定程度上反映当地的文化特色和经济发展状况。城市景观中的景观要素及要素之间的生态过程都严重受到人类的作用或影响，明显地突出了人类在城市中的主体作用。人类活动的复杂性、多变性导致土地资源的开发、利用状况十分复杂，使城市景观呈现出"高度破碎化"的显著特征，即众多的景观单元、斑块被人工分隔。城市中发达、便利的交通网络形成城市景观的骨架，将城市分成大小不同的斑块，是形成景观破碎性的重要因素。城市景观的破碎性对城市的生态过程和功能有重要作用，但是景观破碎化也是生物多样性丧失的重要原因之一。城市景观的异质性来源主要是人工产生的，如城市中的道路、街道、建筑物、广场、行道树、运河、护城河等都是人工兴建、栽植和开挖的。除此之外，还有自然原因形成的，如城市中的河流等。城市景观格局的空间异质程度可能是受尺度影响最大的景观类型。景观生态学中强调景观异质性的绝对性和同质性的尺度性。在某尺度下的城市异质景观或景观要素，在更大尺度上观察时其中的异质性可以被忽略，而在更小尺度上则表现出较强的异质性。

9.3　城市景观功能

　　景观功能表现为景观要素之间的相互作用、相互联系、相互依存，实质上是由能量和物质在景观要素之间的流动引起的。对于一个斑块来说，要了解与周围环境的相互作用，也要了解其他斑块对它的影响和作用。整个景观表现出的功能，是整个景观要素相互作用的结果。

9.3.1　景观功能的定义

9.3.1.1　景观生态流

　　景观生态流是指物质、能量和物种在景观要素间的流动过程，即空气流、水流、养分流、动物流和植物流。在景观层面，需关注生态流的动力、媒介物、运动方向和距离以及运动格局。具体的，如植物繁殖体传播散布方式及其分布区变化，动物的运动方式及其分布格局。

9.3.1.2　景观功能

　　景观功能是指景观生态系统对各种生态过程（物质、能量、信息、物种）、时空过程的综合调控过程。广义上，生态过程所包含的内容更广，如生态系统的演化过程，风、光、地质和人为活动的影响，景观格局和生物多样性的变化等。景观生态过程的具体体现就是各种形式的流：物流、能流、物种流、信息流，甚至心理流。人类对景观利用和管理的主要目的就是在时间和空间上通过对景观格局的优化，调控各景观要素之间的相互关系，使景观要素间流有序、健康、持续地运动，并最大限度地利用各种流为人类服务。

　　景观的基本功能可理解为景观要素间能量、物质流动及景观要素的相互作用。因此，景观生态过程发挥景观基本功能，同时表现出总体景观的一般功能：景观的生产功能、生态功能、美学功能以及文化功能。如城市景观依赖化石能源，生产各类物质性及精神性产品，完全改变自然景观的结构、格局与功能。

9.3.2　城市景观过程与功能

　　在人类出现以前，自然景观依照本身的自然节律和变化周期演变与发展（Forman and Godron，1986），自然干扰尽管无时不在，然而随着时间的演替，自然景观逐渐适应了干扰过程，形成了适合不同格局的人工景观。从一定意义上说，人们所看到的某一景观现象或景观格局就是某一时刻景观变化过程的瞬间平衡，不同类型的景观生态系统具有各自的景观功能。

9.3.2.1　城市等级系统

　　世界各地的城市发展情况相似。早期的城市只是较多人口集中居住的地方，周围环绕着农田耕地，城镇周围农田耕地生产的食物和其他农产品运往城里；城镇提供农耕工具和其他物品给附近农场。农业生产所需肥料从城里归还到农场耕地的途径，在化肥尚未应用的年代，这种养分循环途径很重要。那时世界上很多地区的农民，经常到城市内外收集人粪和垃圾废料，运往地里作为肥料。通过这种方式和途径，农村与城市紧密联系起来，成为连环式的物质循环，城里的废弃养分得以再循环回农田，保持了耕地的生产力。然而随着化肥的出现和广泛施用，这种养分循环方式在世界上几乎完全中止了。

由于人口和能量应用的增加，早期城市扩大，周围农村的耕地常被城市占用，养分再循环因而中断。城市发展出现2个最严重的问题：一是原有的农耕地丧失，被街道、停车场和建筑物取代；二是垃圾废物不再循环回农耕地，到处丢弃，污染河流湖泊。早期城市多建立在货物运输便利的沿海地区或陆上交通要道。随着人口的增长及城市周围的发展，建设了很多新的道路和小城市。现在，乡村地区和各种道路与城市构成的景观，系人口和能源应用大为增长的情况下，在过去城市模式的基础上发展出来的结果。

城市景观的立体空间结构，可按等级加以描述。许多年来，一些研究人员和科学家已经注意到城市地区的组织结构和布局的等级关系。在一个地区范围通常分布有许多小城市、几个中等城市和1个或2个大城市。城市景观等级关系形成的原因之一，是商品和服务设施的布局。大城市进口和生产商品，在布局上起中心枢纽作用，其拥有的各种丰富商品与服务设施可输送分布到中等城市，再从中等城市分散到小城市。形成城市景观等级关系的另一个原因是能量的聚集。能量从乡村小城镇汇集到中等城市，再到大城市。换言之，等级关系是能量聚集的结果，由很多小城市汇集起来的能量维持一个大城市，这如同很多昆虫和啮齿动物的能量维持一只捕食的鸟。实际上我们可以把城市景观的等级关系理解为生态系统的食物网，大城市给小城市提供反馈（商品、设备和劳务技术等）是必要的，这有助于大城市控制整个网状城市系统。

不但一个地区的城市景观具有等级关系，每城市的结构也呈立体等级排列。城市中心总是最繁华，拥有最大的建筑群、最密集的人口以及最大量流动的能量。从城市中心向周围辐射的活动圈逐渐变小，离中心越远越冷落。虽然城市四周也可能有一些较集中的活动场所，如购物中心和工业区，但间隔距离越来越远；街道也从市中心向外辐射延伸，直至城市外围，但越来越小，行人也越来越少；城市马路把各活动场所与市中心联结起来，夜晚从空中观察街道排列特别清楚，灯光有如天上的星星在街上移动，条条马路从市中心向外伸展，宛如手臂。

一个城市的能流、物流如图9-4所示。城市工业生产过程的实施与完成需通过商业部门，有的产品卖给市民，有的提供给政府部门，有的外销。城市居民为工业、商业和政府机关提供劳力。政府各部门如卫生、教育和政法部门，对城市其他部门起控制作用。为支付政府各部门的费用，政府向公民、工业和商业部门征收税赋，所有城市均与政府发生关系。公民交税，同时亦得到养老及健康福利。地方政府也征税，用于支付警察、法院、社会福利和办学费用。出口外销商品换取的钱，多用于购买物资、设备和燃料。所谓"货币循环"的说法，确切来说系指货币的用途。货币通过城市经济而循环流动。通过出口销售商品和政府的收入，货币流进城市；然后货币在经济体系内循环流动；最终又流出城市，或者用于购买商品、设备和燃料，或者成为税金。

可更新的太阳能、风能和雨水的能量（若城市坐落于海岸，还有海潮和海浪的能量），直接关系到工业生产和人民生活，具有重要作用。人们都很喜欢公园的植物和野生生物，

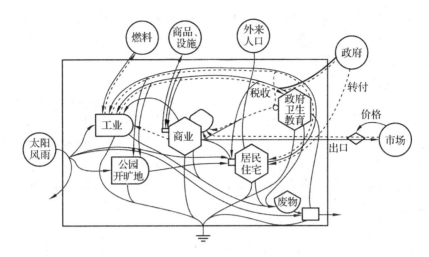

图9-4 城市能量系统(引自 E. P. Odum, 1987)

但可能很少注意到可更新能量给城市带来的好处和作用的巨大贡献：是风吹散了工厂产生的烟雾；是河流、湿地的水带走了来自工厂和住宅区的废物污水；经污水处理厂处理的城市污水，最后释放到自然环境中去，如图9-4右下方所示，积聚的城市废物在那里经处理后释放出去，离开城市。对城市影响很大的另一个问题是外来人口。许多城市的人口持续增长，给城市各个方面带来压力，政府为此必须加强治安保卫力量，修建更多道路、图书馆和学校。原来空旷的地方也要用于铺路或建房，以适应住宅或停车场的增加。

由于人口增长，政府要支付更多钱来增加各种设施，为此需要提高税收，使征税的税金赶得上增加设施的需要。在城市变得过于拥挤不堪时，市民便寻找别的去处，迁移到纳税较少的地方去，寻找"高标准的生活"。由于城市燃料日趋紧张，越来越贵，人们纷纷迁出市区，先是迁往郊区，继而向往乡村地区，这是一种新趋势。随着城市预算削减，服务设施的减少，城市必然向分散的方向发展。将来发展下去，人们可能不再拥有自己的花园，靠公共交通、步行或骑自行车上班；城市将不再那么拥挤繁忙，犯罪也会减少；一些工厂企业也准备迁到自然能量更多、面积开阔、住房便宜、可为企业职工创造更好生活条件的地方。

9.3.2.2 住宅小区系统

图9-5为一个典型住宅小区模型。住宅区的草坪和风景绿化区域，吸收利用太阳光和雨水。太阳光使周围环境(有时称为小气候)的温度升高，阵阵微风则有助于小气候温度的下降，住宅周围树木蒸腾的水分也能驱散一些热气。土壤的养分是草地、灌丛和树木生长所必需的。刈草时养分随草而损失，必须施肥补充。许多居民花费不少时间料理住宅周围草地，种花、刈草、规划，周而复始地消耗能量。很多昆虫都是害虫，一类啃吃植物，另一类危害人的健康。使用农药杀虫也危及周围环境系统的鸟类、松鼠和其他小动物，在杀死昆虫的同时亦伤害了以昆虫为食料的鸟类及其他小动物，这些被毒杀的昆虫和鸟类均成为废弃物离开住宅区系统。

不言而喻，住宅区最重要的是人，居民是整个系统的最高消费者。居民在当地经济体

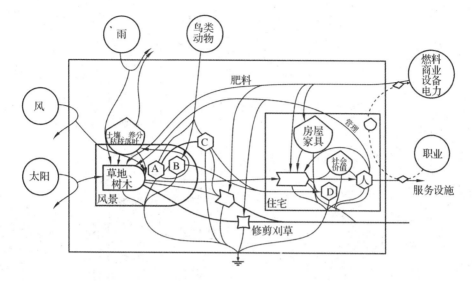

图9-5 人居环境能量系统(引自 E. P. Odum, 1987)

A 昆虫 B 小动物 C 鸟 D 宠物

系中工作，与经济发生关系和取得经济收入，挣来的钱用于支付水电费、购买商品与物资。环绕中心城市的住宅区是最主要的消费者系统，居民消费水电、商品与各种服务设施，而提供的主要是劳务。每一住户一般最少有一个或几个成员在工厂、商业或政府机关工作，因而居民住宅区为现代经济系统的生产过程提供了劳动力。城市居民住宅区的另一产物，是排出的垃圾废物和污水。这些东西的处理成为一个大问题。污水汇集太多，流往不适当的地方将造成污染，恶化环境；城市排出的污水中含有化肥、农药等化学物质，损害周围环境。城市垃圾集中到垃圾场或掩埋在地里，也成为难以解决的问题，垃圾中的化学物质和其他有毒物质会渗透到地下水中，造成污染。发达国家的许多居民住宅拥有草地和花园，这些设施从经济角度而言是不必要的，而且为了维持这些设施，邻居互相影响，造成一种无形的社会负担。保持这些草地和花园，还要使用机械，消耗能源。在燃料紧张，燃油昂贵的今天，费工耗能料理这些景物，还不如像世界其他许多地方所做的那样，以更有价值的家庭菜园取代花园和草地。

9.4 城市景观动态

景观变化实质是景观的结构和功能随时间所表现出的动态特征，也称景观动态，如图9-6所示。这种变化来自于景观的本身，也受到自然因素和人为因素的影响。景观变化可以是一个规律性的相当缓慢的过程，甚至我们在一定程度上感觉不出这种变化，也可以表现为突发的非规律性的灾变，如各种自然灾害和人为灾害。

9.4.1 景观稳定性的概念

景观无时无刻不在发生着变化，绝对的稳定性是不存在的，景观稳定性只是相对于一定时段和空间的稳定性。景观又是由不同组分组成的，这些组分稳定性的不同影响着景观

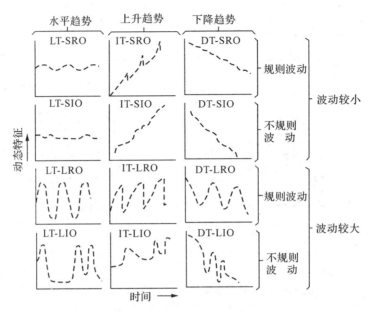

图9-6 景观随时间变化的一般规律（引自 Forman，1990；傅伯杰，2001）

注：曲线包括总趋势、波动幅度和韵律3个基本特征。图中英文是3个基本特征的缩写。

整体的稳定性。景观要素的空间组合也影响着景观的稳定性，不同的空间配置影响着景观功能的发挥。人们总是试图寻找或是创造一种最优的景观格局，从中获益最大并保证景观的稳定和发展，事实上人类本身就是景观的一个有机组成部分，而且是景观组分中最复杂、最具活力的部分。同时，景观稳定性的最大威胁恰恰是来自于人类活动的干扰，因而人类同自然的有机结合是保证景观稳定性的决定因素。

当景观生态系统受到干扰时，稳定性就表现为系统2种完全不同的特征：一是恢复，表示系统发生变化后恢复到原来状态的能力，可用系统恢复到原状所需的时间来度量；二是抗性，表示系统抵抗外界变化的能力，可用阻抗值来表示，该值是系统偏离其初始轨迹的偏差量的倒数。一般来说，景观的抗性越强，也就是说，景观受到外界干扰时变化较小，景观越稳定；景观的恢复性（弹性）越强，也就是说景观受到外界干扰后，恢复到原来状态的时间越短，景观越稳定。因此，判定某一景观的稳定性，其内容如下：①景观基本要素是否具有再生能力；②景观中的生物组分、能量和物质输入输出是否处于平衡状态；③景观空间结构的多样性和复杂性是否能维持景观生态过程的连续性和功能的稳定性；④人类活动的影响是否超出景观的承受力。

9.4.2 城市景观动态及影响因子

景观动态是景观遭受干扰时发生的现象，是一个复杂的多尺度过程，对绝大多数生物体具有极为重要的意义。景观动态分析是景观结构和功能随时间的变化过程，实质上包括了不同组分之间复杂的相互转化，是目前景观生态学研究中的一个新热点。

9.4.2.1 城市景观动态变化

城市景观动态变化研究是目前最受瞩目的景观动态变化研究领域，其重点是弄清在特定社会经济发展背景和资源禀赋条件下，城市建设用地的膨胀规模，时空分布特征和景观格局重建特点，研究城市景观与周边其他景观类型之间的相互作用和影响，探讨其动态变化的过程特点和内在驱动机制，预测未来的发展走向和可能遇到的约束问题，为城市发展进程设计和景观整体规划提供科学的决策依据。

在人类历史时期，景观变化已经在不同的时间和空间尺度发生。从人类历史发展看，在人类早期的刀耕火种时期，人类依赖于自然资源和条件，人类活动对景观变化的影响较小。人类进入农业文明，人类开始把林地、草地转化为农田，引进农业技术、工程，自然的景观转化为农业景观，也出现了不少田园化景观和可持续农业景观。但随着人口增加和工业化发展，人口的迁徙和空间分布扩展，特别是 20 世纪工业现代化、农业集约化以及城镇化发展，导致大量传统的自然和人文景观退化，从而不可避免地出现了全球性的生态环境问题。人类活动也被视为影响景观动态变化的主要因素。

人类活动对景观变化影响方式包括在土地利用、大型工程建设、城市化规模扩展等多方面。不合理的土地利用除直接造成土地覆盖的变化，导致地表下垫面的改变，从而引发气候、水文和地质灾害等问题。大型工程的兴建，如水电站、小城镇、飞机场等是点状工程；防洪大堤、人工开凿的运河等是线状工程；相邻点状工程扩展连接、镶嵌形成大的集群或斑块，如大城市群。城市化规模扩展包括乡村城镇化、城市巨型化和城市区域化，城市化给人类带来经济和社会效益的同时也带来许多生态环境问题，突出表现在对自然生态系统的破坏和污染物的产生与排放。人类活动及其影响对地球环境的干扰，使得地球的土壤圈、水圈、气圈和生物圈不断变化，其中许多剧烈的变化表现为自然灾害的加重，如干旱、洪水、沙漠化和泥石流。另有一些变化则表现为新灾害的发生，如酸雨、赤潮和疾病传播等。

因此，城市景观高密度的社会经济活动以及某些阶段性的快速发展过程往往对其内部和周边地区产生显著的生态影响。随着城市发展水平的不断提高、结构和功能不合理性的不断累积，各种生态矛盾往往会在某些特定发展阶段集中爆发出来。因此，围绕现代人居环境建设的需求进行城市景观生态恢复和生态合理性建设，就成为城市景观生态应用研究的重要内容。

9.4.2.2 城市景观动态影响因子

景观变化的影响因子一般可分为 2 类：一类是自然因子，另一类是人为因子。自然因子常常是在较大的时空尺度上作用于景观，它可以引起大面积的景观发生变化；人文因子包括人口、技术、政经体制、政策和文化等因子，它们对景观的影响十分重要，但还需要进一步研究它们同景观作用的方式、影响景观的程度以及确定它们和景观之间关系的研究方法。

景观变化的自然因子主要指在景观发育过程中，对景观形成起作用的自然因素。例如，地壳运动、流水和风力侵蚀、重力和冰川作用等，它们形成景观中不同的地貌类型；气候的影响可以改变景观的外貌特征；景观的变化同时伴随着生命的定居，植物的演替，土壤的发育等过程；火烧、洪水、飓风等自然干扰也能够引起景观大面积的改变。而在景观的动态变化中，自然和人的因素的作用经常是交织在一起的，人既是生物的一部分，又是基因和环境的导向因子。在地球的各个角落，几乎每一个生态系、土壤、植被都打上了人类活动的印痕。

史前人类对景观的最初影响就是捕捉可食的动物、采摘可食的植物，这种捕食活动并不比黑猩猩对景观的影响更为严重。工具的发明使人类具备了大规模的改变景观的基本手段，但是当时从简单的石具到复杂一点的弓箭对景观的影响都还是微小的。火的发明使人们开始有意识地利用火(如火烧)，人类才开始大面积地改变了景观格局。农业革命使得大量农业生态系统出现，此时意味着纯粹的自然景观开始转变为各类人为景观，人类对景观的影响力和频率也迅速增强。以后，随着城市文明的发展，产业革命爆发，工业化社会开始，人类开始疯狂消耗资源，产生如水、粮食和污染等各种全球性的环境问题，生态环境遭到更加强烈的破坏，人类开始给景观以及土地带来各种形式的大规模冲击。

在人为影响因子的作用下，景观的变化主要表现在土地利用和土地覆被的变化中。土地利用本身就包括了人类的利用方式及管理制度，土地覆被是与自然的景观类型相联系的。

城市景观大致由2个景观元素组成，即街道和市区，其中零星分布有公园和其他不常见的景观特征。城市的空间结构一般存在3种模式，如图9-7所示。在同心圆模型中，各区依次环绕中心商业区，各方向大体相似。在楔状扇形模型中，某种特定类型区往往从中心商业区延伸到市区边缘，所以城市的不同方向上有不同区域。在多核心模型中，围绕中心商业区形成一个不对称的镶嵌结构。

很少的动植物种能在现代城市中繁衍生长，生物系统的物种总是因人类的需要而发生两极分化。广阔的街区廊道网络贯穿整个城市景观，形成密度大而且面积相近的引进斑块群。偶尔出现河流廊道、城市小片林地以及运动场或墓地，它们对于生物群落都是重要的。

由于整个城市生态系统不能利用太阳能获取能量，而只能从周围环境中获得能量，因此城市景观的平均净生产力呈负值。

特大城市是指城市向四周持续不断地扩展，形成许多被郊区包围的城市。特大城市化的结果是形成巨大的城郊景观。郊区内的小城市中心只是一种特殊类型的景观元素。特大城市绝不是处于稳定性的顶峰上，由于

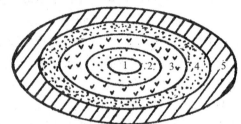

同心圆模型(1表示中心区)

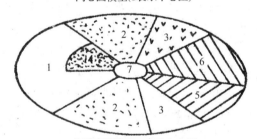

楔状扇形模型(7表示中心区)

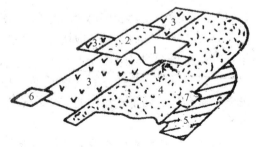

多核心模型(1表示中心区)

图9-7　城市空间结构的3个模型
(引自 T. George, Miller, 1979)
注: 1～7 表示不同功能区

特大城市的输入与输出都很大，它比任何其他景观更具有依赖性，需要大量的化石燃料来维持其正常运转。

总结从自然景观到城市景观的空间格局特征的变化，可以得出如下发展趋势：①引进斑块增加，干扰和环境资源斑块减少；②斑块密度增大，形状日渐规则，面积变小；③线状廊道和网络增加，河流廊道减少等。

本章小结

随着人类社会经济的迅速发展，城市化已成为必然趋势。人口在城市聚集，城市扩张及相伴而生的环境问题愈演愈烈，一些直接和间接的负面效应也因人们在城市化进程中的管理和决策不完善而不断凸显。直到 20 世纪 80 年代末期，学者陆续运用土地利用现状图、卫星航片、遥感影像对城市景观格局进行研究使其快速发展。研究发现，城市建设和城市景观格局的变化，引起许多自然现象和生态过程的变化，直接影响到人类生存质量，所以研究城市景观演变及其对环境的影响，对于了解区域环境乃至全球环境变化具有重要意义。这些研究主要集中在城市景观格局特征及动态变化、城市景观格局变化的生态环境影响、城市景观生态调控和建设以及城市景观格局动态变化的驱动机制等方面。因此，城市景观格局影响着众多生态过程，如生物多样性、初级生产力、物流过程、能流过程、局部气候等。这些影响有正面的，也有负面的，而且负干扰往往会产生环境问题。目前，城市景观格局研究已成为城市景观生态学研究的一个热点问题。因此，本章以城市这一特殊景观为主线，从其概念、空间结构、功能动态为主体内容，阐述其特殊性以及与自然景观的异同。根据景观生态学原理和方法，合理地规划城市景观空间结构，使斑块、基质、廊道等景观要素的数量及其空间分布合理，使信息流、物质流与能量流畅通，使景观不仅符合生态学原理，而且具有一定的美学价值，为适合人居住提供理论基础。

思考题

1. 城市景观与自然景观的主要区别是什么？
2. 应用所学知识探讨如何研究城市区域扩展带来的景观格局的变化及城市热岛的变化问题。

本章推荐阅读书目

1. 景观生态学原理及应用. 傅伯杰，陈利顶，马克明，等. 科学出版社，2001.
2. 景观生态学——格局、过程、尺度与等级. 邬建国. 高等教育出版社，2000.
3. 景观生态学. 肖笃宁，李秀珍，高峻，等. 科学出版社，2003.

10 城市生态评价

城市建设带来了越来越多的生态环境问题，生态城市建设是解决这些问题的良好途径。城市生态学的首要任务不仅在于解释生态系统各成分间的关系，而且在于探索一条生态城市建设的道路。城市生态学研究的最终目的就是为了建设符合生态学规则的、适合人类生活的生态城市。为此，需要对城市现状进行生态评价，对城市进行生态规划，并在此基础上开展生态城市的建设和管理。

10.1 城市生态评价的概念和意义

城市生态评价与城市环境质量评价的关系非常密切，但它们的侧重点又有所不同。《中华人民共和国环境保护法》在"城市环境质量"一节中指出："在老城市改造和新城市建设中，应该根据气象、地理、水文、生态等条件，对工业区、居民区、公用设施、绿化地带作出环境影响评价。"一般做法是：第一步是在待评价的城市中筛选出主要污染源和污染物；第二步是进行单项评价与综合评价；第三步是根据环境质量指数与流行病调查资料，进行环境污染与健康的相关性研究，并在监测的基础上建立数学模型以指导区域环境规划和预测。在评价中通常采用物理化学方法分别对大气污染、水污染、固体废弃物污染、噪声污染及土壤污染进行分析。生物一般作为环境质量的指标，很少对生命系统本身进行评价。

城市生态评价要应用城市环境质量评价的方法和结果，但侧重点是要对城市生态系统中的各个组成成分的结构、功能以及相互关系的协调性进行综合评价，也就是说，城市生态评价是根据生态系统的观点，运用生态学、环境科学的理论和方法，对城市生态系统的结构、功能和协调度进行综合分析评价，以确定该系统的发展水平、发展潜力和制约因素。城市生态评价是城市生态规划、生态建设和生态管理的基础和依据。

10.2 城市生态评价的内容

城市建设的目标是在一定的社会经济条件下，为人们提供安全、清洁的工作场所和健康舒适的生活环境，把城市建设成为一个结构合理、功能高效和关系协调的生态城市。因此，城市生态评价一般从城市生态系统的结构、功能和协调度3个方面着手进行。

10.2.1 城市生态系统的结构评价

城市生态系统的结构指系统内各组分的数量、质量及其空间格局，包括人群、生物环境与非生物环境。一个生态化的城市要有适度的人口密度、合理的土地利用、良好的环境质量、完善的绿地系统、完备的基础设施和有效的生物多样性保护。

人口的集中是城市的主要特征，适当的人口密度可以增加人群之间的协作，增强人类利用自然的能力，节省时间和空间，并使人们的生活丰富多彩。但城市的人口承载力是有限的。过高的人口密度将导致交通拥挤、住房紧张、环境恶化、情绪压抑、犯罪率增加等一系列问题。因此，不同规模的城市，什么样的人口密度更合适，是一个很复杂的问题。

合理的道路利用包括城市中各类用地的分配比例及用地格局。至于良好的环境质量、完善的绿地系统、完备的基础设施在评价城市生态时的重要性是不言而喻的。这里的生物多样性保护，既包括通常意义上的生物基因多样性、物种多样性及城市群落多样性的保护，也包括城市景观类型多样性的保护。

10.2.2 城市生态系统的功能评价

从生态学角度看，城市有三大主要功能，即生活功能、生产功能和还原功能。城市作为人类的一种栖境，首先要为它的居民提供基本的生活条件和人性发展的外部环境，它决定着城市吸引力的大小并体现着城市发展水平；其次，城市作为一种生态系统，必然和其他生态系统一样，具有生产、消费和还原功能。城市人群不仅参与城市的初级生产和次级生产过程的管理和调节，同时，通过他们的劳动才能增加产品并提高产品的价值，因此人也是生产者。城市生态系统和自然生态系统的最大差别即在于此，这是城市存在的基础和发展的关键。至于城市的还原功能需从2个方面来理解：一方面是指城市中复杂的有机物在自然和人为作用下的分解过程，如垃圾的腐烂和焚烧；另一方面也是指城市环境在一定范围内自动调节恢复原状的功能，如环境的自净能力等。正因为如此才保证了城市活动的正常运转。在这3种功能之间贯穿着能量、物质和信息的流动，由此维持和推动着城市生态系统的存在和发展。城市生态系统的功能高效表现在城市的物流通畅，物质的分层多级利用，能源高效，信息有序且传递迅速及时，人流合理，人们能够充分发挥其聪明才智。

城市的物质流包括自然物质、工农业产品及废弃物的输入、转移、变化和输出。物流的畅通是城市保持活力的关键。城市的生产和生活不断产生废弃物，但从自然界的循环观点来看，并无绝对的废弃物，因为上一环节的废物可能是下一环节的资源。根据这一原理，城市生产和生活过程中产生的废弃物最好的处理方法是模拟自然生态系统，实行物质分层多级利用，变上一生产过程的废物为下一生产过程的原料，大力开展水循环利用和固体废弃物的无害化处理和回收利用,以促进城市生态系统的良性循环。城市物质生产过程中同时进行着能量流动。城市能量流动也是信息最集中的地点,正是由于信息的产生、传递和加工才组织起城市中一切生产和生活活动,并保证城市各种功能的正常运转。城市中信息处理的有序和高效也是生态城市的重要标志。

10.2.3 城市生态系统的协调度评价

城市中的关系协调包括人类活动和周围环境间相互关系的协调,资源利用和资源承载力的相互匹配,环境胁迫和环境容量的相互匹配,城乡关系协调以及正反馈和负反馈相协调等。

人和自然的统一是生态学的核心和追求的目的,它既承认万物之灵和人的无限创造力,但同时又认为人并不能凌驾于万物之上,不遵守自然规律而为所欲为。城市生态的关系协调首先要树立天、地、人统一的思想。人们既要注意发挥主观能动性改造自然,同时又要尊重客观的自然规律而不破坏自然,建立起人与自然和谐发展的关系。对于可更新资源的利用要与它的再生能力相适应,对于不可更新资源的消耗要和它的供给相匹配。"三废"的产生不能超过"三废"处置和自净能力,而要和环境容量相适应。同时,还要注意城市与其周围的乡村和腹地协调与同步发展。城市作为一个生态系统,其中任何一个组分都不能不顾一切的无限增长,而要建立起相互配合的协调机制。由于系统间的关系是多种多样的,极其复杂的,城市管理者的任务就是要处理好这许多关系,使得城市能够持续发展。

10.3 城市生态评价的程序及方法

10.3.1 评价指标建立的原则

城市生态系统是一个复合人工生态系统,因此其评价指标体系的建立在科学上属于复杂的多属性评判问题。它不是一维简单的物理量,而是一个包括物理因素、社会因素及心理因素在内的,由众多属性组成的多维多层向量。其难点在于各分量之间的综合评判方法。但无论如何,这种指标体系应具备一定程度的完备性(能覆盖和反映系统的主要性状)、层次性(根据不同的评价需要和详尽程度分层分级)、独立性(同级指标之间应具有一定程度的独立性)、合理性(可测度、可操作、可比较、可推广)、稳定性(在较长的时期和较大的范围内都能使用)(王如松,1996)。具体可以归纳为以下几点。

①综合性:以城市复合生态系统的观点为指导,在单项指标的基础上,构建能直接而全面地反映城市功能、结构及协调度的综合指标。

②代表性:城市生态系统结构复杂、庞大,具有多种综合功能,要求选用的指标最能反映系统的主要性状。

③层次性:根据不同评价需要和详尽程度对指标分层分级。

④可比性:既充分考虑城市发展的阶段性和环境问题的不断变化,使确定的指标具有社会经济发展的阶段性,同时又具有相对稳定性和兼有横向、纵向的可比性。

⑤可操作性：有关数据有案可查，在较长时期和较大范围内都能适用，能为城市的发展和城市的生态规划提供依据。

10.3.2 指标体系的构建方式

采用层次分析方法构建指标体系，首先确定城市生态评价的主要方面，然后分解为能体现该项指标的亚指标，按此原则再次进行分解，直至最底层的单项评价指标。这里构建了一个3层次的生态城市评价指标结构的框架，如图10-1所示，它们的最高级（0级）综合指标为生态综合指数（ECI），用以评价城市的生态化程度。

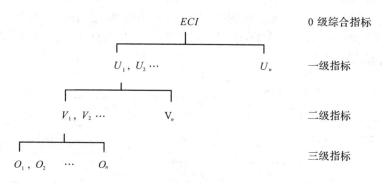

图10-1 生态城市评价指标结构(仿宋永昌，2000)

0级综合指标为生态综合指数；一级指标由结构、功能和协调度3个方面组成；二级指标是根据前述评价指标选择原则，选择若干因子所组成；三级指标又是在二级指标下选

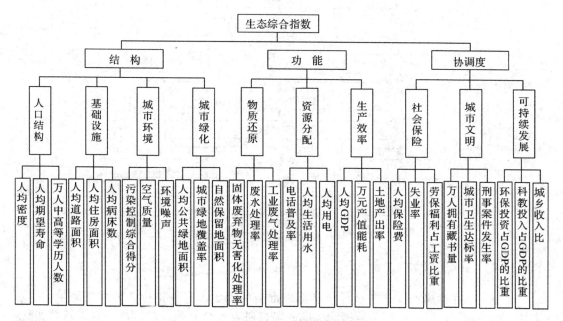

图10-2 生态城市评价指标体系(仿宋永昌，2000)

择若干因子组成整个评价指标体系。由于城市生态系统的结构、功能和协调度都是由许多因子组成,其中有些因子可以定量并且容易定量,而有些因子是难以定量或者说是难以取得定量数据的。因此,对二级指标,特别是三级指标的选择只能根据评价指标建立的原则加以选择,不可避免地存在着不完备的缺陷。随着对城市生态系统研究的发展和日益深入以及统计资料的不断完备,对二级指标,特别是三级指标还可以进行不断修改和补充。目前,生态城市评价指标体系主要包括图10-2中所表示的内容。

10.3.3 评价的一般程序

城市生态评价的一般程序如图10-3所示,具体可以归纳为以下几个步骤:①资料收集和实地调查;②城市生态系统组成因子的分析;③评价指标筛选和指标体系设计;④专家咨询;⑤确定指标标准,选择评价方法;⑥进行单项和综合评价,向专家咨询和民意测验;⑦修改评价;⑧论证与验证;⑨提出评价报告。

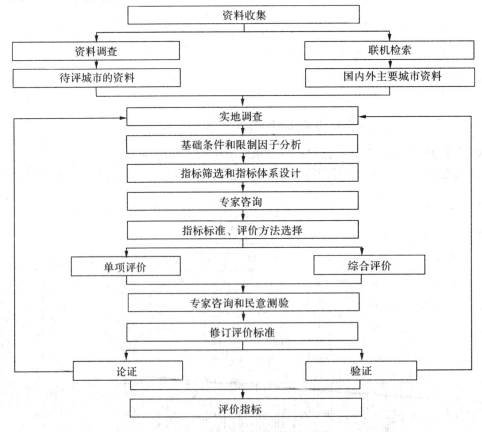

图10-3 城市生态评价的一般程序

10.3.4 评价标准的制订

城市生态评价离不开对各项评价指标标准值的确定。有些指标,如大气环境、水环境、土壤环境等已经有了国家或国际标准或经过研究被公众确认的标准,对于这些指标,可以直接使用规定的标准进行评价。但是有些指标,如人均期望寿命、万人口中具高等学历人数、土地产出率、人均保险费、环保投资占 GDP 比重等，并没有一定的标准，需要根据具体情况来确定。

为了适应当前城市生态评价的要求，确定评价标准时应根据以下原则：①凡已有国家标准或国际标准的尽量采用规定的标准值；②参考国外生态环境良好的城市的现状值作标准值；③参考国内城市的现状值作趋势外推确定标准值；④根据现有的环境与社会、经济协调发展的理论，力求将标准值定量化；⑤对目前统计数据不完整但指标体系中很重要的指标，在缺乏有关指标统计前，暂用类似指标替代。

根据以上原则，表 10-1 提供了当前发展阶段城市生态评价的标准值，供参考。

10.3.5 标准值的计算

10.3.5.1 三级指标指数的计算

三级指标指数是生态城市综合评价指标体系的基础，其计算公式如下：

当指数数值越大越好时，$Q_i = 1 - \dfrac{S_i - C_i}{S_i - \min S}$

当指数数值越小越好时，$ECI = \sum_{i=1}^{n} W_i U_i$

式中：Q_i 为某一三级指标的指数值；S_i 为某一三级指标的标准值；C_i 为根据评价城市选取的某一三级指标的现状值；$\min S$ 为所选相关城市指标的最小值乘以 1.05。

10.3.5.2 二级指标指数的计算

表 10-1 建议当前发展阶段的生态城市指标的标准值

	项目(地域)	单位	标准值	依据
结构 人口机构	人口密度(市区)	人/km²	3 500.00	参照柏林、华沙、维也纳之平均
	人均期望寿命(市域)	岁	78.00	东京现状值
	万人口中高等学历人数(市域)	人	1 180.00	首尔现状值
基础设施	人均道路面积(市区)	m²	28.00	伦敦现状值
	人均住房面积(市区)	m²	16.00	东京、首尔现状值
	万人病床数(市区)	床	90.00	参考国内领先城市
城市环境	污染控制综合得分(市区)	分	50.00	国家环境保护部制订标准，50 分为满分
	空气质量(二氧化硫)(市区)	Mg/L	15.00	深圳现状值
	环境噪声(市区)	dB(A)	<50.000	国家一级标准
城市绿化	人均公共绿地面积(市区)	m²	16.00	国内城市最大值
	城市绿地覆盖率(市区)	%	45.00	深圳现状值
	自然保留地面积率(市区)	%	12.00	国家生态环境建设中期目标
功能 物质还原	固体废弃物无害化处理率(市域)	%	100.00	国际标准
	废水处理率(市域)	%	100.00	国际标准
	工业废气处理率(市域)	%	100.00	国际标准

（续）

	项目（地域）	单位	标准值	依据
功能	资源配置 百人电话数（市区）	部/百人	76.00	东京现状值
	人均生活用水（市区）	L/d	455.00	参考东京、纽约、巴黎、香港、圣保罗、首尔、台北 7 城市的平均值
	人均生活用电（市区）	kW·h/d	8.00	巴黎、东京、大阪、首尔、新加坡、香港、台北 7 城市平均值
	生产效率 人均 GDP（市域）	元	400 000.00	东京现状值
	万元产值能耗（市域）	t 标煤	0.50	香港现状值
	每平方千米土地产出率（市域）	万元	70 000.00	香港现状值
协调度	社会保障 人均保险费（市区）	元	2 100.00	根据香港、广州等城市外推
	失业率（市区）	%	1.20	国际大城市就业最好的年份
	劳保福利占工资比重（市区）	%	50.00	可达到的最大值
	城市文明 万人藏书量（市区）	册	34 000.00	东京、首尔、莫斯科的现状值平均
	城市卫生达标率（市区）	%	100.00	国家标准
	刑事案件发生率（市区）	件/万人	0.05	外推值
	可持续性 环保投资占 GDP 的比重（市域）	%	2.50	发达国家现状值外推
	科教投入占 GDP 的比重（市域）	%	2.50	发达国家现状值外推
	城乡收入比	0~1	1.00	根据缩小城乡差别的要求

二级指标指数是根据所属各三级指标指数值的算术平均值计算而得（把二级指数的所属各三级指标均视为具有相等的重要性），其计算公式如下：

$$V_i = \left(\sum_{i=1}^{m} Q_i \right)/m$$

式中：V_i 为某一二级指标的指数值；Q_i 为某一三级指标的指数值；m 为该二级指标所属三级指标的项数。

10.3.5.3　一级指标指数的计算

一级指标指数的计算是将其所属的二级指数乘以各自的权重后，进行加和。其计算公式如下：

$$U_i = \sum_{i=1}^{n} W_i V_i$$

式中：U_i 为某一一级指标的指数值；V_i 为该一级指标下某一二级指标的指数值；V_i 为该一级指标下某一二级指标的权重；n 为该一级指标下所属二级指标的个数。

10.3.5.4　生态综合指数的计算

采用加权叠加的方法，将各一级指标指数乘以各自的权重，再求其累加和，即可得到生态综合指数值（ECI），其计算公式如下：

$$ECI = \sum_{i=1}^{n} W_i U_i$$

式中：U_i 为某一一级指标的指数值；W_i 为某一一级指标的权重；n 为一级指标的项数。

10.3.5.5　权重计算

在计算一级指标指数值和生态综合指数值时，都需要确定各指标的权重。权重是指对应的指标在其所属的上一级指标中的相对重要性指标，权重的确定可采用经典的特尔斐法和语义变量分析法相结合来计算。

（1）权值确定的方法

①设计咨询表：在权值的计算过程中首先要为特尔斐专家咨询法设计咨询表。调查表格是特尔斐法的重要工具，是所需信息的来源。表格设计的好坏直接关系到所获信息的数量和质量。

②专家的选择：咨询表确定后，接着就是选择接受咨询的专家。专家选择是否恰当是特尔斐法成败的关键。

③专家选择的原则：第一，被选对象必须是在该领域工作多年的专业技术人员；第二，被选对象必须对该领域情况比较熟悉；第三，选择专家的面要广，不但要选择精通该领域技术的，专门学科代表性的专家，而且还要选择经济学、社会学、管理学等方面的专家；第四，根据统计要求，以至少需收到 15 名专家的反馈表格为准，考虑到有的专家可能中途退出，或因故不能参加，因此第一次咨询专家要多一些，一般 30~50 人为宜。

经典的特尔斐法一般分 2 轮或 4 轮进行：第 1 轮，发给专家们不带任何框架的，只提出预测主题的调查表，由专家提出预测的指标；第 2 轮汇总一览表作出评价，并阐明理由，收集咨询表之后，对专家意见进行统计。

对收回的专家咨询表中专家对大类指标的相对重要性的评分值，采用语义变量分析法进行计算，如果专家对这些指标的看法基本一致，可以不进行 3、4 轮专家咨询。

（2）权值的计算

采用语义变量分析法进行权重分析和计算。语义变量分析即是将一个复杂的原始问题，通过"分辨""转换"为若干子问题，这样，可以从终止结点，逐级回溯进行收敛，从而获得目标问题的解答，其步骤如下。

①获得各二级指标和一级指标的权重的分析矩阵，该矩阵组成元素为单项指标之间的两两相对重要程度。

②获得该矩阵的相容矩阵，其计算公式为：

$$B = (b_{ij})_{3 \times 3} = \sqrt[3]{\prod_{k=1}^{3} a_{ik} \cdot a_{kj}} \quad (i,j = 1,2,3)$$

③最后获得各二级指数和一级指数的权重，计算公式为：

$$W_i = \sqrt[3]{\prod_{k=1}^{3} b_{ik}}$$

在此基础上，将所得权重值进行归一化，得到各指数的最后权重。

10.3.6　评价专家系统的建立

用计算机程序建立评价指标体系专家系统，包括数据库系统、评价专家系统。数据库系统包括各城市的现状值、标准值、专家咨询评分值，它可以随时补充、修改有关数据。专家系统包括专家咨询权值计算系统和指标体系评价系统。

10.3.7　评价计算的结果及综合分析

根据调查资料，按公式计算可得出各级指标评价结果，再进一步对综合指数进行分级，可以确定城市的生态化程度。宋永昌（2000）等参照国内外的各种综合指数分级方法，设计了一个 5 级分级标准，可供参考，如表 10-2 所示。

表 10-2　城市生态化程度分级表

分级	指数值	评语
第一级	>0.75	生态化程度高
第二级	0.50 ~ 0.75	生态化程度较高
第三级	0.35 ~ 0.50	生态化程度一般
第四级	0.20 ~ 0.35	生态化程度较低
第五级	<0.20	生态化程度很低

注：引自宋永昌，2000。

本章小结

城市的生态评价是要对城市生态系统中的各个组成成分的结构、功能以及相互关系的协调性进行综合评价，以确定该系统的发展水平、发展潜力和制约因素。一般运用层次分析法对城市进行生态评价。

思考题

1. 什么是城市生态评价？城市生态评价的目的和意义是什么？
2. 城市生态评价的内容是什么？
3. 建立城市生态评价指标的原则是什么？
4. 根据城市生态评价的一般程序，请选择一个你熟悉的城市进行生态评价。

本章推荐阅读书目

1. 城市生态与城市环境．姜云，王连元，苗日民．东北林业大学出版社，2005.
2. 城市生态学．宋永昌，由文辉，王祥荣．华东师范大学出版社，2000.
3. 城市生态规划导论．郑卫民，吕文明，高志强，等．湖南科学技术出版社，2005.

11 城市生态规划

城市的发展和急剧膨胀带来了一系列的生态环境问题，尤其是一些城市，城市化的需要与有限的资源承载力、脆弱的生态环境间的矛盾愈演愈烈。要解决城市发展中的环境、资源、人口以及住房、交通等问题，不能就事论事，仅靠单项规划加以解决。这就要求人们在生态评价的基础上，做好城市生态规划，实现城市社会、经济和生态环境的协调发展。

11.1 城市生态规划的概念

作为一种生态学思想，城市生态规划有着较为悠久的历史。其产生可以追溯到 19 世纪末。巴黎在 1852 年的改建就体现了最初的生态规划思想。1864 年，G. Marsh 首先提出合理地规划人类活动，使之与自然协调而不是破坏自然。1879 年，J. Powell 强调应制定一种土地与水资源利用的政策，因地制宜地利用土地，实行新的管理机制和新的生活方式。这些观点为后来城市生态规划的发展奠定了基础。

20 世纪初，美国芝加哥学派所开创的人类生态学研究，促进了生态学思想在城市规划领域的应用和发展。这是城市生态规划的第 1 个高潮。但是这一时期的城市生态规划理论带有明显的"自然决定论"色彩。英国的田园城市运动、美国区域规划协会的工作等都对城市生态规划的方法和操作进行了有益的探索。

从 20 世纪 60 年代开始，全球范围内掀起生态热、环保热，城市生态规划走向第 2 个发展高潮。美国景观设计师 Ian L. McHarg 和他的同事为现代城市生态规划的发展奠定了基础，在其著作 *Design With Nature* 一书中指出："生态规划是在没有任何有害的情况或多数无害条件下，对土地的某种可能用途进行的规划。"我国学者刘天齐等（1990）也认为，生态规划的概念是指生态学的土地利用规划。冯向东（1988）认为，城市生态规划是在国土整治、区域规划指导下，按城市总体规划要求，对生态要素的综合整治目标、程序、内容、方法、成果、实施对策全过程进行的人工生态综合体的规划。王如松等

(1987，1993)强调生态规划不能仅限于生态学的土地利用规划，它是城乡生态评价、生态规划和生态建设三大组成部分之一。Book 等人(1990)认为："生态规划是出于一种需要，即把环境看作多种多样的相互作用的系统，生态规划应该在单项规划的综合上作出贡献，应该对各个单项规划提出评估，从而把传统评估中必不可少的自然平衡和资源保护加以拓展。"Sukopp 和 Wittig(1993)认为："生态规划必须完成 2 个互为条件的中心任务：其一是要把单项的专业规划进行汇总和综合，以便有可能从生态层面上去考虑更高一级的规划，如区域规划、土地利用规划或者景观规划等；其二是它必须指出各个单项规划之间的联系，并从生态学观点对各个单项规划提出建议，以便取得共识。"

王样荣(1995，1998)认为，从区域和城市人工复合生态系统的特点、发展趋势和生态规划所应解决的问题来看，生态规划不仅限于土地利用规划，而是以生态学原理和城乡规划原理为指导，应用系统科学、环境科学等多学科的手段辨识、模拟、设计人工复合生态系统内的各种生态关系，改善系统的结构和功能，确保自然平衡和资源保护，以促进人与自然、人与环境的持续、协调发展。

从以上学者观点来看，生态规划的目的是从自然要素的规律出发，分析其发展演变规律，在此基础上确定人类如何进行社会经济活动，有效的开发、利用、保护这些自然资源，促进社会经济和生态环境的协调发展，最终使整个区域和城市实现可持续发展。

城市生态规划既与城市规划和环境规划有着密切的联系，又有一定的区别。城市规划是在区域规划的基础上，根据国家城市发展和建设的方针，经济技术政策，国民经济和社会发展计划，以及城市的自然条件和建设条件等，合理地确定城市发展目标，城市性质、规模和布局，布置城镇体系，重点强调规划区域内土地利用空间配置和城市产业及基础设施的规划布局、建筑密度和容积率的合理设计等，也可以说主要是城市物质空间与建筑景观的规划。环境规划，强调规划区域内大气、水体、噪声及固体废弃物等环境质量的监测、评价和调控管理。而城市生态规划则强调运用生态系统整体优化的观点，在对规划区域符合生态系统的研究基础上，提出资源合理开发利用、环境保护和生态建设的规划，它与城市总体规划和环境规划紧密结合、相互渗透，是协调城市发展建设和环境保护的重要手段。

11.2   城市生态规划的原则

城市生态规划应以"可持续发展"理论为指导，强调在城市发展过程中合理利用资源，维护好人类生存环境，既要考虑当代人的福祉，又要为后代留下发展的空间。在规划中需要贯彻以下原则。

(1) 整体优化原则

城市生态规划坚持整体优化的原则，从生态系统原理和方法出发，强调生态规划的整体性和综合性，规划的目标不只是城市结构组分的局部最优，而是要追求城市生态环境、社会、经济的整体最佳效益。城市中各种单项规划都要考虑它的全面影响和综合效益，各类人工建筑物都不能仅考虑建筑物本身的华美，而应顾及到建筑物可能造成的对生态与环境的干扰和破坏。城市生态规划还需与城市和区域总体规划目标相协调。

(2)协调共生原则

在城市生态规划中必须遵循协调共生的原则。协调是指要保持城市与区域，部门与子系统各层次、各要素以及周围环境之间相互关系的协调、有序和动态平衡；共生是指不同的子系统合作共存、互惠互利的现象，其结果是所有共生者都大大节约了原材料、能源和运输量，系统获得了多重效益。不同产业和部门之间的互惠互利、合作共存是搞好产业结构的调整和生产力合理布局的重要依据。部门之间联系的多寡和强弱极其部门的多样性是衡量城市共生强弱的重要标志。

(3)功能高效原则

城市生态规则的目的是要将人类居住的城市建设成为一个功能高效的生态系统，使其内部的物质代谢、能量流动和信息的传递形成一个环环相扣的网络，物质和能量得到多层分级利用，废物循环再生，系统的功能、结构充分协调，系统能量的损失最小，物质利用率最高，经济效益最高。

(4)趋适开拓原则

城市生态规划坚持趋适开拓原则。在以环境容量、自然资源承载能力和生态适宜度为依据的条件下，积极寻求最佳的区域城市生态位，不断地开拓和占领空余生态位，以充分发挥生态系统的潜力，强化人为调控未来生态变化趋势的能力，改善区域和城市生态环境质量，促进城市生态建设。

(5)生态平衡原则

城市生态规划遵循生态平衡的理论，重视搞好水和土地资源、大气环境、人口容量、经济发展水平、园林绿地系统等各要素的综合平衡；合理规划城市人口、资源和环境，安排产业结构和布局、城市园林绿地系统的结构与布局，以及城市生态功能分区，努力创造一个稳定的、可持续发展的城市生态系统。

(6)保护多样性原则

在城市生态规划中要贯彻生物多样性保护原则，因为城市中的物种、群落、生境和人类文化的多样性影响着城市的结构、功能以及它的可持续发展。在制定城市生态规划时应避免一切可以避免的对自然系统和景观的破坏，尽量减少水泥、沥青封闭地面；保护城市中的动植物区系，为自然保护区预留足够的土地，以及保留大的尚未分割的开敞空间；对特殊的生境条件（如干、湿以及贫营养等生境）都应加以保护，物种和群落多样性保护是通过不同土地利用类型的保护而实现的；此外还要保护城市中人类文化的多样性，保存历史文脉的延续性。

(7)区域分异原则

城市生态规划坚持区域分异的理论。在充分研究区域和城市生态要素的功能现状、问题及发展趋势的基础上，综合考虑区域规划、城市总体规划的要求以及城市现状，充分利用环境容量，搞好生态功能分区，以利于居民生活和社会经济的发展，实现社会、经济和环境效益的统一。

11.3　城市生态规划的内容与程序

11.3.1　城市生态规划的内容

11.3.1.1　生态功能分区规划

生态功能分区规划是进行城市生态规划的基础，是根据城市生态系统结构及其功能的特点，划分不同类型的单元，研究其结构、特点、环境负荷以及承载力等问题。

在功能区划时应综合考虑地区生态要素的现状、问题、发展趋势及生态适宜度，提出工业、生活居住、对外交通、仓储、公建、园林绿化、游乐等功能区的划分以及大型生态工程布局的方案，充分发挥各地区生态要素的有利条件，及其对功能分区的反馈作用，促使功能区生态要素朝着良性方向发展。

具体操作时，可将土地利用评价图、工业和居住用地适宜度等图纸进行叠加，并结合城市建设总体规划综合分析，进行城市功能分区。功能分区应遵循下列原则：①必须有利于城市居民生活；②必须有利于社会经济的发展；③必须有利于生态环境建设，使城市区域内的环境容量得以充分利用而又不超出环境容量的阈值。在满足上述条件的基础上，功能区分力求与城市现状布局和城市总体规划协调一致，实现 3 个效益的统一。

在城市生态功能分区规划时要特别注意城市的产业结构。所谓产业结构系指城市产业系统内部各部门(各行业)之间的比例关系。可以用产品产量或产值来表示这种比例关系。城市产业结构的不同比例对环境质量有着很大影响。调整、改善老城市产业布局，搞好新建城市产业的合理布局，是改善城市生态结构、防治污染的重要措施。城市产业结构还有生产工艺合理设计的问题，即在工业功能区中要注意设计合理的"生态工业链"，推行清洁生产工艺。城市产业的布局应遵循以下原则：①产业布局应符合生态要求，根据风向、风频等自然要素和环境条件要求，在对发展工业适宜度大的地区设置工业区；②综合考虑经济效益、社会效益与环境效益的协调统一，以城市总体规划与城市环境保护规划为指导；③既要有利于改善生态结构，促进生态良性循环，又要有利于发展经济。

11.3.1.2　土地利用规划

城市土地利用的空间配置直接影响到城市生态环境质量，无论是新建城市还是旧城市的改造的生态规划都必须因地制宜地进行土地利用布局的研究。除应考虑城市的性质、规模和城市产业结构外，还应综合考虑用地大小、地形、山脉、河流、气候、水文及工程地质等自然要素的制约。

城市用地构成一般可分为工业用地、生活居住用地、市政设施用地、绿化用地等。它们各自对环境质量有不同的要求，本身又给环境带来不同特征、不同程度的影响。因此，在城市生态规划中，应综合研究城市用地状况与环境条件的相互关系，按照城市的规模、性质、产业结构和城市总体规划及环境保护规划的要求，提出调整用地结构的建议和科学依据，促使土地利用布局趋于合理。

各类用地的选择应根据生态适宜度分析的结果，确定选择的标准，同时还应考虑国家有关政策、法规以及技术、经济的可行性。在恰当的标准指导下，结合生态适宜度、土地条件等评价结果，划定出城市各类用地的位置和大小。在充分考虑土地条件的前提下，按照生态适宜度的等级以及经济技术水平，确定用地开发次序的标准。根据拟定的标准，确定土地的开发次序。

11.3.1.3　人口容量规划

人口是城市生态系统的主体，在城市生态规划工作中必须确定所在区域内近远期的人口规模，提出城区人口密度调整意见，提高人口素质对策以及实施人口规划对策。研究内容包括人口分布、密度、规模、年龄结构、文化素质、性比、自然增长率、机械增长率以及流动人口等基本情况。

在人口容量规划中，确定合理的人口密度是一项关键性工作，因为人口密度指标反映了不同类别城市中人口集中的程度，即在有限的地域空间范围内，人口集中居住、生活和工作的平均状态，也间接地反映了城市的环境质量。在规划中要查明城市土地开发利用上的差异，均衡人口分布。随着城市人口的不断增长，城市人口密度也会逐年增长，城市人均用地将会逐年减少。我国城市人口密度偏大是我国城市问题的一大难点，如北京1995年，全市平均人口密度为 745 人/km^2，其中城区人口密度超过 1 500 人/km^2；上海1996年，全市平均人口密度为 2 057 人/km^2，市区为 4 672 人/km^2，其中黄浦、静安、南市、卢湾等市中心区高达 50 000 人/km^2左右。

国外城市用地一般每人平均200m^2，国外特大城市的用地，英国每人大于100m^2，美国每人大于150m^2。我国 1985 年全国城市用地每人73m^2，上海每人仅为 26m^2。可以说，城市越大，人口用地越紧张，城市人口密度的增加也将加重人的生理和心理压力，降低生活水平和环境质量，也容易滋生犯罪现象。因此，制订适宜人口容量的规划是城市生态规划的重要内容，将有助于降低按人口平均的资源消耗和环境影响，节约能源，充分发挥城市的综合功能，提高社会、经济和环境效益。

11.3.1.4　环境污染综合防治规划

环境污染综合防治规划是城市生态规划中的重要组成部分，应从整体出发制订好污染综合防治规划，实行主要污染物排放总量控制，并建立数学模型对城市环境要素的发展趋势、影响程度进行预测；分析不同发展时期环境污染对城市生态状况的影响，根据各功能区不同的环境目标，按功能区实行分区生态环境质量管理，逐步达到生态规划目标的要求。规划主要包括大气污染控制、水污染控制、声污染控制、固体废弃物污染控制等。在此基础上，根据主要污染物的最大允许排放量，计算各主要污染物的削减量，实行污染物排放总量控制，按系统分配削减量指标。对各功能区，各行业的综合防治方案进行综合比较，应用最优化方法求出环境投资和效益的最佳分配，提出城市生态规划中总的污染综合防治方案。

制订城市环境保护规划，主要应考虑 2 个前提：一是根据污染源和环境质量评价和预测结果准确掌握当地的环境质量现状、发展趋势以及未来社会经济发展阶段的主要环境问题；二是要针对主要环境问题，确定污染控制目标和生态建设目标，在此基础上，进行功能合理分区，研究污染总量控制方案，并通过一系列控制污染的工程性措施和非工程性措施对策，进行必要的可行性论证，形成一个城市的环境质量保护规划，其中又可分为以下几点。

（1）城市大气环境综合整治规划

城市大气环境综合整治规划的主要内容包括：在污染源及环境质量现状与发展趋势分析的基础上进行功能分区规划，确定规划目标，选择规划方法与相应的参数，规划方案的制订及其评价与决策。主要规划内容可分为 3 个层次，即环境现状及变化趋势的研究、模型与相应参数研究和规划方案的筛选与决策研究。城市大气环境规划主要针对在城市中量大面广、危害严重的污染物，如总悬浮颗粒物、硫氧化物、一氧化碳等，各城市根据自身特点，进行筛选。制订大气环境综合整治的规划方法包括：科学地利用自然净化能力，积极开展绿化工作，加强污染集中控制和治理等。

（2）城市水环境综合整治规划

城市水环境综合整治规划，在水环境污染现状与发展趋势分析的基础上划分控制单元，确定规划目标，设计规划方案，并对规划方案进行优化分析与决策。制订规划的方法与一般步骤包括：水污染现状分析、水污染控制单元的划分、水环境污染物控制路线分析、水环境污染源治理技术经济分析、水污染防治主要措施分析等。

（3）城市固体废弃物综合整治规划

城市固体废弃物综合整治规划要求在现状调查基础上进行预测及评价，将预测结果与规划目标比较并参照评价结果，按照各行业的具体情况，确定各行业的分目标及具体污染源的削减量目标。确定不同的治理方案并进行环境经济效益的给定分析，根据经济承受能力确定最终规划方案。制订方法包括：确定固体废弃物污染控制目标，制订重点行业、企业固体废弃物治理规划，制订有毒、有害固体废弃物处理处置措施等。

（4）城市声环境综合整治

在城市声环境质量和噪声污染现状与发展趋势分析的基础上，根据城市土地利用规划和声环境功能分区规划，提出声环境规划目标及实现目标所采取的综合整治措施。制订方法包括确定噪声污染整治对象、制订噪声整治措施等。

11.3.1.5　园林绿地系统规划

园林绿地系统是城市生态系统中具有自净能力的组成部分，对于改善生态环境质量、丰富与美化景观起着十分重要的作用。因此，城市生态规划应制订城市各类绿地的用地指标，选定各项绿地的用地范围，合理安排整个城市园林绿地系统的结构和布局形式，研究维持城市生态平衡的绿地覆盖率和人均绿地等，合理设计群落结构、选配植物，并进行绿化效益的估算。

制订一个城市或地区的绿地规划，首选必须了解该城市的绿化现状，对绿地系统的结构、布局和绿化指标作出定量的评价，在此基础上可根据以下步骤进行绿地系统的规划：①确定绿地系统规划原理；②选择和合理布局各项绿地，确定其位置、性质、范围和面积；③根据该地区生产、生活水平及发展规模，研究绿地建设的发展速度与水平，拟定绿地各项定量指标；④对过去的绿地系统规划进行调整、充实、改造和提高，提出绿地分期建设及重要修建基础上的实施计划，以及划出需要控制和保留的绿化用地；⑤编制绿地系统规划的图纸及文件；⑥提出重点绿地规划的示意图和规划方案，根据实际工作需要，还需提出重点绿地的设计任务书，内容包括绿地的性质、位置、周围环境、服务对象、估计游人量、布局形式、艺术风格、主要设施的项目与规模、建设年限等，作为绿地详细规定的依据。

11.3.1.6　资源利用与保护规划

在城市建设与经济发展过程中，普遍存在着对自然资源的不合理使用和浪费现象，掠夺式开发导致了人类面临资源枯竭的危险。因此，城市生态规划应根据国土规划和城市总体规划的要求，依据城市社会经济发展趋势和环境保护目标，制订对水和土地资源、大气环境、生物资源、矿产资源等的合理开发利用和保护的规划。

在水土流失的治理规划方面，可以采取以下方法：①制订上游污染源涵养林和水土流失防护林规划；②禁止乱围垦，保护鱼类和其他水生生物的生存环境；③积极研究和推广保护污染源、水生生态系统和防止水污染的新技术；④兴建一批跨流域调水工程和调蓄能力较大的水利工程，恢复水生生态平衡；⑤健全水土资源保护和管理体制，制定相应的政策、法规和条例。

制订生物多样性保护与自然保护区规划需要开展以下几个方面的工作：①加强生物多样性保护的管理工作。包括建立和完善生物多样性保护的法律体系计划规范和标准；积极推选和完善各项管理制度；强化监督管理，逐步使生物多样性的管理制度化、规范化和科学化，加强监督检查，加强监督管理和服务。②开展生物多样性保护的监测和信息系统建设。包括建立和完善生物多样性保护的监测网络，参与建立生物多样性保护的国家信息系统，积极开展生物多样性的国际与区域合作。③开展多种形式的生物多样性保护与利用方面的示范工程建设。④通过教育和培训，建立一支训练有素、精通业务、善于管理的队伍。⑤建立生物多样性保护机构，明确职责，并在各机构之间建立有效的协作，这是生物多样性保护的强有力的组织保证。

11.3.1.7　城市综合生态规划

城市生态系统是一个受多种因素影响并不断变化的动态系统。它包括若干个亚系统及其子系统，各个亚系统和子系统之间的协调十分重要。因此，城市生态规划应该是一个动态的综合规划，它需要在各个单项规划的基础上，运用系统分析的方法进行综合分析，弄清它们之间的相互关系、正反馈和负反馈作用以及各分项规划主要措施的相对重要性，以便调整系统内各子系统的比例和格局，作为政策、资源安排以及制订分期计划的基础，确保每一个方面都能获得适度发展而不超越其所允许的限度，从而保持整个城市的可持续发展。

在进行城市的综合生态规划时，基础资料是不可缺少的，其包括各类文字资料和有关图件。使城市规划具有较强的直观性和可操作性以及能够跟踪它的变化，这就需要建立资料库，其中包括数据资料库、图形库以及模型库，地理信息系统(geographic information system，GIS)技术为这方面提供良好的技术支持和服务。

11.3.2 城市生态规划的一般程序

城市生态规划的一般步骤如图 11-1 所示。

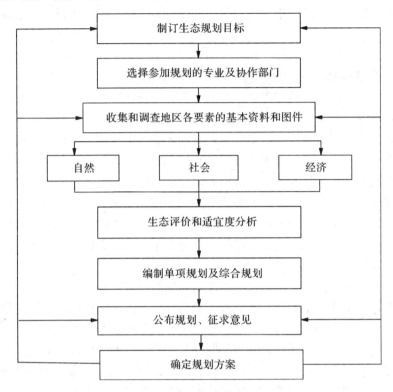

图 11-1 生态规划程序图(仿宋永昌，2000)

(1)根据规划要求选择有关专业

由于城市性质、规模和发展目标的不同，各个城市生态规划的重点也可能有所差异，而城市涉及的因素众多，不可能样样俱全，因此必须根据规划要求选择关系较密切的专业参加。

(2)生态要素资料的收集与调查

生态要素资料的收集与调查的目的是搜集规划区域内包括地质地貌、气候、水文、土壤、植被、动物、土地利用类型、环境质量、人口、产业结构与布局等因素在内的自然、社会、人口、经济与环境方面的资料和数据，为充分了解规划区域的生态特征、生态过程、生态潜力与限制因素提供基础。资料搜集不仅包括现状资料，也包括历史资料。在城市生态规划中，应十分重视人类活动与自然环境的长期相互影响与相互作用，如资源衰竭、土地退化、大气与水体污染、自然生境与景观破坏等问题，均与过去的人类活动有关。因此，历史资料的研究十分重要。资料收集既包括文字资料，也包括各种图件。尤其是图件，不仅直观并且能提供较准确的位置。

在搜集现存资料的同时，还要开展实地调查，在生态调查中多采用网格法，即在筛选生态因子的基础上，按网格逐个进行生态状况的调查与登记，工作方法如下。

①确定生态规划区范围：采用1:10 000(较大区域为1:50 000)地形图为底图，依据一定原则将规划区域划分为若干个网格，网格一般为 1km×1km，有的也采用 0.5km×0.5km(网格大小视具体情况而定)，每个网格即为生态调查与评价的基本单元。

②调查登记的主要内容：规划区内的气象条件、水资源、植被、地貌、土壤类型、人口密度、经济密度、产业结构与布局、土地利用、建筑密度、能耗密度、水耗密度、环境污染状况等。

③生态适宜度分析：在收集和调查取得资料的基础上对规划区域进行分析和评价，并对各类用地进行适宜度分析。

④编制规划；在以上几个步骤的基础上制订单项的和综合的城市生态规划，在这一过程中 GIS 技术将发挥非常重要的作用。

⑤公布规划草案征求意见：规划草案不仅要向领导征求意见，而且需向群众公布，广泛征求意见，公众的参与是完善规划和实施规划的重要条件和保证。

⑥确定规划；上报批准：在多方反复征求意见的基础上修订规划，最后予以确定，规划一旦确定并得到有关部门批准，即应该成为一种法律，规范着人们的行为，非经合法程序的修订，不得随意变更。

根据城市性质、规模和发展目标不同，各个城市生态规划的重点也有可能有所差异，而城市设计的因素众多，涉及的专业和部门非常广泛。但是，实际制订城市生态规划时，不可能面面俱到，必须根据规划要求选择关系较密切的专业和部门来参与城市生态规划的拟制。

本章小结

城市生态规划以生态学原理为指导，运用环境科学、系统科学的方法，对城市复合生态系统的功能分区、土地利用、人口容量、环境污染综合防治、园林绿地系统、资源利用和保护以及城市综合生态系统进行规划。通过规划，可以调节系统内的各种生态关系，改善系统的结构和功能，确保自然平衡和资源保护，促进人与自然的协调发展。

思考题

1. 什么是生态规划？与城市规划、城市环境规划有什么不同？
2. 城市生态规划过程中应该遵循什么原则？
3. 城市生态规划的主要内容是什么？
4. 城市生态规划的步骤和方法有哪些？

本章推荐阅读书目

1. 城市生态与城市环境. 姜云，王连元，苗日民. 东北林业大学出版社，2005.
2. 城市生态学. 宋永昌，由文辉，王祥荣. 华东师范大学出版社，2000.
3. 城市生态规划导论. 郑卫民，吕文明，高志强，等. 湖南科学技术出版社，2005.

12 城市生态管理

管理是人类为了提高系统的功能和效率所从事的各种有目的的活动。无数事实证明，如果只有建设没有管理，建设项目既不能充分发挥效率，也不能长期维持它的功能，有时甚至还可能产生负效应。由于城市生态系统各要素存在着相互联系、相互制约的关系，所以要进行生态管理，即协调关系。

12.1　城市生态管理的概念

12.1.1　生态管理的基本概念

生态管理（ecosystem management，eco-management）的前身是 20 世纪 60 ~70 年代以末端治理为特征的对环境污染和生态破坏的"应急环境管理"。70 年代末到 80 年代兴起的清洁生产，促进了环境污染管理向工艺流程管理过渡，通过对污染物最小排放的环境管理来减轻环境的源头压力。90 年代发展起来的产品生命周期分析和产业生态管理将不同部门和地区之间的资源开发、加工、流通、消费和废弃物再生过程进行系统组合，优化系统结构和资源利用效率（王如松，2003）。由于人们生产与生活活动对生态环境和资源的破坏和滥用，加强对区域生态系统的管理已越来越引起重视。然而，目前生态管理无论是作为理论还是实践仍处于发展之中。

生态管理涉及生态学、生物学、经济学、管理学、社会学、环境科学、资源科学和系统论等学科领域。不同的机构和学者从不同的角度对"生态管理"进行了定义（潘祥武，2002）。

①美国土地管理局把生态管理定义为：根据生态学、经济学和社会学原理，以一种能保护长期的生态持续性、自然多样性和景观生产率的方式对生态和物理系统进行的管理。

②美国森林服务局从森林管理的角度把生态管理定义为：是自然资源管理的一种整体方法，它超越了森林的各单个部分的分割性方法，融合了自然资源管理的人类学、生态学和物理维度，目的是获得

所有资源的可持续性。

③Brussard 等人把生态管理定义为：以这样一种方式来管理不同规模的地区，目标是在生态系统的服务和生态资源得到保护的同时，维持适度的人类使用和谋生选择。

④环境保护机构的定义：生态管理就是在修复和维护生态系统的健康、可持续性和生态多样性的同时支持可持续的经济和社会发展。

⑤Overbay 把生态管理定位为：仔细和熟练地使用生态学、经济学、社会学和管理学原理到生态系统的管理中去，目的是在长期内生产、修复或维持生态系统的完整性、用途、产品、价值和服务。

⑥王如松（2003）认为：生态管理就是要运用系统工程的手段和生态学原理协调人与自然、经济与环境、局部与整体间在时间、空间、数量、结构、序理上复杂的系统耦合关系，促进物质、能量、信息的高效利用，技术和自然的充分融合，人的创造力和生产力得到最大限度地发挥，生态系统功能和居民身心健康得到最大限度地保护，经济、自然和社会得以持续、健康地发展。

综上所述，可以把生态管理的定义归纳为：运用生态学、经济学、管理学、系统学和社会学等多学科的原理方法和现代科学技术来全方位地管理人类行动对生态环境和资源影响，力图平衡社会经济发展和生态环境保护之间的冲突，最终实现经济、社会和生态环境的协调可持续发展（章家恩，2005）。

生态管理是管理史上的一次深刻革命，虽然目前它还不成熟，但是仍存在一些共性的认识。首先，它强调经济与生态的平衡与可持续发展。其次，它意味着一种管理模式的转变，即从传统的"线性、理解性"管理转向一种"循环的渐进式"管理（又称适应性管理），根据实验结果和可靠的新信息来改变管理方案，原因在于人类对生态系统的复杂结构和功能、反应特性以及它未来的演化趋势的了解还不够深入，所以只能以预防优先为原则，以免造成不可逆转的损失。再次，生态管理非常强调整体性和系统性，即要求充分认识生态系统内各组成部分之间的相互影响，以及人类社会经济活动与自然生态系统之间的相互作用关系，要用整体论和系统的思想来指导人类的社会经济活动（也包括政治事务）和日常生活行为，谋求社会经济系统和自然生态系统协调、稳定和持续的发展。最后，生态管理强调公众与相关利益团体的广泛参与，它是民主的而非保守的管理方式（潘祥武，2002）。

12.1.2 城市生态管理的基本内涵

城市生态系统是一个自然—经济—社会复合生态系统。城市生态管理就是依据生态学原理，运用政策、法规、经济、技术、行政、教育等手段对城市生态环境各种生态关系进行调节控制，对城市生态环境系统的结构、功能及协调度进行管理和调控，协调城市中人类社会经济活动与环境的关系，限制或禁止损害环境质量的行为，也称为城市生态环境管理或城市环境管理（杨士弘，2003）。具体地说，就是要研究城市生态系统中的自然环境和人工环境的管理，以及规范人群的生态行为等，把这些组成成分科学地组织起来，把城市的物流、能流、信息流等有效地综合起来，充分发挥它们之间的协调作用，以达到城市生态系统的最佳效能。核心是研究怎样充分发挥人们在城市生态系统管理中的主导作用（宋永昌，2000）。

过去对城市的管理主要是经济管理、生产管理，而将自然生态系统排除在管理系统对象之外。20世纪70年代开始，城市生态管理得到了世界各国的普遍重视。1973年，国际城市管理协会为美国环保局(EPA)作地方环境质量调查，并将城市环境问题进行了排队。70年代中期，美国贝利等人汇编了城市生态环境管理的研究成果《城市环境管理》。美国在高等院校也相继设立了"城市规划或城市环境规划系"。苏联在20世纪40年代设立了城市建设研究所和城市环境保护研究室，就城市环境管理的理论和方法进行了大量的研究，并将城市环境保护和改善纳入各类城市的规划设计中。日本在1974年制定了国土利用计划法，按城市的不同功能进行分区，把城市生态管理纳入到城市建设规划中。我国城市生态管理从20世纪70年代初的城市污染源调查和城市环境质量评价开始，到1979年成都环境保护会议提出"以管促治、管治结合"的方针后，标志着城市环境管理开始走上综合防治的轨道。由于城市生态环境中的各要素存在着相互联系、互相制约的关系，自20世纪80年代以来，城市环境管理也逐渐由单纯的环境污染控制，转向城市生态环境管理。许多城市先后编制了城市生态经济建设规划或城市生态建设规划，把经济发展建立在生态平衡的基础上，以实现城市生态系统良性循环，整体功能最优(杨士弘，2003)。

12.2　城市生态管理的原则

城市的生态管理应以可持续发展的观点为指导。其原则主要有以下几个方面(宋永昌等，2000)。

(1)人与自然协调原则

虽然城市生态系统是一种高度人为的人工复合生态系统，但其生产和生活活动仍然是和自然界密不可分的。人与自然的协调是城市发展所要追求的目标，人类的活动应符合自然规律，违背自然规律，将人的意志凌驾于自然规律之上，最终将会带来一系列难以解决的问题，甚至是灾难，从而妨碍城市的进一步发展。

(2)资源利用与更新协调原则

城市生态系统是资源消耗的中心，在进行资源利用时，要使其与资源补充和更新相协调。资源消耗、资源更新和补充的速度，将决定其结构和功能的状况，从而对城市生态系统的社会和经济发展产生重要影响。

(3)环境胁迫和环境承载力协调原则

城市生态系统被认为改变了原来生态系统面貌的陆地生态系统，对系统内部和外部环境都造成了胁迫，如果超过环境承载力，将会导致生态失调，甚至生态灾难。

(4)3个效益统一的原则

城市发展应坚持社会效益、经济效益和环境效益的三者统一，不应片面追求经济效益而以损害环境效益为代价，否则，经济上去了，人们的生活环境质量却下降了，最终反过来制约经济的发展。

(5)城乡协调的原则

由于特殊的区位关系，城市与其周围乡村有着十分广泛的经济、社会和生态联系。从经济、社会联系看，城市是个强者，乡村经济、社会的发展依附于城市；从生态联系看，城市又是个弱者，乡村的生物生产力和环境容量是城市存在的基础。城乡协调发展包括城乡产业协调、市场协调、规划和建设协调、生态环境协调以及体制与政策协调等。

12.3　城市生态管理的内容

城市生态管理的内容是对城市生态系统中各组成要素的作用及其相互关系进行管理和调控（宋永昌，2000）。城市生态管理既不同于城市管理（王建民，1987），也与环境管理有区别（杨贤智、李景锟，1990），它既不可能涵盖城市的各要素，也不能局限于城市的环境要素，它应抓住生态作用显著的要素进行管理，坚持人与自然协调、环境压力与承载力协调、资源利用与更新补偿协调、城乡协调、3 个效益统一的原则，通过规范城市人群的生态行为，科学组织调解城市人流、物流、能流、信息流，以促进城市生态系统朝着最优的方向发展。由于城市生态系统是一个十分庞大而复杂的大系统，根据其与城市人类社会经济活动直接或间接的关系，城市生态管理基本可分为自然资源管理、城市环境管理、城市人口管理、城市景观管理和综合管理 5 个方面。以下将就单项管理和综合管理进行一些讨论。

12.3.1　自然资源管理

城市自然资源种类多种多样，在此着重讨论土地资源、水资源和能源的管理。

12.3.1.1　城市土地资源管理

土地是地球表面一定深度和高度范围内的岩石、矿藏、土壤、水分、空气和动植物等组成的，兼具自然特性和社会特性的复杂综合体。城市土地资源是城市市区内的土地资源，还包括人类建（构）造的建筑物等，它不仅是城市的载体，为城市发展提供地域空间，而且也是城市经济的重要组成部分（杨士弘，2003）。城市土地是一个与城市人口、城市经济活动相联系的地域概念，它是城市人口和城市各类活动的基础，也是城市赖以存在的前提条件。城市土地资源作为一种有限的、不可再生的自然资源，在城市可持续发展和保持竞争力方面具有重要意义。在市场经济条件下，如何加强城市土地资源管理，使其发挥最大的效益，进而扩大城市的经济总量，提高城市的承载能力，增强城市对劳动力的吸纳能力，提升城市综合竞争力，已成为地方各级政府思考的重要内容之一。城市土地管理的内容十分广泛，从城市生态管理的立场出发，主要是对城市土地资源的合理利用和保护。每个城市都需要有一个与城市总体规划相适应的土地利用规划，这个规划应具有法律效力。城市的各种建设项目都要按照整个城市土地利用规划以及详细的分区土地利用规划使用土地。为此，土地管理部门需要按土地利用分类建立城市土地使用动态明细表和土地利用分布图，适度控制土地开发，合理利用土地资源。

目前，我国城市土地资源管理的现状主要表现为，一方面社会经济发展与土地资源合理配置关系日益密切，另一方面又出现了土地资源配置市场机制失灵和政府宏观机制失控现象同时发生的怪圈。综合来看，我国城市土地资源的矛盾主要体现在以下方面（周鹏、李冰，2011）。

（1）土地利用规划与城市发展规划不够协调

城市建设以总体规划为依据，由城市建设管理部门负责制订，而城市土地利用规划是土地管理部门负责制订的，双方在制订规划时如没有充分交流，两个规划必有不相协调的部分，这就为今后在建设管理上造成不利影响。例如，土地利用规划中划定的基本农田保护区有些在城市发展用地控制区内，有的甚至在近期建设用地范围。这样，使科学合理的建设行为实施起来比较困难，特别是事关经济发展大局的重点项目，往往因征地影响速度和效益。

（2）土地管理与建设规划管理步调不够一致

法律法规对土地管理和建设规划管理程序都有比较明确的规定，但是实际执行过程中由于部门之间相互配合不力，导致 2 个方面的管理时常脱节，给城市建设和土地管理造成影响，不能保证城市建设有序进行，或者造成办事效率低下影响建设速度。这主要还是一个管理体制和领导体制问题，这要求城市建设管理部门与城市土地管理部门要协调一致。

（3）城市用地紧张与土地浪费并存

在我国城市化发展快速推进的过程中，有的城市政府加强了对土地开发利用的强度，城市土地资源被过度的利用，城市土地生态系统的自我更新能力遭到了破坏。尽管我国城市用地面积增长的速度比较快，但城市人均占地面积仍低于世界平均水平，人地矛盾十分突出。目前，城市地皮紧张、住宅拥挤、道路堵塞、交通不便、教育文化体育等基础设施无法满足市民实际需求。同时，城市土地使用过程中的浪费现象十分突出，由于长期以来在计划经济体制下土地资源无偿划拨或无偿使用，造成了很多城市土地出现了多征少用、早征迟用，甚至征而不用的奇怪现象，一些城市不顾中央和上级政府的要求和国家有关政策法规的规定，擅自乱征乱批土地，很多城市盲目发展开发区，出现"开而不发，围而不用"的现象，导致了大量土地资源浪费。

（4）城市土地市场化运作尚待规范

有的地方为了多渠道筹集城市建设资金，热衷于拍卖黄金地段的土地，这种市场化运作方式本来无可非议，但往往偏离方向，未能充分考虑城市功能分区的需要，未能严格按城市规划进行控制，结果把该作绿地的地块作为建房，该作住宅区的建成工业区或者商业区，又由于客观存在行政干预，以致法定的建设规划人为地成了一纸空文。这需要城市建设与土地管理部门在开发利用城市土地时要充分考虑城市近期目标与远期发展的关系，协调好局部利益与整体利益的关系，合理开发利用城市土地。政府部门要从长远利益着想，舍去一部分眼前既得利益，按照城市总体规划，并可适当增加城市绿地建设等公共设施建设，以改善城市的景观、生态环境，完善城市功能，提高城市的吸引力，从而最终使城市土地升值，达到开发与利用的目的。

针对目前我国城市土地资源存在的状况，要使有限的城市空间发挥最大的效用，必须高度重视对城市土地资源的管理，努力提高土地资本的利用效率和地域空间的生态环境效益及经济效益。这就要做到：

①制订科学的城市土地资源的规划管理：确立合理的城市发展战略，城市土地规划必须超前，应起到先行指导城市开发管理土地的作用，使用地者事先知道各地块在城市规划中可以做什么，怎样做以及不可以做什么。只有这样，才能保证开发管理土地在城市规划

的约束下进行。城市土地利用总体规划要对用地规模、各类用地的比重、空间控制标准、建筑密度控制标准、人口密度控制标准予以科学化和规范化，同时城市土地规划必须适合社会主义市场经济体制发展的要求，必须重视城市规划的经济效益和可持续发展性，要按照级差地租原理，合理安排利用城市土地。

②挖掘城市土地的内部潜力，提高城市土地的利用率：提高城市土地的利用率，集约和节约开发利用土地。关键应从以下方面着手：第一，提高土地利用的集约程度，通过摸清城区内闲置土地的数量，筹集资金开发利用存量土地，走内涵式的发展道路；第二，合理布局城市土地，做到地尽其力，优地优用；第三，综合开发城市土地，提高土地容积率，充分利用地上、地下空间；第四，组织科技力量，针对城市存量土地潜力进行分析研究，挖掘城市土地的内部潜力；第五，建立和谐的人地关系，维护土地资源可更新能力。要在对现有土地保护的基础上，严格控制土地开发利用的强度，要对用地单位的容积率和绿化率、公共用地面积等严格控制，以维护土地生态系统的自我更新能力，确保城市土地资源不会遭受新的破坏。

③转变城市地方政府观念，促进城市的可持续发展：发展是硬道理，可持续发展的前提是发展。政府应该科学合理制订开发整理土地供应计划，并综合考虑经济、人口、城市化、环境保护、文化教育等因素。开发管理土地供应计划应该是公开的、透明的竞争。政府要实行土地统一规划、统一开发、统一出让、统一建设、统一管理的整体思路，确保土地的永续利用，从而促进城市的健康、稳定、可持续发展。

④建立和完善城市土地市场，规范城市土地市场管理：国家应该对土地市场严加控制，政府要高度垄断土地一级市场，按照国家产业布局和产业结构的调整来配置土地，政府通过土地利用计划垄断一级土地市场的供给，控制一级土地市场的出让总量，运用政策影响土地供给价格（陈哲 等，2010）。城市二级市场作为对城市土地资源的再配置，其管理的重点应放在严格审验土地使用者的土地用途及土地规划，把住产权登记关，充分利用优先购买权。而对于土地的三级市场及房地产交易与消费市场，国家应建立一整套规范的监督机制，以确保消费者的利益，从而健全土地管理制度，保障土地的可持续利用。

综上所述，随着我国经济发展、工业化与城市化进入快速发展阶段，资源需求增大，环境压力越来越大，土地资源的可持续利用对协调人口、资源、经济、环境之间的关系，缓解人地矛盾，推动我国经济社会可持续发展具有重要的作用。要坚持可持续发展原则，实现政府对土地市场的科学、有效地管理，进一步规范土地市场运行秩序，加快城市土地经营管理的进程，充分发挥城市土地的效益，实现城市经济发展与土地资产收益的良性互动和相互促进，加快城市化建设步伐。

12.3.1.2　城市水资源管理

城市用水大体可分为工业用水、居民生活用水和公共领域用水。我国近年来城市的水消耗不断增加，已出现北方的资源性缺水、南方的水质性缺水、中西部的工程性缺水的全局性缺水状况。还存在着节水意识不强、投入不够、机制也不力等问题（于淑文，2010）。城市水资源管理主要是对城市水量和水质及其合理使用进行科学管理。城市水量管理必须建立在城市水量平衡研究的基础之上。城市用水的来源除大气圈的降水外，主要是地表径流来水、地下水、海水和境外供水等。从城市水量管理出发，首先应对城市水资源总量进行统计，分析水资源供应现状和取水潜力，保证水资源的合理供应；其次，要对工业用水、生活用水和农业用水等各类用水分门别类进行统计，并分析各部门各单位的水资源利用效率。为了节约用水，提高水的使用效率，建立健全节水型社会管理制度体系，加强水权、水价、水市场、建设项目节水用水定额管理以及非常规水资源利用等制度建设。对工矿企业可实行计划供水，鼓励循环用水，一水多用，并进行废水处理等综合利用措施，以提高工业用水的重复利用率；对生活用水实行装表计量，按量收费；对农业等其他用水也要提高用水效率，加强技术改造，改进用水设备，增建节约用水设施。为此，非居民用水可合并工商业用水和城市公共用水，实行较高价格，同时制订合理的中水价格（与自来水比价要合理），鼓励工业和城市用水使用中水，以此解决人们被动的重视节约水资源问题。对于节约用水的研发及节水产品的生产行业要有政策上的倾斜，减税或贷款优惠。推进水生态系统保护与修复工作，建立地下水开采总量控制管理体系。其中，推广中水回用也是一个控制用水量非常有效的办法。在城市给水规划中，关于浇洒道路、绿地、市政用水、管网漏失水量及不可预测用水量估算的问题，应结合这一行之有效的办法，合理降低规划用水量。探索建立以奖代补等鼓励污水处理回用的政策措施。将污水处理回用相关工程建设纳入水资源开发利用工程体系（陈宏观 等，2011）。

在水的质量管理方面，必须建立健全水质检验制度，加强水源的卫生保护，禁止水源地附近从事一切可引起污染水源的活动，保持好自来水厂生产区的环境卫生。为了保护地下水源，严禁使用不符合饮用水水质标准的水直接回灌。

由于各种用水对水质的要求各不相同，而且各种水在取水、运输和净化的过程中所需的经济代价不同，因此在水质、水量管理的基础上，还要注意水资源的合理利用。为此，首先应把优质水作为生活用水，以保证城市居民的身体健康；对于含有有机污染物的生活废水，可作为灌溉用水；对于含重金属污染物的工业废水，只能用于观赏。水资源管理是一个综合体系，要把一定范围内的水作为一个整体来对待，按照地理环境和流域而不只是按照行政区的划分来进行管理。

12.3.1.3　城市能源管理

城市的能源种类很多，但作为实用能源，目前还是各种化石燃料、核燃料以及水力发电、太阳能、风力能等。海洋能、地热能等由于能流密度（在一定空间或面积内从某种能源中实际得到的功率）小，或设备投资大，技术要求高，一时还难以普遍使用。目前，在我国的城市化发展进程中，城市化发展速率与能源消耗不相协调。例如，"十五"期间，中国城市化率由 36% 上升到为 43%，增长了 7%；工业增加值占 GDP 的比重由 43.6% 上升为 46.1%，增长了 2.5%；而能源消费量则增长了 70%。研究表明，中国各区域城市的经济发展是在大量的能源消耗、碳排放等基础上完成的（刘怡君 等，2011）。随着城市化进程的加速，在环境与可持续发展的迫切要求下，城市化对能源不断扩张的需求应逐步转变为对新能源技术发展的推动，发展新能源技术是目前中国城市发展的必然要求（陈莞、谢富纪，2010）。因此，城市的能源管理，必须把合理利用、节约利用放在首位。从城市生态立场出发，必须考虑能源使用中的环境污染问题，因为随着能源消耗量的增加，污染程度也会越来越严重。这不仅需要重视化石燃料燃烧中产生的污染，而且也要考虑核能利用过程中可能产生的危害以及水力能开发中可能产生的"污染"，如土地盐碱化、生态平衡失调等。

12.3.2　城市环境管理

这里所说的环境主要是城市物理环境。城市环境管理的内容很多，主要包括城市环境因子管理、城市环境质量管理、城市环境卫生管理(赵运林、邹冬生，2005)。

(1)城市环境因子管理

城市环境因子管理，是指城市大气、土壤、水体和气候因子等的单要素管理。城市环境因子直接影响城市居民的身心健康，同时，人类活动也会使环境因子发生相应的改变。因此，一方面，深入研究人类活动与环境因子之间的相互关系，把握两者之间的作用规律，为城市环境管理提供理论依据；另一方面，在城市环境管理实践中，人类行为和城市管理决策应服务这种相互关系，协调城市居民与环境因子的相互关系。

(2)城市环境质量管理

城市环境质量是指城市大气、水体、土壤等的质量状况及其动态变化。目前，城市环境质量管理所面临的最大的问题是环境污染日益加重、环境质量日益恶化。

城市环境质量管理，首先，应根据城市环境保护的目标，制订环境管理的质量标准及其指标体系。环境质量标准主要是指规定的各种污染物在环境中的允许含量和允许范围，它是城市环境质量管理的依据。其次，要对城市环境质量进行监控。城市环境质量监控是城市环境质量管理的重要环节，包括对大气、水体、土壤等环境质量的监控，也包括污染源的健康和污染事件的监测分析等。此外，城市环境质量管理还应包括对城市环境的整体考虑和评价。

(3)城市环境卫生管理

城市每天都在消耗大量物质资源，同时也产生大量的废弃物，尤其是生活垃圾和生活污水，量大面广，是城市环境质量管理的一大难题。

城市生活垃圾管理是一项系统工程，包括收集、运输、处理和处置等多个环节，同时也涉及商品生产、流通和消费等多种活动。根据生活垃圾的日产量和成分以及动态变化规律，从生态管理的角度来看，要求有足够数量的城市垃圾收集点并合理布局，同时要实行垃圾分类收集，为垃圾的无害化和资源化创造前期条件；运输系统的合理配置不仅在数量上，而且在空间上和时间上都要进行优化，制订相应的数量和质量指标。

城市垃圾管理的核心是后期的垃圾处理和处置。目前主要处置方法有：堆肥法、焚烧法、填埋法、热解法以及蚯蚓床法等。其中，填埋法是当前一些城市处置生活垃圾最主要的方法，但是它的缺点是埋掉了许多有用成分，而且对地下水可能造成污染。总之，目前这些常用的处置技术都有其各自的优点，但共同的缺点是还没有充分利用城市生活垃圾中的有用资源，这正是当前有待于进一步研究的问题。

我国目前的许多城市，特别是资源型城市(以资源的开发及加工为主导的工业城市)，是以某种或某几种资源为对象的勘探、采掘工业及其相关资源生产和矿产资源加工、利用产业为基础而发展到一定规模后形成的特殊类型。在城市环境管理方面存在着诸多的问题，针对这些问题，可以通过诸如规划审批制度、生态效益补偿制度、环境影响评价制度、绿色 GDP 考核制度和环境监督制度等加以完善（李伟鹏、吕美怡，2011）。保护环境是我国的基本国策，我国环境保护部门已经制定了一系列行之有效的方针政策来依法治理城市环境，主要有如下 3 种（杨士弘，2003）。

①中国环境管理的 32 字方针：全面规划、合理布局、综合利用、化害为利、依靠群众、大家动手、保护环境、造福人民。

②中国环境保护的三大政策：预防为主、谁污染谁治理、强化环境管理。随着污染治理社会化、产业化的发展，谁污染谁治理将发展为谁污染谁付费。

③中国环境保护的 8 项制度：环境影响评价制度；"三同时"制度（指防止污染和环境破坏的设施建设必须与主体工程同时设计、同时施工、同时投产）；排污收费制度；环境保护目标责任制制度；城市环境综合整治定量考核制度；排污许可制度；污染集中控制制度；污染限期治理制度。

12.3.3　城市人口管理

城市人口是城市生态系统的核心。城市人口管理的基础是人口普查，其内容包括人口出生、死亡、迁入、迁出、婚姻状况、生育状况、在业人口的职业状况、文化程度、年龄、性别、民族、居住状况等，它是一种多目标的调查，是对某一城市的全部人口进行的一次性的、直接的、普遍的调查。通过人口普查，可以获得某一总体在某一时点上人口状况的静态资料。人口普查的各种记录、等级资料以及经常登记制度，是城市人口管理的客观依据，是制订人口和经济、社会发展规划最直接、最可靠和最有说服力的原始材料，对人口的自然变动管理、人口机械变动管理和人口质量管理都具有直接的指导作用。

人口自然变动管理是指在城市不同时期和不同情况下，以动态人口为对象，根据人口的动态发展变化规律，有组织、有计划地调节和控制人口在农村和城市之间的迁移，也包括人口在不同城市之间以及不同国家之间的迁移，其管理方法主要是加强户籍管理和人口迁移登记制度；人口质量管理既要把握当前城市人口的素质现状，也要注意提高城市人口素质，其中提高人口素质主要是指优生优育和加强后天教育训练。人口的质量与人口的数量是对立统一的关系，两者之间互相联系、互相制约，控制人口数量有助于提高人口质量，而人口质量的提高又能促进人口数量的控制。

从人口均衡发展视角反思城市"人口规模调控"的后果，可以看到伴随中国现代化的发展，城市人口与经济、社会、资源、环境发展的非均衡问题，成为中国城市化进程中十分普遍的问题（侯亚非，2010）。第一，是"瓦片经济"与本地农民"半截子城市化"的纠结。随着全国流动人口规模的持续膨胀，农民在宅基地加盖房屋用于出租，在中国城市特别是在大城市的城乡结合部是十分普遍的做法，"瓦片经济"成为当地农民的重要收入来源。在"瓦片经济"之下外来人口快速聚集，落后乡村的公共资源往往承载数倍甚至几十倍于己的准城市人口。在普遍延续使用的城乡二元管理体制下，城乡结合部成为中国各大城市的"烂边儿"。第二，是城中村整治与流动人口聚居村此落彼起的纠结。第三是制度性排斥与产业链低端流动人口规模膨胀的纠结。第四是人口规模与资源瓶颈的纠结。针对这些问题，首先，城市政府必须正视"新移民"存在的客观事实，改变城市建设、管理以本地户籍人口为规划依据的非均衡发展思路。其次，在主导的政策取向上，转向积极的社会制度创新，以构建人口均衡型社会为发展目标。实现城市人口规模与经济社会资源环境的协调、均衡发展，这是"双赢"的战略。

12.3.4　城市景观管理

城市景观是指一定地面上的无机的自然环境和有机的生物群落相互作用的综合体（赵运林、邹冬生，2005）。一地的景观由相互作用的板块所组成，在空间上形成一定的分布格局，在时间上演绎一定的时间配置。城市景观可以是自然形成的各种自然景观，也可以是经过人工改造或者人工建造的人文景观。

（1）城市绿地系统管理

城市绿地系统管理包括对绿地的数量和质量的管理，为此需要建立城市绿地系统档案资料库，将绿地面积和类型落实到大、中比例尺的地形图上，对于果树苗木和典型公园绿地和专用绿地也要有相应的专门档案，经常检查日常养护管理是否按技术规范进行，同时建立并严格执行定期的绿地系统动态报告制度。

（2）城市自然景观管理

自然保护区和自然风景区的管理都是城市生物多样性较为集中的地方，是大自然为人类提供的物质、精神财富，具有极高的保护价值。因此，需要建立统一的管理机构，有计划地进行城市生物多样性调查，做好多样性编目工作，在此基础上建立生物多样性信息系统。此外，必须有专业的职能部门对各类城市自然景观进行常年维护和养护，使各类自然景观得到较好的保护和管理。

（3）城市人文景观管理

城市人文景观的种类很多，包括各类古建筑、近代建筑和现代建筑，不同时期的建筑本身就体现了不同时期的文化特点和技术水平，具有很高的研究价值。城市土地资源的深度开发，使城区的自然地貌发生了很大的改变或破坏，给城市的古文物和历史遗痕的保护带来了很大的难度。为此，城市用地和城区建设项目应通过文物管理部门审核，在城市建设中则应有文物部门的及时监控，加强地下文物和地面文物的保护。

12.3.5　综合管理

城市生态管理应在单项管理的基础上，以空间管理为基础，人口管理为主轴，行政管理为重点，构成一个完整的城市综合管理体系。这里所说的空间管理，是指地球表面可容纳的空间，包括城市的水面、地面和天空。空间是城市存在的基础，通过空间的变动可以了解城市的动态及其结构和功能的状况。

城市综合管理是一个崭新的话题，随着科学技术的进步以及对城市生态的深入认识，城市综合管理具有广阔的研究前景和应用前景。

12.4　城市生态管理的方法

城市生态管理是一项复杂的工作，目前并无成熟的经验，可以考虑采取多种措施，协

同配合，达到管理的目的(宋永昌 等，2000；赵运林、邹冬生，2005)

(1)行政方法

城市生态管理的行政方法，是指市政部门依靠行政组织，运用行政手段来组织、指挥、监督城市和城市内各部门的活动。这些行政组织是按照行政管理的需要组织起来的管理单位，它的主要职能是接受上级领导的授权和指令，并向下级授权和发布指令，实行严格的等级制度，每一级行政组织和每一个行政岗位都有严格的职责和权利范围，实行层层负责，统一管理。从目前我国城市生态管理的现状看，部门之间条块分割严重，以城市水资源管理为例，地下水和地表水管理分离，水资源利用和水资源保护分离，各自为政，常使工作在时间和空间上存在局限性。

(2)法律方法

城市生态管理的法律方法是指为了广大城市居民的根本利益，通过各种环境保护和城市管理的法律、法令、条例等法律法规和司法工作，以规范城市中各集团、单位和个人的行为，保证人们的生产和生活在合适的环境下顺利进行。我国与城市生态环境管理的法律、法规已有不少，主要有《中华人民共和国环境保护法》《中华人民共和国森林法》《中华人民共和国海洋环境保护法》《征收排污费暂行办法》《基本建设项目环境管理办法》《工业企业噪声卫生标准》《大气污染质量标准》《生活饮用水卫生标准》《城市区域环境噪声标准》等，新颁布的《中华人民共和国刑法》中也规定了对违反环境保护法规的犯罪行为加以惩处。除此以外，各地也制定了一些相应的环境保护和城市建设方面的条例。在城市生态管理中，除了加强立法以外，还要严格执法，以保证法律的尊严和法律的效力。

(3)经济方法

经济方法与行政方法、法律方法一样也属于强制性的管理方法，所不同的是经济方法运用经济手段，以经济杠杆来实现城市生态管理。经济方法是通过经济手段，从物质利益上处理好政府、企业、集体、个人等各种关系。运用经济方法可以控制城市人口数量，调节城市人口密度，控制建筑密度和容积率，限制污染严重的车辆和设备等，对有利于城市生态系统持续发展的产业和活动在经济上给予支持，对于可能危害城市生态环境的产业和活动在经济上予以限制，对危害城市生态环境的行为进行惩处。目前，在城市环境保护方面主要采取的经济手段有：①征收排污费，实行排污许可证制度；②征收资源使用费，实现公益资源有偿使用；③征收环境补偿费，损害者负担恢复原环境的费用；④奖励综合利用，鼓励提高资源利用率等。此外，对于无废生产技术实行奖励政策，补贴没有直接经济效益的环境保护设施，对环境保护措施进行低息或无息贷款，都是城市生态环境管理的有效方法。

(4)网格化方法

近年来，随着管理实践中新理念的层出不穷，网格化管理也随之应运而生。网格化管理是一种管理技术，也是一种管理思路。所谓网格化管理，就是处理当前复杂管理事务的一种新兴管理模式，其基本含义为，它是基于网格思路在所选范围内实现信息整合、运作协同、条块总合的现代网格系统式的一种管理(池宗仁、王浣尘，2008)。网格化管理采用的万米单元网格管理法，监督员适时监督网格单元里的最新动向，发现问题，及时通报。城市管理问题得到了准确的定位，大大避免了管理的盲目性，从被动的管理转变为主动地管理。网格化管理实现了管理流程的再造，发现、立案、派遣、结案 4 个步骤形成了一个闭环，建立了监管分离的 2 级城市管理体制，管理系统信息双向传递。社会公众作为信息传递一方，其意见构成了监督评价体系的一部分，有效监督各个城市管理部门的工作，管理系统实现了闭环管理，从而保证了城市管理的效率，降低了城市管理成本，提升了城市的民主化水平(李鹏、魏涛，2011)。

(5) 社会方法

城市生态管理必须有广大群众的积极参与，这就决定了城市生态管理中必须采取社会方法，动员城市居民自觉地参与和投身城市生态管理活动。要广泛开展宣传教育，提高广大市民对保护城市生态环境的重要性的认识，充分发扬民主，完善监督机制，使管理好城市生态环境成为广大市民的共同要求，也使广大市民都自觉成为城市生态环境的业务管理员。

在城市生态管理中，要注重发挥专家的咨询作用。在现代化大都市中，各种因素、机构和关系极为错综复杂，给决策者带来了很大的难度，单靠领导者的个人智慧是不够的，必须运用专家和咨询机构的力量来帮助决策，集思广益。目前，主要的智囊技术有"头脑风暴法""哥顿法""对演法"和"特尔斐法"等，这些包含了创造性思维和创造技术在内的智囊技术对于解决城市生态管理中的难题，具有十分重要的意义。

本章小结

城市生态管理对实现经济、社会和生态环境的协调可持续发展具有重要的作用。城市生态管理的原则体现在人与自然的协调原则、资源利用与更新协调原则、环境胁迫和环境承载力协调原则、3 个效益统一的原则和城乡协调的原则。城市生态管理主要分为自然资源管理、城市环境管理、城市人口管理、城市景观管理 4 项单项管理和综合管理 5 个方面。城市生态管理的方法可分为行政的、法律的、经济的、网格化的和社会的五大类。

思考题

1. 城市生态管理的基本内涵是什么？
2. 城市生态管理的主要原则是什么？
3. 城市生态管理的主要内容有哪些？
4. 城市生态管理有哪些主要的方法手段？

本章推荐阅读书目

1. 城市生态学．宋永昌，由文辉，王祥荣．华东师范大学出版社，2000.
2. 城市生态环境学．杨士弘．科学出版社，2003.
3. 环境管理学．杨贤智，李景锟．高等教育出版社，1990.

参考文献

曹继军，林英. 2001. 上海大手笔铺绿[N]. 光明日报，06 - 09(A03).

曹磊. 1995. 全球十大环境问题[J]. 环境科学，16(4)：86 - 88.

曹新向. 2004. 区域土地资源持续利用的生态安全研究[J]. 水土保持学报，18(2)：192 - 195.

常杰，葛滢. 2010. 生态学[M]. 北京：高等教育出版社.

陈昌笃，鲍世行. 1994. 中国的城市化及其发展趋势[J]. 生态学报，14(1)：84 - 89.

陈昌笃. 1990. 中国的城市生态研究[J]. 生态学报，10(1)：92 - 95.

陈宏观，孙小峰，杨晓君. 2011. 系统科学视角下的城市污水可持续管理研究[J]. 四川环境，30：76 - 80.

陈全胜，李凌浩，韩兴国，等. 2004. 土壤呼吸对温度升高的适应[J]. 生态学报，24(11)：2649 - 2655.

陈水华，丁平，等. 2000. 城市鸟类群落生态学研究展望[J]. 动物学研究，21(2)：165 - 169.

陈莞，谢富纪. 2010. 城市化进程与新能源技术发展关系研究：理论评述与整合[J]. 技术经济，29：38 -
43，73.

陈哲，欧名豪，李彦. 2010. 政府行为对城市土地利用的影响[J]. 城市问题，185：73 - 76.

陈自新，苏雪痕，等. 1998. 北京市园林绿化生态效益的研究[J]. 中国园林，14：55 - 58.

程东祥，侯旭，等. 2009. 长春市土壤微生物生化作用强度及其影响因素[J]. 环境科学与技术，32(12)：
18 - 22.

池宗仁，王浣尘. 2008. 网格化管理和信息距离理论——城市电子这个内务流程管理［M］. 上海：上海交通大
学出版社.

杜丽红. 2011. 中国城市流动人口管理问题研究[M]. 成都：四川大学出版社.

杜效锋，林立丰，等. 1998. 广东省城市蜚蠊种类及栖息习性调查[J]. 中国媒介生物学及控制杂志，9(1)：
41 - 43.

方治国，欧阳志云，等. 2004. 城市生态系统空气微生物群落研究进展[J]. 生态学报，24(2)：14 - 15.

符气浩，杨小波，等. 1996. 城市绿化植物分析[J]. 林业科学，32(1)：35 - 43.

傅伯杰，陈利顶，马克明，等. 2001. 景观生态学原理及应用[M]. 北京：科学出版社.

傅桂明，莫建初，等. 2005. 我国城市主要蝇类及其危害与防制[J]. 浙江预防医学，17(4)：51 - 54.

高志强，赵运林. 2005. 城市人文环境建设的理念创新[J]. 湖南城市学院学报，26(1)：31 - 33.

郭树荣，饶箐，等. 2007. 城市植物多样性空间分布特征及其保护[J]. 环境科学导刊，26(6)：4 - 6.

国家人口和计划生育委员会流动人口服务管理司. 2010. 中国流动人口发展报告 2010 ［R］. 北京：中国人口出
版社.

哈申格日乐. 2007. 城市生态环境绿化建设[M]. 北京：中国环境科学出版社.

何英. 2002. 论我国城市化进程中的环境法制建设[J]. 中国人口资源与环境，12(4)：35 - 37.

侯亚非. 2010. 人口城市化与构建人口均衡型社会[J]. 人口研究，34：3 - 9.

胡鞍钢. 1999. 我国可持续发展十大目标[J]. 中国人口资源与环境，9(4)：11 - 16.

胡新杰. 2002. 构建城市的生态与人文环境[J]. 发展论坛，(11)：77 - 78.

黄钢，马玉民，等. 1999. 河北省城市蜚蠊栖息习性及侵害情况调查[J]. 中国公共卫生，15(11)：1048 - 1049

黄钢，赵勇，等. 2005. 河北省城市蜚蠊现状及防治对策[J]. 中华卫生杀虫药械，10(3)：21 - 27.

黄银晓. 1989. 城市生态学的研究动态和发展趋势[J]. 生态学进展，6(1)：26 - 29.

黄玉源,黄良美,等. 2006. 南宁市几个功能区的植被群落结构特征分析[J]. 热带亚热带植物学报,14(6): 492 – 498.

贾云. 2010. 城市生态与环境保护[M]. 北京:中国石化出版社.

江远. 2003. 必须重视我国城镇化过程中人文社会环境建设[J]. 城市规划,27(11): 79 – 80.

姜乃力. 2005. 论城市生态系统特征及其平衡的调控[J]. 水土保持学报,19(2): 187 – 190.

蒋高明. 1993. 城市植被:特点、类型与功能[J]. 植物学通报,10(3): 21 – 27.

金岚. 1998. 环境生态学[M]. 北京:高等教育出版社.

金磊. 2002. 生态城市建设:新世纪城市现代化的关键[J]. 广西土木建设,27(2): 61 – 63.

金云峰,黄玫,等. 2004. 我国城市动物园规划中物种多样性的实施途径[J]. 中国园林,(12): 27 – 30

柯兰君,李汉林. 2001. 都市里的村民——中国大城市的流动人口[M]. 北京:中央编译出版社.

雷波,包维楷,等. 2004. 6种人工针叶幼林下地表苔藓植物层片的物种多样性与结构特征[J]. 植物生态学报, 28(5): 594 – 600.

雷波,包维楷,等. 2004. 不同坡向人工油松幼林下地表苔藓植物层片的物种多样性与结构特征[J]. 生物多样性,12(4): 410 – 418.

冷平生. 2003. 园林生态学[M]. 北京:中国农业出版社.

李博. 2000. 生态学[M]. 北京:高等教育出版社.

李冬茹. 2009. 微生物在城市湿地氮循环系统中的作用研究[J]. 环境科学与管理,34(9): 46 – 50.

李凤. 2004. 生态恢复与可持续发展[J]. 水土保持学报,18(6): 187 – 189.

李建龙. 2009. 现代城市生态与环境学[M]. 北京:高等教育出版社.

李鹏,魏涛. 2011. 我国城市网格化管理的研究与展望[J]. 城市发展研究,18: 4 – 6.

李芹,轩明飞. 2000. 社区发展——现代文明的支撑点[J]. 山东大学学报(哲学社会科学版),1: 80 – 87.

李庆兰,任琚,等. 2008. 兰州市城市植被生态系统服务功能价值研究[J]. 环境科学与管理,33(1): 26 – 28.

李伟鹏,吕美怡. 2011. 完善资源型城市的环境管理制度[J]. 中国林业经济,106: 34 – 36.

李勇. 2007. 徐州市空气微生物污染相关性研究[J]. 环境科学与管理,32(7): 68 – 69.

李振基,陈小麟,郑海雷. 2007. 生态学[M]. 北京:科学出版社.

梁诗,童庆宣,等. 2010. 城市植被对空气负离子的影响[J]. 亚热带植物科学,39(4): 46 – 50.

廖建平,周拥军. 2002. 城市化:中外对比与中国发展模式[J]. 中国人口资源与环境,12(4): 61 – 65.

刘常富,陈玮. 2003. 园林生态学[M]. 北京:科学出版社.

刘季文,李军,等. 2007. 长沙市城市植物多样性调查与保护规划研究[J]. 湖北林业科技,146: 4 – 7.

刘建斌. 2005. 园林生态学[M]. 北京:气象出版社.

刘平,王如松,等. 2001. 城市人居环境的生态设计方法探讨[J]. 生态学报,21(6): 997 – 1002.

刘强等,2006. 中国道路交通事故特征分析与对策研究[J]. 中国安全科学学报,16(6): 124 – 128

刘思敏. 2004. 论我国城市动物园的出路选择[J]. 旅游学刊,19(5): 19 – 24.

刘耀林,刘艳芳,等. 2008. 城市环境分析[M]. 武汉:武汉大学出版社.

刘怡君,王丽,牛文元. 2011. 中国城市经济发展与能源消耗的脱钩分析. 中国人口、资源与环境,21: 70 – 77.

鲁敏,李英杰. 2005. 城市生态绿地系统建设[M]. 北京:中国林业出版社.

骆世明. 2011. 农业生态学[M]. 北京:中国农业出版社.

马光. 2002. 城市生态工程学[M]. 北京:化学工业出版社.

毛文永. 1998. 生态环境影响概论[M]. 北京:中国环境科学出版社.

梅保华. 2002. 论城市人文环境建设[J]. 工业建筑,32(5): 22 – 24.

莫宏伟. 2004. 延安市城郊区土地利用动态与生态效应变化[J]. 水土保持学报,18(4): 130 – 133.

欧阳斌, 夏荣科. 2001. 城市中的绿色传奇——浅谈"锦官新城"规划设计特色[J]. 城市开发, (5): 37 - 37.

潘祥武. 2002. 生态管理: 传统项目管理应对挑战的新选择 [J]. 管理现代化, 6: 39 - 43.

彭晨. 2010. 消防响应时间统计规律及其与城市火灾规模相关性研究[D]. 安徽: 中国科学技术大学

彭晓春, 陈新庚, 等. 2002. 城市生长管理与城市生态规划[J]. 中国人口资源与环境, 12(4): 24 - 27.

彭晓春, 李明光, 等. 2001. 生态城市的内涵[J]. 现代城市的研究, (6): 30 - 32.

钱红玲, 杨高. 2000. 生态化: 未来城市发展大方向[J]. 环境, (11): 11 - 12.

乔寿锁. 1999. 可持续发展战略的环境保护行动[J]. 城市环境与城市生态, 12(2): 32 - 37.

曲凌雁. 2002. 城市人文主义的兴起、发展、衰落和复兴[J]. 城市问题, (4): 6 - 8.

任海. 2002. 恢复生态学导论[M]. 北京: 科学出版社.

尚玉昌. 2010. 普通生态学[M]. 2 版. 北京: 北京大学出版社.

沈国明, 诸大建. 2001. 生态型城市与上海生态环境建设[M]. 上海: 上海社会科学出版社

沈茂成. 2002. 建设生态城市势在必行[N]. 光明日报, 09 - 19(11).

沈清基. 2002. 全球生态环境问题及其城市规划的应对[J]. 城市规划汇刊, (5): 19 - 24.

沈清基. 2011. 城市生态环境: 原理、方法与优化[M]. 北京: 中国建筑工业出版社.

施雏德. 2005. 成都市城市植物多样性的保护[J]. 成都建筑, 21(2): 30 - 32.

时秋祥. 1993. 天津市市区空气细菌分布情况探讨[J]. 环境与健康杂志, 1995, (4): 178 - 180.

宋永昌, 由文辉, 王祥荣. 2000. 城市生态学[M]. 上海: 华东师范大学出版社.

孙金明, 孙伯超, 等. 2004. 盐城市蝇类种群分布及季节消长调查[J]. 中华卫生杀虫药械, 11(1): 23 - 26.

孙儒泳, 李庆芬, 牛翠娟, 等. 2002. 基础生态学[M]. 北京: 高等教育出版社.

孙儒泳. 2001. 动物生态学原理[M]. 北京: 北京师范大学出版社.

王伯荪. 1998. 城市植被与城市植被学[J]. 中山大学学报, 37(4): 9 - 12.

王春兰, 杨上广. 2009. 大城市人口空间演变研究述评[J]. 城市问题, 7: 33 - 38.

王发曾. 1991. 城市生态系统的综合评价与调控[J]. 城市环境与城市生态, 4(2): 26 - 30.

王继军. 2004. 退耕还林还草下生态农业发展模式初探[J]. 水土保持学报, 18(1): 134 - 137.

王如松. 2000. 转型期城市生态学前沿研究进展[J]. 生态学报, 20(5): 830 - 840.

王如松. 2003. 资源、环境与产业转型的复合生态管理[J]. 系统工程理论与实践, 2: 125 - 132.

王文元. 2003. 略论城市人文环境建设[J]. 城市发展研究, (6): 57 - 60.

王祥荣. 城市生态学[M]. 上海: 复旦大学出版社. 2011

王振中, 张友梅, 等. 2009. 黄山森林生态系统土壤动物群落结构特征及其多样性[J]. 林业科学, 45(10): 168 - 171.

王宗灵, 张克智, 等. 1999. 沙坡头人工固沙区草本层片结构组成与群落演替规律分析[J]. 草业科学, 6(3): 76 - 80.

温家宝. 2000. 切实加强城乡规划工作, 推进现代化建设健康发展[J]. 城市规划, 24(2): 7 - 10.

邬建国. 1996. 生态学范式变迁综论[J]. 生态学报, 16(5): 449 - 460.

邬建国. 2000. 景观生态学——概念与理论[J]. 生态学杂志, 19(1): 42 - 52.

邬建国. 2000. 景观生态学——格局、过程、尺度与等级[M]. 北京: 高等教育出版社.

武正成, 武文卿, 等. 2008. 城市化过程中的昆虫生态[J]. 山西农业科学, 36(2): 35 - 37.

肖笃宁, 布仁仓, 李秀珍. 1997. 生态空间理论与景观异质性[J]. 生态学报, 17(5): 453 - 460.

肖笃宁, 李秀珍, 高峻, 等. 2003. 景观生态学[M]. 北京: 科学出版社.

谢立群, 柳建国, 等. 2007. 城市化过程中昆虫的群落变化及多样性保护[J]. 江苏环境科技, 20(4): 72 - 78.

谢阳举. 2001. 论西部大开发中的人文环境建设 [J]. 西安交通大学学报(社会科学版), (3): 10 - 13.

邢在秀, 邢云, 等. 2009. 潍坊市夏季鸟类多样性生态研究[J]. 现代农业科技, (10): 184 - 185.

徐波. 2012. 时空因素对中国城市火灾态势变化的影响地理研究[J]. 地理研究, 31(6): 1143-1156

徐莉. 2006. 关于加强城市人文环境建设的几点思考[J]. 大连干部学刊, 22(1): 37-39.

徐琳瑜, 杨志峰. 2009. 城市生态系统承载力[M]. 北京: 北京师范大学出版社.

徐振华. 2003. 退耕还林可持续发展的系统思考[J]. 水土保持学报, 17(1): 41-44.

许学强. 2001. 城市地理学[M]. 北京: 高等教育出版社.

许智宏. 2000. 面向21世纪的中国生物多样性保护: 第三届全国生物多样性保护与持续利用研讨会论文集[G]. 北京: 中国林业出版社.

薛达, 罗山, 等. 2001. 论生态风景林在我国城市发展中的作用[J]. 城市规划汇刊, (6): 77-78.

薛建宇. 2001. 生态城市和城市的生态化[J]. 生态环境与保护, 17(2): 66-68.

阎水玉. 2001. 城市生态学学科定义、研究内容、研究方法的分析与探索[J]. 生态科学, (2): 96-105.

杨靖, 潘立勇, 等. 2009. 空气微生物不同高度分布情况研究[J]. 环境科技, 22(6): 50-53.

杨立. 2005. 开封市城市火灾危险性分析[D]. 西安: 西安建筑科技大学.

杨林. 2002. 评生态城市建设的三个特色[J]. 生态环境与保护, (9): 36-39.

杨士弘. 2003. 城市生态环境学[M]. 2版. 北京: 科学出版社.

杨士弘. 2003. 城市生态环境学[M]. 北京: 科学出版社.

杨贤智, 李景锟. 1990. 环境管理学[M]. 北京: 高等教育出版社.

杨小波. 2008. 城市生态学[M]. 2版. 北京: 科学出版社.

杨小波. 2008. 城市生态学的经典案例和实验指导[M]. 北京: 科学出版社.

杨志峰. 2004. 城市可持续发展规划[M]. 北京: 科学出版社.

叶功富, 洪志猛. 2010. 城市森林学[M]. 厦门: 厦门大学出版社.

叶裕民, 黄壬侠. 2004. 中国流动人口特征与城市化政策研究[J]. 中国人民大学学报, 2: 75-81.

应鹏聪, 周俊, 等. 2005. 嘉兴市城市水体微生物污染状况的调查[J]. 嘉兴学院学报, 17(6): 78-80.

于淑文. 2010. 加强城市用水管理 节约水资源[J]. 中国水运, 10: 203-204.

余建军, 孙亮, 等. 2007. 陕西省韩城市蚊类调查[J]. 中国媒介生物学及控制杂志, 18(4): 279-282.

翟振武, 段成荣. 2006. 世纪的中国人口迁移与流动[M]. 北京: 中国人口出版社.

张峰. 2004. 山西湿地生态环境退化特征及恢复对策[J]. 水土保持学报, 18(1): 151-153.

张海鹰. 2010. 城市人口老龄化面临的形势及对策[J]. 人口学刊, 180: 50-53.

张华丽, 江远. 2005. 城市人文环境在公民思想道德建设中的地位和作用[J]. 大连民族学院学报, 7(2): 26-28.

张翼. 2010. "十二五"期间中国必须关注的三大人口问题[J]. 河北学刊, 1: 8-15.

张云昌. 2001. 绿色北京. 现代林业[J]. 绿化与生活, (1): 7-7.

张志刚. 2002. 构造自然与社会相协调的城市生态系统[J]. 生态环境与保护, 23(2): 16-20.

章家恩. 2005. 旅游生态学[M]. 北京: 化学工业出版社.

赵运林, 邹冬生. 2005. 城市生态学[M]. 北京: 科学出版社.

郑双忠, 邓云峰, 蒋清华. 2005. 基于火灾统计灾情数据的城市火灾风险分析[J]. 中国安全生产科学技术, 1(3): 15-18

郑思俊, 夏檑等. 2006. 城市绿地系统降噪效应研究. 上海建筑科技[J], (4): 33-34.

周鹏, 李冰. 2011. 论城市土地资源管理的现状和对策[J]. 黑龙江科技信息, 6: 81-87.

周一星, 孟延春. 1998. 中国大城市的郊区化趋势[J]. 城市规划汇刊, 3: 22-28.

周志翔, 邵天一, 唐万鹏, 等. 2004. 城市绿地空间格局及其环境效应——以宜昌市中心城区为例[J]. 生态学报, 24(2): 186-192.

祝龙彪，陆志勋，等. 1990. 城市残存鼠的分布特点及防制措施的研究[J]. 中国媒介生物学及控制杂志，1(4)：231 - 235.

祝龙彪，周玉丽，等. 1990. 城市残存鼠生态特征 - I. 城市残存鼠群落特征的研究[J]. 中国媒介生物学及控制杂志，1(6)：360 - 362.

邹冬生，赵运林. 2008. 城市生态学[M]. 北京：中国农业出版社.

BREUSTE J, FELDMANN H, UHLMANN O, 1998. Urban Ecology[J]. Berlin：Springer-Verlag.

DINESH B, HATT KAMAL, et al. 2011. Bird assemblages in natural and urbanized habitats along elevational gradient in Nainital district(western Himalaya)of Uttarakhand state，India[J]. Acta Zoologica Sinica, 57(3)：318 - 329

GUAN D S, CHEN Y J. 2003. Status of urban vegetation in Guangzhou City[J]. Journal of Forestry Research, 14(3)：249 - 252.

KENNEDY T A, NAEEM S, et al.. 2002. Biodiversity as a barrier to ecological invasion[J]. Nature, 417：636 - 638.

MackenzieA, Ball A S, et al. 1999. Instant Notes in Ecology(影印版)[M]. 北京：科学出版社.

MCHARG I L. 1969. Design with Nature[M]. New York：Garden City.

McKINNEY M L. 2002. Urbanization, Biodiversity, and Conservation. BioScience, 52(10)：883 - 890.

MOLLES M C. 2002. Ecology：Concepts and applications(影印版)[M]. 北京：高等教育出版社.

Naveh Z, Liberman A S. 1983. Landscape Ecology：Theory and Appcation[M]. NewYork：Springer - Verlag.

Naveh Z. 1995. Interactions of landscapes and cultures[J]. Landscape and Urban Planning, 32：43 - 54.

ODUM E P, BARRETT G W. 2009. 生态学基础[M]. 陆健健，王伟，等译. 北京：高等教育出版社.

OLALLA - TÁRRAGA M Á. 2006. A conceptual framework to assess sustainability in urban ecological systems. International Journal of Sustainable Development & World Ecology, 13(1)：1 - 15.

Ricklefs R E. 2004. 生态学——自然的经济学[M]. 孙儒泳，尚玉昌，等译. 北京：高等教育出版社.

TURNER, M G, ROMME W H and Gardner R H. 1994. Landscape disturbance models and the long - term dynamics of natural areas[J]. Natural Areas Journal, 14：3 - 11.

ZONNEVELD I S. 1995. Land Ecology[M]. The Netherlands：SPB Academic Publishing, Amsterdam, 365.